Mecànica Clàssica

Mecànica Clàssica

Mecànica Clàssica

Samuel Márquez Hernández

Mecànica Clàssica

Mecànica Clàssica

Copyright © Samuel Márquez Hernández

Reservat tots els drets. La reproducció total o parcial d'aquesta obra, per qualsevol medi o procediment, compressos la reprografia i el tractament informàtic; queda rigurosament prohibit.

Respectin l'esforç i l'obra de l'autor.

Edició en català:

© EDITORIAL LIBRE LULU, 2015

ISBN: 978-1-326-27688-1

Breda, 2015

Mecànica Clàssica

Mecànica Clàssica

Mecànica Clàssica

Continguts

1.- Algunes tècniques d'utilitat

1.1.	Binomi de *Newton*	14
1.2.	Desenvolupament de *Taylor*	14
1.3.	Regla de la cadena	17
1.4.	Equacions implícites	18
1.5.	Diagonalització	19
1.6.	Dimensions	20
1.7.	Camps escalars i camps escalars	21
1.8.	Productes entre camps vectorials	22
1.9.	Integral de línia	27
1.10.	Flux d'un vector respecte la superfície	29
1.11.	Divergència	29
1.12.	Teorema de *Gauss* (o de la divergència)	32
1.13.	Teorema de *Stokes*	36
1.14.	Teorema de *Helmholtz*	37
1.15.	Coordenades curvilínies	38
1.16.	Coordenades de superfície i volúmiques	44
1.17.	Coordenades curvilínies (2.0)	45
1.18.	Integrals de volum i de superfície	46

I Mecànica del punt i forces centrals

2.- Dinàmica del punt

2.1.	Lleis de *Newton*	52
2.2.	Forces variables	53
2.3.	Solució numèrica	55
2.4.	Massa variable	60

Mecànica Clàssica

3.- Oscil·ladors linials

3.1.	Harmònic simple	65
3.2.	Harmònic esmorteït	69
3.3.	Harmònic Forçat	72
3.4.	Banda de ressonància	78
3.5.	Analogia amb els circuits elèctrics	79

4.- Lleis de conservació

4.1.	Conservació de l'ímpetu (moment) i moment angular	84
4.2.	Conservació de l'energia. Energia cinètica i energia potencial	86
4.3.	Gràfica de potencials	89

5.- Forces centrals

5.1.	Massa reduïble	92
5.2.	Coordenades polars	93
5.3.	Potencial efectiu	95
5.4.	Trajectòria	99
5.5.	Problema de *Kepler*. Equació de l'òrbita	101
5.6.	Lleis de *Kepler*	107
5.7.	El vector de *Laplace*	109
5.8.	Teorema del Virial per a una massa en forces centrals	110
5.9.	Problema de Rutherford. Secció eficaç de dispersió.	112
5.10.	Estudi de les forces centrals de dos termes	121
5.11.	Moviment relativista sota $F = K/r^2$	124

II Sistemes de partícules i ones

6.- Cinemàtica i lleis de conservació en un sistema de partícules

6.1.	Notació	136
6.2.	Definició centre de masses	137
6.3.	Coordenades i moments relatius al centre de masses	138
6.4.	Moment angular	139
6.5.	Moment angular respecte el centre de masses	141

Mecànica Clàssica

6.6.	Moment de forces externes respecte el centre de masses	141
6.7.	Llei de *Newton* per la rotació respecte el centre de masses	142
6.8.	Treball i energia	144
6.9.	Sistemes de dues partícules. Xocs elàstics	145
6.10.	Aplicació al problema de *Rutherford*: Secció eficaç	150
6.11.	Problema de la catenària	152

7.- Oscil·lacions acoblades

7.1.	Acoblament de dos oscil·ladors harmònics	158
7.2.	Solució general d'oscil·ladors acoblats	163
7.3.	Conservació de l'energia	168
7.4.	Modes de vibració	169
7.5.	Petites oscil·lacions del pèndol doble	171
7.6.	Mètode tradicional	172

8.- Ones

8.1.	Conceptes bàsics	176
8.2.	Oscil·lacions transversals d'una corda. Equacions d'ona	178
8.3.	Modes normals de vibració. Ones estacionàries	179
8.4.	Energia transmessa per una ona de propagació	181

III Sòlid rígid i Mecànica de fluids

9.- Dinàmica d'un sistema rígid I

9.1.	Notació i definició	188
9.2.	Energia cinètica de rotació. Moment d'inèrcia	190
9.3.	Teorema d'eixos paral·lels (Teorema d'*Steiner*)	192
9.4.	Teorema de l'eix perpendicular (Teorema làmines planes)	193
9.5.	Exemples de moments d'inèrcia	194
9.6.	Segona llei de *Newton* per a rotacions	200
9.7.	Moviments de sistemes de referència	206
9.8.	Força de *Coriolis* i força centrífuga	208

Mecànica Clàssica

10.- Dinàmica d'un sistema rígid II (Sòlid rígid)

10.1.	Moment angular i tensor d'inèrcia	222
10.2.	Eixos principals d'inèrcia	229
10.3.	Rotació lliure d'un sòlid rígid	231
10.4.	Angles d'*Euler*	236
10.5.	Equacions d'*Euler*	246

11.- Mecànica de fluids

11.1.	Fluids estàtics. Principi de *Pascal*	255
11.2.	Flotació i principi d'*Arquímides*	259
11.3.	Dinàmica de fluids. Equació de *Bernoulli*	262
11.4.	Equacions del moviment	267
11.5.	Viscositat	273
11.6.	Llei de *Poiseuille*. Turbulència: número de *Reynolds*	275
11.7.	Fluids no newtonians*	276

IV Introducció a la Mecànica Analítica

12.- Continguts bàsics

12.1.	Restriccions i classificació de sistemes i restriccions	282
12.2.	Coordenades generalitzades. Graus de llibertat	285
12.3.	Principi del treball virtual	290
12.4.	Principi de *D'Alembert*	293

13.- Formulació de la mecànica analítica

13.1.	Mecànica *lagrangiana*.Formulació de *Lagrange*	301
13.2.	Moments generalitzats. Coordenades cícliques	308
13.3.	Simetries i lleis de conservació	309
13.4.	Mecànica *hamiltoniana*. Formulació de *Hamilton*	316
13.5.	Principi de *Hamilton*	323
13.6.	Mecànica analítica relativista	326

Mecànica Clàssica

13.7.	Càlcul de variacions	328
13.8.	Potencial generalitzat (II)	340
13.9.	Claudàtors de *Poisson*. "*Brackets*" de *Poisson*	344
13.10.	Espai de fases	348

V Introducció a la Relativitat especial

14.- Principi de la Relativitat de *Galileu*

14.1.	Relativitat de *Newton*	352
14.2.	La velocitat de la llum (c)	358

15.- Relativitat especial: Postulats d'*Einstein*

15.1.	Configuració estàndard. Transformacions de *Lorentz*	365
15.2.	Contracció de longituds	369
15.3.	Dilatació del temps	371
15.4.	Problema de sincronització de rellotges i concepte de simultaneïtat	374
15.5.	Transformació de velocitats	385

16.- Dinàmica relativista

16.1.	Postulat dinàmic. Energia i moment relativista	395
16.2.	Coherència interna de la mecànica relativista	401
16.3.	Massa invariant. Classificació dicotòmica dels sistemes físics	403
16.4.	Energies d'enllaç o de lligam. Fusió i fissió nuclears	404
16.5.	Desintegracions a dos cossos. Col·lisions relativistes	408
16.6.	Efecte *Compton*. Acceleradors de partícules	416
16.7.	Introducció a la Relativitat General	420

Mecànica Clàssica

Mecànica Clàssica

Tema 1.- Algunes tècniques d'utilitat

1.1. Binomi de *Newton*

El binomi de *Newton* ve definit de manera qualitativa com:

$$(1+x)^n = 1 + nx + \frac{n(n-1)}{2}x^2 + \ldots = \sum_{k=0}^{n} \binom{n}{k} x^k$$

$$\rightarrow (1+x)^\alpha = 1 + \alpha x + \frac{\alpha(\alpha-1)}{2}x^2 + \ldots$$

$$\boxed{x \ll 1 \; (1+x)^n \ll 1 + nx}$$

Alguns exemples els veiem a continuació:

1.) $|x| < 1$; $\alpha = -1$

Aleshores el què tenim és: $\quad \dfrac{1}{(1+x)} = 1 - x + x^2 - x^3 + \ldots$

2.) $|x| < 1$; $\alpha = 1/2$

Aleshores el què tenim és: $\quad \sqrt{(1+x)} = 1 + \dfrac{1}{2}x - \dfrac{1}{8}x^2 + \ldots$

1.2. Desenvolupament de *Taylor*

Un altre mètode d'aproximació fent servir la variable independent de la nostra funció per a apropar-nos al valor exacta amb menys grau d'error, és un mètode en què fem sumatòris de petits increments de la funció en aquesta variable. En altres paraules, realitzem una aproximació mitjançant el càlcul de la derivada de la funció mitjançant un polinomi de grau k en el nostre cas. Anem a veure com és l'expressió general del desenvolupament per a una funció qualsevol f que depèn d'una variable qualsevol x en el nostre cas. Tenint k un nombre que pertany al conjunt dels reals, tenim:

$$f(x)=\sum_{k=0}^{\infty}\frac{f^{(k)}(x_0)}{k!}(x-x_0)^k = f(x_0)+f'(x_0)(x-x_0)+ \\ +\frac{f''(x_0)}{2!}(x-x_0)^2+...$$

És a dir, si tenim:

$$f(x)=\frac{1}{1-x} \quad \text{per Taylor} \quad =\frac{1}{1-x}=1+x+x^2...$$

amb $\quad \frac{d^k}{dx}\left(\frac{1}{1-x}\right)|_{x=0}=k!$

Els exemples més clàssics pel desenvolupament de *Taylor* són de l'estil:

$$\boxed{\left[\ln(1+x), e^x, e^{ix}\right]}$$

Farem un exemple en el què aprofitarem i ja definirem la fórmula d'*Euler*.

EX:

$|x|<\infty$

si treballem amb la funció exponencial *e*:

$$e^x=1+x+\frac{x^2}{2!}+\frac{x^3}{3!}+...$$

Aquesta funció ve definida per les funcions sinusoïdals hiperbòliques que es divideixen en dues de la següent manera:

$$\sinh(x)=\frac{e^x-e^{-x}}{2}=x+\frac{x^3}{3!}+\frac{x^5}{5!}+... \qquad \cosh(x)=\frac{e^x+e^{-x}}{2}=1+\frac{x^2}{2!}+\frac{x^4}{4!}+...$$

Aleshores si treballem la funció amb valors reals que es relacionen amb cada variable independent de diferent grau de la següent manera:

$e^x = a_0 + a_1 x + a_2 x^2 + a_3 x^3 + \ldots$ Si ara derivem respecte x obtenim:

$$\frac{d}{dx} e^x = a_1 + 2 a_2 x + 3 a_3 x^2 + \ldots$$

Aleshores podem relacionar els paràmetres dels valors de *a* de la funció amb els de la funció derivada. D'aquesta manera tenim:

$$a_0 = a_1, \quad a_1 = 2 a_2, \quad \ldots \quad a_{k-1} = a_k$$

Ara definim la **Fórmula d'Euler** com:

$$\boxed{e^{ix} = \cos(x) + i \sin(x)}$$

Definint els sinus i els cosinus de la funció com:

$$\sin(x) = \frac{e^{ix} - e^{-ix}}{2i} \qquad \cos(x) = \frac{e^{ix} + e^{-ix}}{2}$$

Aquesta funció la podem trobar fàcilment en llibres de càlcul diferencial o càlcul amb variables complexes. De totes maneres ho demostrem a continuació:

$$\sin^2 x + \cos^2 x = 1 \quad ;$$

aleshores:

$$e^0 = 1 = e^{ix} e^{-ix} = (\cos x + i \sin x)(\cos x - i \sin x) = \cos^2 x - i^2 \sin^2 x =$$

$= \cos^2 + \sin^2 x$. Aquesta igualtat és possible per definició de $i = \sqrt{-1}$.

El **sinus** i **cosinus** per *Taylor* seran:

$$\sin(x) = x - \frac{x^3}{3!} + \frac{x^5}{5!} - \ldots \qquad \cos(x) = 1 - \frac{x^2}{2!} + \frac{x^4}{4!} - \ldots$$

El símbol s'alterna.

Mecànica Clàssica

1.3. Regla de la cadena

La regla de la cadena és una eina de derivació que s'utilitza molt per a trobar o transformar les funcions i que depenguin d'una altra variable del sistema. Per exemple, trobar l'expressió de la velocitat, que normalment sempre la busquem respecte el temps, trobar-la respecte la posició.

Ho farem servir força en exercisis de dinàmica en el punt. Anem a treballar-ho una mica.

Definint $f(u(x))$, f és una funció que depèn d'una funció que depèn de la variable x. Per a trobar la funció de *f* respecte *x* tenim:

$$\frac{df}{dx} = \frac{df}{du} \cdot \frac{du}{dx}$$

Un exemple, tal i com he dit abans seria amb la velocitat:

$v = \alpha x^2$ si $v(x(t))$ Si fem la regla de la cadena obtenim:

$\frac{dv}{dt} = \alpha \, 2x \frac{dx}{dt}$ com la derivada temporal de l'espai és la velocitat, tenim:

$$\boxed{\frac{dv}{dt} = 2\alpha x v = a}$$

Com la derivada temporal de la velocitat és l'acceleració ja hem possat la *a* com a representació de l'acceleració.
La manera en física de representar una variació temporal d'una variable, es fa mitjançant un punt a sobre d'aquesta. Per cada punt que situem és un grau per derivar. En l'exemple anterior tenim:

$\dot{x} = \alpha x^2$ Si ara derivem respecte el temps, com la variable x de l'espai és una funció del temps, tenim finalment:

$$\boxed{\ddot{x} = 2\alpha x \dot{x}}$$

Mecànica Clàssica

1.4. Equacions implícites

A aquest apartat no hi farem gaire èmfasi, de manera que passarem directament a alguns exemples per que ens siguin familiars. Per entendre'ns, les equacions implícites són aquelles que tenen més d'una variable que depèn d'una única altra variable, d'aquesta manera, totes les variables depenents de la que derivem condicionen en més o menys mesura al valor de les equacions posteriors a la derivació.

EX 1:

$$x^2 - \beta t - \gamma = 0$$

Derivem respecte al temps tota l'equació, trobarem la velocitat del sistema $2x\dot{x} - \beta = 0$ que aïllant trobem la velocitat: $\dot{x} = v = \dfrac{\beta}{2x}$

Si ara tornem a derivar l'equació de la velocitat respecte el temps, trobarem l'acceleració del sistema: $2\dot{x}\dot{x} + 2\ddot{x}x = 2v^2 + 2ax$.

Aïllant trobem l'acceleració: $\ddot{x} = a = \dfrac{-v^2}{x}$

EX 2:

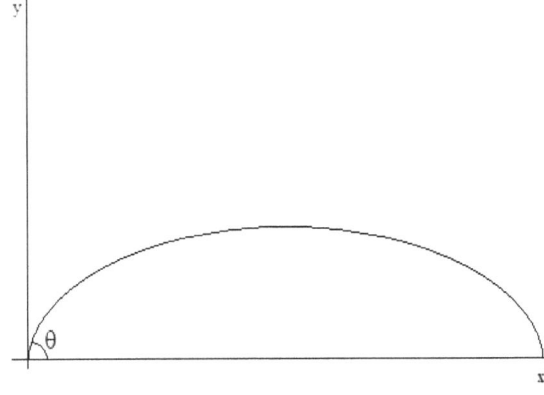

Sabem que el punt màxim d'alçada és quan la component y de la velocitat és zero, per tant:

$$v_y = 0; \quad \frac{dy}{dt} = 0; \quad \frac{\partial y}{\partial x} \cdot \frac{\partial x}{\partial t}$$

$$0 = \tan(\theta) - \frac{g}{v_0^2 \cos^2\theta} x_H$$

L'equació del moviment és: $y = \tan(\theta)x - \dfrac{1}{2}\dfrac{g}{v_0^2 \cos^2\theta}x^2$

Mecànica Clàssica

Aleshores finalment tenim:

$$0 = x_H \tan(\theta) x - \frac{1}{2} \frac{g}{v_0^2 \cos^2 \theta} x_H^2 - \frac{1}{2} \frac{g}{v_0^2 \cos^2 \theta} x_H^2$$

1.5. Diagonalització

Def: Definim una matriu diagonal A com $A = \begin{pmatrix} a_{11} & 0 & \ldots & 0 \\ 0 & a_{22} & \ldots & 0 \\ 0 & 0 & \ldots & a_{nn} \end{pmatrix}$.

A més a més, podem dir que una matriu ***diagonalitzable*** és aquella matriu A tal què existeix una matriu P que **pertany** al **mateix conjunt** espacial de matrius en el conjunt de nombres reals, que és **invertible** i **pertany** a un **grup linial** tal què compleix $P^{-1} A P$ és diagonal.

A l'aspecte de la diagonalització hem de definir els vectors pròpis i els valors pròpis.

Els **vectors pròpis** són vectors que pertanyen a l'espai dimensional dels conjunts reals en n dimensions. Si un d'aquests vectors és diferent a zero podem dir que és un vector pròpi d'una aplicació a una base matricial f amb **valors pròpis** λ sent un nombre real si complex $\boxed{f(\vec{v}) = \lambda \vec{v}}$.

Algunes aplicacions de la diagonalització de matrius la podem trobar amb càlculs d'interaccions i amb potències de matrius.

La definició més important de la diagonalització ja l'estudiareu a *l'àlgebra linial*, ja que el càlcul dels **VAP (valors pròpis)** i **VEP (vectors pròpis)** és un càlcul molt atractiu i amb molt de camp per dedicar-hi temps. A qualsevol llibre hi sortirà amb exemples de diagonalitzacions, però no fem un estudi més detallat ja que hauríem de definir bases de matrius, conjunts, subespais i rectes invariants...

Mecànica Clàssica

1.6. Dimensions

Les dimensions de les magnituds físiques és un estudi necessari i molt important per a determinar el valor qualitatiu de les magnituds i de les variables que desconeixem dins d'una equació. Diguèssim:

$$v+v^2=x \quad \text{no!} \quad \to \alpha v+\beta v^2=x$$

El primer cas no pot ser possible, perquè sumant dues velocitats no pot ser que ens donin dimensions d'espai. Necessitem, per obtenir el valor de longitud, introduir dos valors constants amb unes magnituds físiques concretes que, al combinar-se en aquest cas en producte amb l'altre variable física que avaluem, ens doni una magnitud espacial.

L'espai és [**L**] o *m* i la velocitat [**L**]/[**T**] o *m/s*, per tant definim:

$$[\alpha]=T \quad [\beta]=\frac{T^2}{L}$$

EX

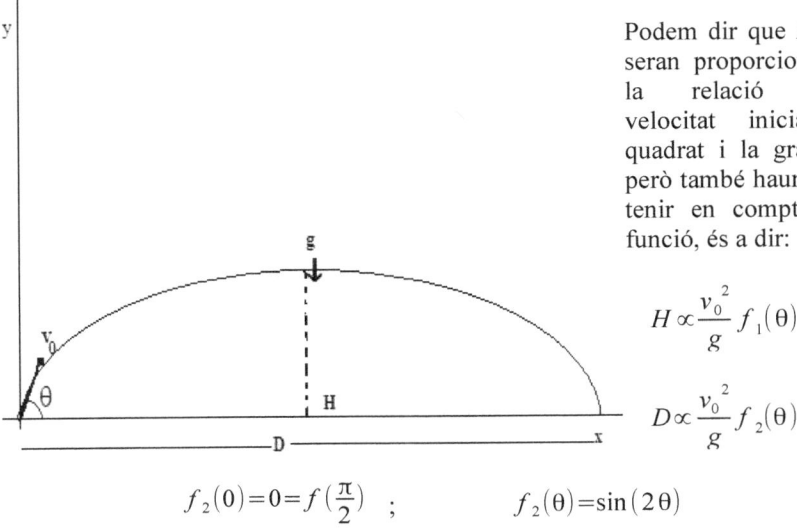

Podem dir que **H** i **D** seran proporcionals a la relació entre velocitat inicial al quadrat i la gravetat, però també haurem de tenir en compte una funció, és a dir:

$$H \propto \frac{v_0^2}{g} f_1(\theta)$$

$$D \propto \frac{v_0^2}{g} f_2(\theta)$$

$$f_2(0)=0=f\left(\frac{\pi}{2}\right) \quad ; \quad f_2(\theta)=\sin(2\theta)$$

Mecànica Clàssica

Aleshores tenim els valors de D i de H:

$$D \propto \frac{v_0^2}{g} \sin(2\theta) \qquad H \propto \frac{v_0^2}{g} \frac{\sin(2\theta)}{2}$$

1.7. Camps escalars i camps vectorials

Abans de començar a definir un camp vectorial i un camp escalar, donarem la definició de la funció que agafarem com exemple per ambdós casos:

$$f(\vec{r}) = x^2 y + z + 3 yxz \qquad (1.1)$$

- **Camps escalars**

Si agafem l'equació (1.1) com exemple i agafem de vector posició (1,1,1), obtindríem el valor de la funció:

$$f[\vec{r}=(1,1,1)] = 5$$

L'únic que cal fer és substituir els valors assignats per les variables x, y, z i trobar un únic valor númeric.

EX:

Un exemple clar de representació de la superfície de camps escalars seria una esfera de radi R: $f(\vec{r}) = x^2 + y^2 + z^2 = R^2$; en el cas, per exemple, de $f(\vec{r}) = 9$ parlaríem d'una esfera de **radi 3**.

- **Camps vectorials**

Primer de tot definirem un camp vectorial qualsevol:

$$\vec{A}(\vec{r}) = A_x(\vec{r})\vec{e}_x + A_y(\vec{r})\vec{e}_y + A_z(\vec{r})\vec{e}_z$$

si utilitzem l'expressió 1.1 per posar vectors unitaris:

$$x^2 y \vec{e}_x + z \vec{e}_y + 3yxz \vec{e}_z$$

Mecànica Clàssica

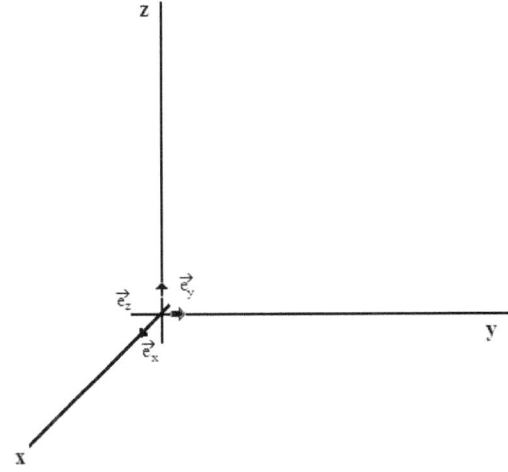

Figura 1.1.- *Eix de coordenades amb vectors unitaris*

Per tant podem definir el camp vectorial A de la següent manera:

$$\vec{A}[\vec{r}=(1,1,1)]=\vec{e}_x+\vec{e}_y+3\,\vec{e}_z=(1,1,3)$$

1.8. Productes entre camps vectorials

Podem definir diferents tipus de productes vectorials.

i) **Producte escalar (·) entre dos camps vectorials.**

Definim la base dimensional algebràica amb la què treballarem: $\quad E^3 \wedge E^3 \rightarrow \mathbb{R}$
Aleshores:

$$\vec{A}(\vec{r})\cdot\vec{B}(\vec{r})=A_x B_x+A_y B_y+A_z B_z=|\vec{A}|\cdot|\vec{B}|\cos(\widehat{A\,B})=C(\vec{r})$$

El resultat és un escalar.

Mecànica Clàssica

ii) **Producte vectorial ($\wedge$) de dos camps vectorials.**

$\vec{A}(\vec{r}) \wedge \vec{B}(\vec{r}) = \vec{C}(\vec{r})$ Aquest camp vectorial es calcula mitjançant el **producte escalar**, que es calcula de la següent manera:

$$\vec{C}(\vec{r}) = \begin{vmatrix} \vec{e}_x & \vec{e}_y & \vec{e}_z \\ A_x & A_y & A_z \\ B_x & B_y & B_z \end{vmatrix} =$$

$$= \vec{e}_x (A_y B_z - A_z B_y) + \vec{e}_y (A_x B_z - A_z B_x) + \vec{e}_z (A_x B_y - A_y B_x)$$

Com podem observar el producte vectorial, com a **resultat és un vector**. Aquest el podem definir de la següent manera:

$$|\vec{C}(\vec{r})| = |\vec{A}(\vec{r})| \cdot |\vec{B}(\vec{r})| \sin(\widehat{\vec{A}(\vec{r})\vec{B}(\vec{r})}) \quad \text{a}$$

$\vec{A}$

$\vec{C}$ $\vec{B}$ Sempre aniran del primer al segon

Fem un *kit-kat* per a definir un a un els vectors unitaris i la relació entre ells:

$$\vec{e}_x \wedge \vec{e}_y = \vec{e}_z \quad ; \quad \vec{e}_x \wedge \vec{e}_z = -\vec{e}_y \quad ; \quad \vec{e}_y \wedge \vec{e}_z = \vec{e}_x$$

i també la relació entre el producte vectorial de dos camps vectorials:

$$\vec{A} \wedge \vec{B} = -\vec{B} \wedge \vec{A}$$

iii) **Producte mixte de tres camps vectorials.**

Definim la base dimensional algebràica amb la què treballarem:

$$E^3 \wedge E^3 \wedge E^3 \to \mathbb{R}$$

$$\{\vec{A},\vec{B},\vec{C}\}=\vec{A}\cdot(\vec{B}\wedge\vec{C}) = \begin{vmatrix} \vec{A}_x & \vec{A}_y & \vec{A}_z \\ B_x & B_y & B_z \\ C_x & C_y & C_z \end{vmatrix}$$

A partir de les definicions del producte mixte, podem definir un camp D amb els paràmetres anteriors:

$$D(\vec{r}) = \begin{vmatrix} \vec{e}_x & \vec{e}_y & \vec{e}_z \\ A_x & A_y & A_z \\ B_x+C_x & B_y+C_y & B_z+C_z \end{vmatrix}$$

La relació entre aquests tres camps les podem trobar amb les combinacions (o permutacions) que podem realitzar. Aquestes són les sis següents:

$$\{\vec{A},\vec{B},\vec{C}\}=\{\vec{B},\vec{C},\vec{A}\}=\{\vec{C},\vec{A},\vec{B}\}=-\{\vec{A},\vec{C},\vec{B}\}=$$

$$-\{\vec{B},\vec{A},\vec{C}\}=-\{\vec{C},\vec{B},\vec{A}\}$$

- **Triple producte vectorial**

$$\vec{A}\wedge(\vec{B}\wedge\vec{C})=\vec{B}\cdot(\vec{A}\cdot\vec{C})-\vec{C}(\vec{B}\cdot\vec{A})$$

Si agafem l'equació (1.1) per a realitzar els exemples posteriors ja tenim definida la funció $f(x,y,z)=f(\vec{r})$ amb la què treballarem.

Primer de tot avaluarem la funció, sense definir quantitativament les variables, en la variació en x.

$$\frac{\partial f}{\partial x}\lim_{\Delta x\to 0}\frac{f(x+\Delta x,y,z)-f(x,y,z)}{\Delta x}$$

Utilitzant els valors per a cada variable per a la nostra funció o el nostre camp definit a (1.1):

$$\frac{(x+\Delta x)^2+z+3(x+\Delta x)yz-(x^2y+z+3yxz)}{\Delta x} =$$

$$=\frac{\partial f}{\partial x}=f_x=2xy+3yz$$

Mecànica Clàssica

De la mateixa manera podem definir les derivades parcials de la funció respecte y i z avaluant la variació:

$$\frac{\partial f}{\partial y}=f_y=x^2+3xz$$

$$\frac{\partial f}{\partial z}=f_z=1+3y$$

Si ara realitzem els mateixos càlculs amb un camp de coordenades generalitzades, primer de tot, hem de sel·leccionar i definir les variables necessàries:

$$\vec{l}_0=(l_{0_x},l_{0_y},l_{0_z}) \qquad \Delta\vec{l}=(\Delta x,\Delta y,\Delta z)$$

$$\lambda\vec{l}_0=(\lambda l_{0_x},\lambda l_{0_y},\lambda l_{0_z}) \qquad \vec{l}_0=\frac{(\Delta x,\Delta y,\Delta z)}{((\Delta x)^2,(\Delta y)^2,(\Delta z)^2)^{1/2}}$$

Treballem l'exemple general:

$$\frac{\partial f}{\partial x}\lim_{\lambda\to 0}\frac{f(\vec{r}+\lambda\vec{l}_0)-f(\vec{r})}{\lambda}$$

$$\frac{\partial f}{\partial l}\lim_{\substack{\Delta x\to 0\\ \Delta y\to 0\\ \Delta z\to 0\\ \Delta l\to 0}}\frac{f(x+\Delta x,y+\Delta y,z+\Delta z)-f(x,y,z)}{\Delta l}=$$

$$=\lim_{\substack{\Delta x\to 0\\ \Delta y\to 0\\ \Delta z\to 0\\ \Delta l\to 0}}\frac{f(x+\Delta x,y+\Delta y,z+\Delta z)-f(x,y+\Delta y,z+\Delta z)}{\Delta l}\frac{\Delta x}{\Delta l}+$$

$$+\lim_{\substack{\Delta x\to 0\\ \Delta y\to 0\\ \Delta z\to 0\\ \Delta l\to 0}}\frac{f(x+\Delta x,y+\Delta y,z+\Delta z)-f(x+\Delta x,y,z+\Delta z)}{\Delta l}\frac{\Delta y}{\Delta l}+$$

$$+\lim_{\substack{\Delta x\to 0\\ \Delta y\to 0\\ \Delta z\to 0\\ \Delta l\to 0}}\frac{f(x+\Delta x,y+\Delta y,z+\Delta z)-f(x+\Delta x,y+\Delta y,z)}{\Delta l}\frac{\Delta z}{\Delta l}=$$

Mecànica Clàssica

$$= \left(\frac{\partial f}{\partial x}, \frac{\partial f}{\partial y}, \frac{\partial f}{\partial z}\right) \cdot \left(\frac{\Delta x}{\Delta l}, \frac{\Delta y}{\Delta l}, \frac{\Delta z}{\Delta l}\right) = (1.2) =$$

$$= \left(\frac{\partial f}{\partial x}, \frac{\partial f}{\partial y}, \frac{\partial f}{\partial z}\right) \cdot \begin{vmatrix} \frac{\Delta x}{\Delta l} \\ \frac{\Delta y}{\Delta l} \\ \frac{\Delta z}{\Delta l} \end{vmatrix} = (1.3)$$

Si igualem (1.2) = (1.3) ho podem anotar de la següent manera:

$$\nabla f \vec{l}_0 = \frac{\partial f}{\partial \vec{l}} \quad \text{si afegim} \quad d\vec{l} \rightarrow \nabla f \cdot \vec{l}_0 dl = \frac{\partial f}{\partial l} d\vec{l}$$

Com que $\vec{l}_0 dl = d\vec{l}$ Obtenim la funció del nostre camp vectorial f definit amb la notació de l'operador **nabla**, o també anomenat **GRADIENT**.

$$\boxed{\nabla f \, d\vec{l} = df}$$

Def: Definim el gradient $(\nabla f \equiv \text{grad } f)$ com un vector tal què multiplicat escalarment pel diferencial de longitud dl = (dx, dy, dz); dóna la variació de la funció entre dos punts (x, y, z); (x + dx, y + dy, z + dz).

EX

Tornem a agafar com exemple el camp vectorial (1.1) al punt $\vec{r} = (1,1,1)$

Aleshores el gradient serà les components de cada diferencial corresponent al camp amb les variables (**Estan calculats amb anterioritat**)

$$\nabla f(\vec{r}) = (2xy + 3yz, x^2 + 3xz, 1 + 3xy) = (5, 4, 4)$$

fent els càlculs amb el vector r.
$$\partial f = |\nabla f| |d\vec{l}| \cos(\widehat{\nabla f, \vec{l}_0})$$

per tant ∂f és màxima quan $\nabla f \| \vec{l}_0$.

Mecànica Clàssica

Propietats

Si $f(\vec{r})=K$ **aleshores:** $df=0=\nabla f\, d\vec{l}=0$

$\nabla f \perp d\vec{l}$, tal què, $\nabla f \perp \vec{l}_0$

Def: Definim l'operador nabla com les derivades parcials de les coordenades dimensionals respecte el camp vectorial o la funció donada:

$$\nabla f=(f_x, f_y, f_z)=\left(\frac{\partial}{\partial x}, \frac{\partial}{\partial y}, \frac{\partial}{\partial z}\right)\vec{f}$$

$$\nabla f=\left(\vec{e}_x\frac{\partial f}{\partial x}, \vec{e}_y\frac{\partial f}{\partial y}, \vec{e}_z\frac{\partial f}{\partial z}\right)$$

1.9. Integral de línia

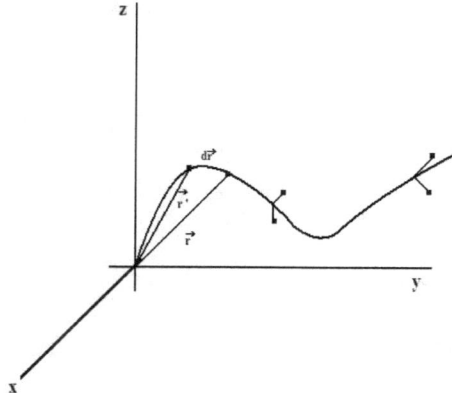

A la *Figura 1.2*, podem observar una funció amb corbes amb els seus vectors ortogonals i una avaluació des de l'origen al punt del vector r i r ' amb el què la diferència o el camí entre ambdós és tan petit que el definim com a un diferencial de r.

Amb les integrals de línia, no hem de patir per l'aspecte del camí, ja que a l'hora de realitzar el càlcul amb el camp que nosaltres tinguem (un camp conservatiu per definició) podrem trobar el treball necessari per arribar d'un punt *a* a un punt *b*.

Mecànica Clàssica

Def: Definim el treball realitzat com la força F que cal fer per recórrer una distancia.

La força és un camp vectorial i la definició del treball en forma d'equació ve donada per la següent expressió:

$$W = \int_{r_1}^{r_2} \vec{F} \, d\vec{r}$$

Si ara realitzem un càlcul per a un camp vectorial general:

Definim el camp A com: $\vec{A}(\vec{r}) = A_x(\vec{r})\vec{e}_x + A_y(\vec{r})\vec{e}_y + A_z(\vec{r})\vec{e}_z$

Aleshores la integral serà: $I = \int_l \vec{A} \, d\vec{r}$ En conseqüència, al ser un camp conservatiu, podem definir la integral respecte el treball com una funció que no depèn del camí que s'esculli ja que podem fer-la a pams o de cop, però sempre començarà o acabarà a un dels dos punts per on passa la línia. Per tant, en aquests casos, en canvi de fer una integral de línia, podem fer la integral tancada i el treball per al nostre camp vectorial serà: $W = \oint \vec{F}_A \, d\vec{r}$

Si el nostre camp A procedeix del gradient d'un camp escalar, aquesta integral, sense límits, és **zero**.

$$\vec{A} = \nabla \phi \rightarrow I = \oint \nabla \phi \, d\vec{r} = \oint d\phi = 0$$

Abans de seguir amb la següent secció, definirem o anotarem les **relacions de termes integrals més freqüents:**

- $\int (\nabla \wedge \vec{C}) dV = \int \vec{n} \wedge \vec{C} \, dS$

- $\int (\nabla \wedge \vec{C}) \, dS = \oint \vec{C} \, d\vec{l}$

- $\int_V \nabla \varphi \, dV = \int \varphi \vec{n} \, dS$

Mecànica Clàssica

1.10. Fluxe d'un vector respecte la superfície

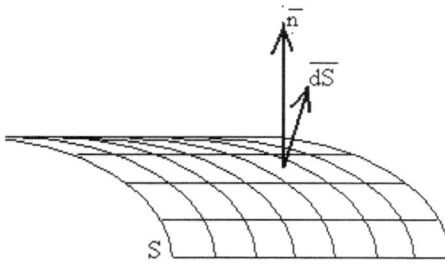

A la *Figura 1.3.* podem veure el flux d'un camp a una superfície.

Def: Definim fluxe de qualsevol camp vectorial com la suma de línies que travessen qualsevol superfície

Anomenem **fluxe** del vector $\vec{A}$ a través de la superfície com:

$$\Phi = \int_S \vec{A}\cdot\vec{n}\ dS = \int \vec{v}\cdot\vec{n}\ dS$$

definint el vector de la component normal d'aquesta manera:

$$\vec{n}\ dS = d\vec{S} \rightarrow \vec{n} = \frac{d\vec{S}}{dS}$$

1.11. Divergència

Def: La divergència d'un camp vectorial és un escalar definit en cada punt de l'espai i, per tant, un camp escalar.

Si disposem d'un camp vectorial $\vec{A}$, la seva divergència serà:

$$(\mathrm{div})\vec{A}(\vec{r}) = \lim_{\Delta V \to 0} \frac{1}{\Delta V} \oint_{S(\Delta V)} \vec{A}\cdot\vec{n}\ dS$$

Podem observar que la divergència d'un vector **és un escalar**.

L'expressió anterior és poc pràctica; aleshores amb el raonament que ve a continuació, obtindrem una expressió més còmode per a la pràctica.

Primer de tot hem de considerar un element de volum, en el nostre cas un cub "diferencial", ja que és més fàcil a l'hora d'avaluar a l'espai tridimensional. Al ser diferencial treballem amb petites dimensions i per tant tots els vectors ortogonals a cada superfície o cara del cub vindrà determinat pels diferencials dels vectors unitaris.
Aquest element de volum vindrà definit per: $\Delta V = \Delta x\, \Delta y\, \Delta z$ i els vectors

Mecànica Clàssica

normals els podem veure, juntament amb el cub, representats a la *Figura 1.4*:

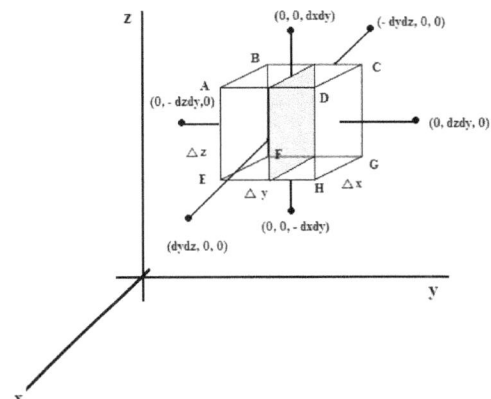

Calculem:

$$(\text{div})\vec{A}(\vec{r}) = \lim_{\Delta V \to 0} \frac{1}{\Delta V} \oint_\square A_x \, dS_x + A_y \, dS_y + A_z \, dS_z =$$

$$= \lim_{\Delta V \to 0} \frac{1}{\Delta x \Delta y \Delta z} \left\{ \int_{ADEH} A_x \, dS_x + \int_{BCFG} A_x \, dS_x + \int_{DCHG} A_y \, dS_y + \int_{ABEF} A_y \, dS_y + \int_{ABCD} A_z \, dS_z + \int_{EFGH} A_z \, dS_z \right\} =$$

$$= \lim_{\Delta V \to 0} \frac{1}{\Delta x \Delta y \Delta z} \left[\int_{ADEH} \left(A_x \, dS_x + \frac{\partial A_x}{\partial x} \cdot \frac{\Delta x}{2} \right) dz \, dy + \right.$$

$$+ \int_{BCFG} \left(A_x \, dS_x + \frac{\partial A_x}{\partial x} \cdot \frac{-\Delta x}{2} \right)(-dz \, dy) +$$

$$+ \int_{DCHG} \left(A_y \, dS_y + \frac{\partial A_y}{\partial y} \cdot \frac{\Delta y}{2} \right)(-dz \, dx) +$$

$$+ \int_{ABEF} \left(A_y \, dS_y + \frac{\partial A_y}{\partial y} \cdot \frac{-\Delta y}{2} \right)(-dz \, dx) +$$

$$+ \int_{ABCD} \left(A_z \, dS_z + \frac{\partial A_z}{\partial z} \cdot \frac{\Delta z}{2} \right)(dx \, dy) +$$

$$\left. + \int_{EFGH} \left(A_z \, dS_z + \frac{\partial A_z}{\partial z} \cdot \frac{-\Delta z}{2} \right)(-dx \, dy) \right] = *$$

Mecànica Clàssica

11 Com el volum tendeix a zero; la integral o superfície ÉS CONSTANT!

$$* = \lim_{\Delta V \to 0} \frac{1}{\Delta x \Delta y \Delta z} \left(\frac{\partial A_x}{\partial x}, \frac{\partial A_y}{\partial y}, \frac{\partial A_z}{\partial z} \right) \Delta x \Delta y \Delta z =$$

Finalment obtenim **l'expressió de la divergència** en **coordenades cartesianes**:

$$\boxed{ \operatorname{div} \vec{A}(\vec{r}) = \frac{\partial A_x}{\partial x}, \frac{\partial A_y}{\partial y}, \frac{\partial A_z}{\partial z} }$$

o també representada com:

$$\boxed{ \nabla \cdot \vec{A} = \frac{\partial A_x}{\partial x} + \frac{\partial A_y}{\partial y} + \frac{\partial A_z}{\partial z} }$$

fent un producte escalar.

EX

Disposem d'un camp vectorial $\vec{A}$, tal què:
$$\vec{A}(\vec{r}) = x^2 y \vec{e}_x + z^2 x \vec{e}_y + x \cdot \sin(xz) \vec{e}_z$$

Aleshores obtenim que $\operatorname{div} \vec{A}(\vec{r}) = 2xy + x^2 \cdot \cos(xz)$ i per tant:

$$\left(\frac{\partial}{\partial x} + \frac{\partial}{\partial y} + \frac{\partial}{\partial z} \right) \cdot (A_x \vec{e}_x + A_y \vec{e}_y + A_z \vec{e}_z) =$$

$$= \frac{\partial A_x}{\partial x} + \frac{\partial A_y}{\partial y} + \frac{\partial A_z}{\partial z} = \nabla \cdot \vec{A}$$

1.11.1. La Laplaciana

Def: Definim la Laplaciana com la divergència del gradient en un camp vectorial

Mecànica Clàssica

qualsevol. Si definim un camp ϕ aleshores hauríem de fer:

$$\nabla \cdot \nabla \phi = \frac{\partial}{\partial x}\left(\frac{\partial \phi}{\partial x}\right) + \frac{\partial}{\partial y}\left(\frac{\partial \phi}{\partial y}\right) + \frac{\partial}{\partial z}\left(\frac{\partial \phi}{\partial z}\right) = \frac{\partial^2 \phi}{\partial x^2} + \frac{\partial^2 \phi}{\partial y^2} + \frac{\partial^2 \phi}{\partial z^2} =$$

$$= \boxed{\nabla^2 \phi} \;\; \underline{\text{Laplaciana}}$$

A més a més cal remarcar que si $\nabla \cdot A = 0$ no implica $\nabla \perp A$

1.12. Teorema de Gauss (divergència)

Def: El teorema de Gauss o de la divergència, ens relaciona el flux d'un camp vectorial a través d'una superfície tancada que conté un volum amb la integral de la divergència d'aquest volum:

$$S \rightarrow V$$

$$\int (\text{div } \vec{A}) \; dV = \int_{S(V)} \vec{A} \cdot \vec{n} \; dS$$

Considerem un volum dividit per cubs infinitessimals que abasten tot el volum de la superfície com es veu a la ***Figura 1.5.***

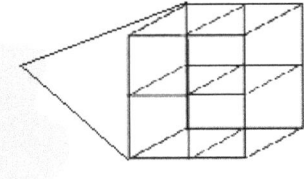

$$\sum_i^N \operatorname{div} \vec{A}(\vec{r}_i) \Delta V_i = \sum_i^N \left(\lim_{\Delta V \to 0} \frac{1}{\Delta V_i} \int_{S(\Delta V_i)} \vec{A} \cdot \vec{n}_i \, dS_i \right) \Delta V_i =$$

$$= \sum_i^N \left(\lim_{\Delta V \to 0} \int_{S(\Delta V_i)} \vec{A} \cdot \vec{n}_i \, dS_i \right) = ** = \int_{S(V)} \vec{A} \vec{n} \, dS$$

(**) Quan sumem les cares dels cubs els sentits dels vectors s'oposen. Aleshores, a totes les cares internes el seu flux és zero i només prevaleixen les cares exteriors.

1.12.1. El rotacional

Def: El rotacional és un operador vectorial que mostra la tendència d'un camp vectorial a induir la rotació al voltant d'un punt. $\quad \nabla \wedge \vec{A} = \begin{vmatrix} \vec{e}_i \\ \frac{\partial}{\partial i} \\ A_i \end{vmatrix}$

El rotacional d'un camp vectorial **és un nou camp vectorial**.

$$\operatorname{rot} \vec{A}(\vec{r}) = \vec{B}(\vec{r}) \qquad \nabla \wedge \vec{A}(\vec{r}) = \begin{vmatrix} \vec{e}_x & \vec{e}_y & \vec{e}_z \\ \frac{\partial}{\partial x} & \frac{\partial}{\partial y} & \frac{\partial}{\partial z} \\ A_x & A_y & A_z \end{vmatrix}$$

$$\vec{a} \ \operatorname{rot} \ \vec{A}(\vec{r}) = \lim_{\Delta S \to 0} \oint_{C(\Delta S)} \vec{A} \, d\vec{r} \quad [\#]$$

aleshores:

$$\operatorname{rot} \vec{A}(\vec{r}) = \lim_{\Delta V \to 0} \frac{1}{\Delta V} \int_{S(\Delta V)} (\vec{n} \wedge \vec{A}) \, dS$$

Mecànica Clàssica

Seguidament, demostrarem d'on obtenim el resultat del rotacional considerant les tres cares del cub que segueixen les diferents direccions unitaries dels eixos de coordenades. Per fer una idea més gràfica, ho podem observar a la *Figura 1.6*:

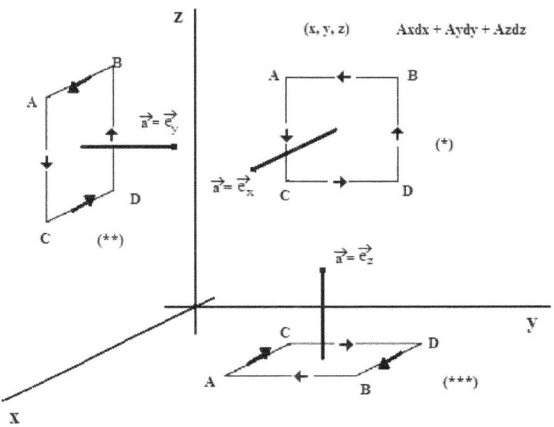

Si fem servir les definicions que hem definit abans: (#) i simbolitzem d'una manera vulgar el terme que resta dins de la integral $(\vec{A}\,d\vec{r})$ com l'espai buit que queda entre els següents parèntesis a la integral; podem trobar les coordenades una a una segons amb la seva direccionalitat a l'espai, del rotacional del nostre camp vectorial $\vec{A}$.

$$[\text{rot } \vec{A}(\vec{r})]_x = \lim_{\Delta y, \Delta z \to 0} \frac{1}{\Delta y \Delta z} \left\{ \int_{AB} (\,) + \int_{CD} (\,) + \int_{DA} (\,) \int_{BC} (\,) \right\} =$$

Com ja vam fer en el cas de la divergència, seguirem els mateixos pasos:

$$= \left\{ \int_{AB} [A_y + \frac{\partial A_y}{\partial z} \cdot \frac{\Delta z}{2}](-dy) + \int_{CD} [A_y + \frac{\partial A_y}{\partial z} \cdot \frac{-\Delta z}{2}](dy) + \right.$$
$$\left. + \int_{DA} [A_z + \frac{\partial A_z}{\partial y} \cdot \frac{\Delta y}{2}](-dz) + \int_{BC} [A_z + \frac{\partial A_z}{\partial y} \cdot \frac{-\Delta y}{2}](dz) \right\} \frac{1}{\Delta y \Delta z} =$$

$$= \frac{\partial A_y}{\partial z} - \frac{\partial A_z}{\partial y} \quad (*)$$

(*)Gràfica

Aquest valor però, només correspon al rotacional del camp a les x.

34

Mecànica Clàssica

Si seguim el mateix procediment que hem fet per a les x, tant per les y com les z; arribarem als resultats següents amb les **representacions gràfiques** a la *Figura 1.6* amb (**) i (***) respectivament:

$$[\text{rot } \vec{A}(\vec{r})]_y = \frac{\partial A_x}{\partial z} - \frac{\partial A_z}{\partial x} \quad (**)$$

$$[\text{rot } \vec{A}(\vec{r})]_z = \frac{\partial A_y}{\partial x} - \frac{\partial A_x}{\partial y} \quad (***)$$

Per tant observem que si fem un producte vectorial en una component, trobem les coordenades a aquella direcció. Observem-ho:

$$\text{rot } \vec{A}(\vec{r}) = \begin{vmatrix} \vec{e}_x & \vec{e}_y & \vec{e}_z \\ \frac{\partial}{\partial x} & \frac{\partial}{\partial y} & \frac{\partial}{\partial z} \\ A_x & A_y & A_z \end{vmatrix}$$

Si fèssim el producte vectorial a les z, hauríem de multiplicar (en posicions de la matriu) el (**2.1**)· (**3.2**) − (**2.2**)·(**3.1**) i veiem que es correspon al rotacional del camp A per a les coordenades de z.

***Propietats*:**

$$\text{rot } \nabla \vec{A}(\vec{r}) = \begin{vmatrix} \vec{e}_x & \vec{e}_y & \vec{e}_z \\ \frac{\partial}{\partial x} & \frac{\partial}{\partial y} & \frac{\partial}{\partial z} \\ \frac{\partial \phi}{\partial x} & \frac{\partial \phi}{\partial y} & \frac{\partial \phi}{\partial z} \end{vmatrix} = \vec{e}_x [\frac{\partial}{\partial y}(\frac{\partial \phi}{\partial z}) - \frac{\partial}{\partial z}(\frac{\partial \phi}{\partial y})] +$$

$$+ \vec{e}_y [\frac{\partial}{\partial z}(\frac{\partial \phi}{\partial x}) - \frac{\partial}{\partial x}(\frac{\partial \phi}{\partial z})] + \vec{e}_z [\frac{\partial}{\partial x}(\frac{\partial \phi}{\partial y}) - \frac{\partial}{\partial y}(\frac{\partial \phi}{\partial x})] = 0$$

$$\oint \vec{A} \, d\vec{r} = 0 \rightarrow \text{rot } A = 0$$

EX

Si tornem a agafar el camp vectorial donat a la primera pàgina, equació (1.1) i que tornem a recordar: $\vec{A}(\vec{r}) = x^2 y \vec{e}_x + z^2 \vec{e}_y + 3xyz \vec{e}_z$ definim les components

Mecànica Clàssica

del camp:
$$A_x = x^2 y \quad ; \quad A_y = z^2 \quad ; \quad A_z = 3xyz$$

Calcular el rotacional és fàcil si apliquem l'expressió per a calcular-la si realitzem les operacions diferencials abans. En aquest cas són derivades senzilles i no farem el procediment. Per tant, el resultat del rotacional del nostre camp vectorial serà:

$$\operatorname{rot} \vec{A}(\vec{r}) = \begin{vmatrix} \vec{e}_x & \vec{e}_y & \vec{e}_z \\ \dfrac{\partial}{\partial x} & \dfrac{\partial}{\partial y} & \dfrac{\partial}{\partial z} \\ A_x & A_y & A_z \end{vmatrix} = \vec{e}_x(3xz - 2z) + \vec{e}_y(3yz) + \vec{e}_z(-x^2)$$

1.13. Teorema de *Stokes*

Com hem fet pel teorema de la divergència o de *Gauss*, també podem donar una expressió per la integral del rotacional que ens vindrà definida pel **Teorema de Stokes**:

Sigui S una superfície qualsevol de l'espai i C una trajectòria (unidimensional) que limita la superfície S no necessàriament plana, obtenim la relació següent:

$$\boxed{\oint_C \vec{A}\, d\vec{l} = \int_S (\nabla \wedge \vec{A})\vec{n}\, d\vec{S}}$$

Per demostrar-ho, considerarem un punt amb una superfície intinitessimal amb un vector unitari de superfície $\vec{n}$:

$\Delta a = \Delta S \cdot \vec{n}$ Aleshores: $\displaystyle\oint_{\Delta C} \vec{A}\, d\vec{l} = \int_{\Delta a} (\nabla \wedge \vec{A}) d\vec{S} \simeq \langle (\nabla \wedge \vec{A})\vec{n} \rangle \Delta S$ i per tant, el promig en el nostre punt de la superfície infinitesimal serà:

$\langle (\nabla \wedge \vec{A})\vec{n} \rangle_p \simeq \dfrac{1}{\Delta C} \displaystyle\oint_{\Delta S} \vec{A}\, d\vec{l}$ i si ara fem el límit de ΔS quan tendeix a zero, ja podem desfer l'aproximació i transformar-ho amb una igualtat:

$$(\nabla \wedge \vec{A})\vec{n} = \lim_{\Delta S \to 0} \frac{1}{\Delta S} \oint_C \vec{A}\, d\vec{l}$$

Observem que la relació que hem obtingut és la mateixa que havíem suposat per la definició de rotacional en l'apartat anterior, però modificant algunes variables de notació.

És important adonar-se'n que malgrat estiguem parlant d'un rotacional, el resultat és una relació escalar com el teorema de la divergència. Això és degut a que aquí només avaluem una component d'orientació concreta del nostre rotacional. Per exemple, si orientem el camp en un sentit pot ser que el rotacional sigui nul, però només canviant l'orientació del nostre vector unitari de superfície, podem trobar diferents valors pel nostre camp. Això ho podem visualitzar amb un molinet de vent situant-lo en un corrent d'aigua, si el situem en la direcció del corrent no gira ja que el fluxe d'aigua s'anul·la el d'un costat amb el de l'altre.

Per acabar, cal recordar que el rotacional en un camp constant és zero!!

1.14. Teorema de *Helmholtz*

Aquest teorema l'enunciarem però no realitzarem la demostració, ja que és una mica feixuga de fer i el què més ens interessa és la interpretació i la matemàtica que ens presenta.

Teorema de *Helmholtz*: Una funció *f* ens presenta un camp vectorial tal què $f = (x, y, z)$ i que ens defineix un volum finit V. Si coneixem tots els punts de la divergència ($\nabla \cdot \vec{f}$) i del rotacional ($\nabla \wedge \vec{f}$) de *f*, **coneixem el camp**. És a dir, si els resultats pel rotacional i la divergència són $\nabla \cdot \vec{f} = a$ i $\nabla \wedge \vec{f} = \vec{b}$, tenim:

$$\vec{f} = -\nabla \cdot \phi + \nabla \wedge \vec{A}$$

amb:

$$\phi(\vec{r}) = \frac{1}{4\pi} \int_V \frac{a(\vec{r}\,')}{|\vec{r} - \vec{r}\,'|} dV' \quad ; \quad A(\vec{r}) = \frac{1}{4\pi} \int_V \frac{\vec{b}(\vec{r}\,')}{|\vec{r} - \vec{r}\,'|} dV'$$

Mecànica Clàssica

1.15. Coordenades curvilínies

A les coordenades curvilínies tenim dos exemples típics. Aquests són les coordenades en cilíndriques i en esfèriques. En general:

$$\{\vec{e}_x, \vec{e}_y, \vec{e}_z\} \rightarrow \begin{array}{l} \vec{e}_y \wedge \vec{e}_z = \vec{e}_x \\ \vec{e}_x \wedge \vec{e}_z = -\vec{e}_y \\ \vec{e}_x \wedge \vec{e}_y = \vec{e}_z \end{array}$$

$$\{\vec{e}_u, \vec{e}_v, \vec{e}_w\} \rightarrow \begin{array}{l} \vec{e}_u \wedge \vec{e}_v = \vec{e}_w \\ \vec{e}_u \wedge \vec{e}_w = -\vec{e}_v \\ \vec{e}_v \wedge \vec{e}_w = \vec{e}_u \end{array}$$

Figura 1.7.:

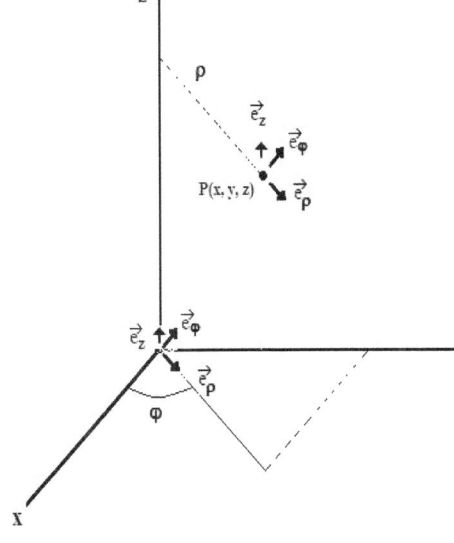

Anem a entendre i a definir millor els paràmetres de la *Figura 1.7*.

i) $P(x, y, z) = P(\rho, \varphi, z)$

ii) $-\infty \leq \begin{array}{c} x \\ y \\ z \end{array} \leq +\infty$

iii) $0 \leq \rho \leq +\infty$

iv) $-\infty \leq z \leq +\infty$

v) $0 \leq \varphi \leq 2\pi$

vi) $\begin{array}{l} x = \rho \cos\varphi \\ y = \rho \sin\varphi \\ z = z \end{array}$

Fem un kit-kat per a definir uns conceptes que farem servir a continuació per a trobar les noves coordenades del nostre camp A.

$$\vec{e}_\rho = \vec{e}_x \cos\varphi + \vec{e}_y \sin\varphi \quad ; \quad \vec{e}_\varphi = -\vec{e}_x \sin\varphi + \vec{e}_y \cos\varphi \quad ; \quad \vec{e}_z = \vec{e}_z$$

$$\det U = 1 \; ; \; U^{-1} = U^t$$

$$U^t = \begin{pmatrix} \cos\varphi & -\sin\varphi & 0 \\ \sin\varphi & \cos\varphi & 0 \\ 0 & 0 & 1 \end{pmatrix} = (*)$$

Treballem en matrius:

$$\begin{pmatrix} \vec{e}_\rho \\ \vec{e}_\varphi \\ \vec{e}_z \end{pmatrix} = \begin{pmatrix} \cos\varphi & -\sin\varphi & 0 \\ \sin\varphi & \cos\varphi & 0 \\ 0 & 0 & 1 \end{pmatrix} \begin{pmatrix} \vec{e}_x \\ \vec{e}_y \\ \vec{e}_z \end{pmatrix} \rightarrow (*) \begin{pmatrix} \vec{e}_x \\ \vec{e}_y \\ \vec{e}_z \end{pmatrix} = U^t \begin{pmatrix} \vec{e}_\rho \\ \vec{e}_\varphi \\ \vec{e}_z \end{pmatrix}$$

Aleshores el vector $\vec{A}$ passa a ser:

$$\vec{A} = A_x (\vec{e}_\rho \cos\varphi - \vec{e}_\varphi \sin\varphi) + A_y (\vec{e}_\rho \sin\varphi + \vec{e}_\varphi \cos\varphi) + A_z (\vec{e}_z)$$

Per tant, podem definir el nostre camp amb les noves coordenades curvilínies mitjançant el càlcul amb la matriu per a realitzar un canvi de base. El nostre camp vindrà definit per:

$$\boxed{\vec{A} = A_\rho \vec{e}_\rho + A_\varphi \vec{e}_\varphi + A_z \vec{e}_z}$$

En el què definim els paràmetres següents extrets de la matriu com:

$$A_\rho = (A_x \cos\varphi + A_y \sin\varphi) \vec{e}_\rho \qquad A_\varphi = (-A_x \sin\varphi + A_y \cos\varphi) \vec{e}_\varphi$$

- **Longituds**

Definirem els elements de longituds i els relacionarem amb els diferencials i els canvis de variables que fem servir.

Mecànica Clàssica

$$\vec{r} = x\vec{e}_x + y\vec{e}_y + z\vec{e}_z \rightarrow d\vec{r} = \frac{\partial \vec{r}}{\partial x}dx + \frac{\partial \vec{r}}{\partial y}dy + \frac{\partial \vec{r}}{\partial z}dz = \vec{e}_x dx + \vec{e}_y dy + \vec{e}_z dz \quad ;$$

definim $\vec{r} = \vec{f}(x, y, z)$; definides les variables en funció del les variables que volem fer el canvi. Aleshores:

$$x = x(\rho, \varphi, z) \quad ; \quad y = y(\rho, \varphi, z) \quad ; \quad z = z(\rho, \varphi, z)$$

$$d\vec{r} = \frac{\partial \vec{f}}{\partial x}dx + \frac{\partial \vec{f}}{\partial y}dy + \frac{\partial \vec{f}}{\partial z}dz = [\vec{e}_x(d\rho \cos\varphi - \rho \sin\varphi \, d\varphi) +$$
$$+ \vec{e}_y(d\rho \sin\varphi + \rho \cos\varphi \, d\varphi) + \vec{e}_z dz] = (\vec{e}_x \cos\varphi + \vec{e}_y \sin\varphi)d\rho +$$
$$+ (-\vec{e}_x \sin\varphi + \vec{e}_y \cos\varphi)\rho \, d\varphi + \vec{e}_z dz =$$

Si fem els passos com a l'exemple del camp A

$$= \boxed{d\vec{r} = \vec{e}_\rho d\rho + \vec{e}_\varphi \rho \, d\varphi + \vec{e}_z dz}$$

Si ara agafem un element de volum (un paral·lelepíped, és l'element més usual per aquestes ocasions) definit com: $d\vec{V} = \rho \, d\varphi \, dz \, d\rho$ i l'observem gràficament (*Figura 1.8*) en el què farem un càlcul semblant al que vàrem fer per a trobar la definició de la divergència:

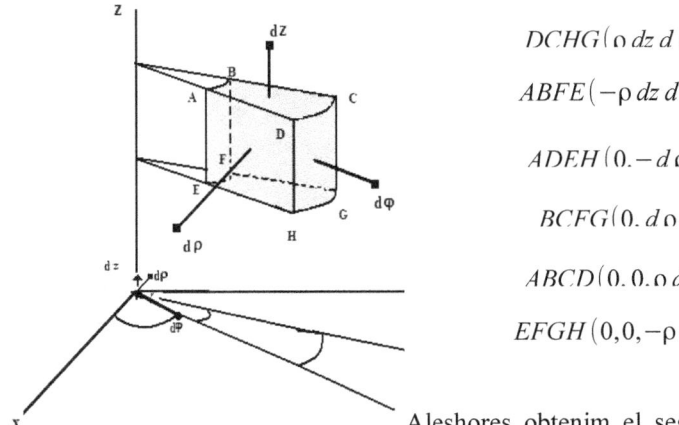

$DCHG(\rho \, dz \, d\varphi, 0, 0)$

$ABFE(-\rho \, dz \, d\varphi, 0, 0)$

$ADEH(0, -d\rho \, dz, 0)$

$BCFG(0, d\rho \, dz, 0)$

$ABCD(0, 0, \rho \, d\rho \, d\varphi)$

$EFGH(0, 0, -\rho \, d\rho \, d\varphi)$

Aleshores obtenim el següent resultat pel rotacional d'un camp vectorial A:

$$\boxed{(\text{rot } \vec{A})\vec{e}_\rho = \lim_{\Delta S \to 0} \frac{1}{\Delta S} \oint \vec{A} \, dl = \lim_{\Delta S \to 0} \frac{1}{\rho \, d\varphi \, dz} \oint \vec{A} \, dl}$$

Mecànica Clàssica

!! No ho hem de confondre amb el procés original ja que aquí fem un canvi de variables a la base vectorial, tal com havíem dit. Per tant:

$$\text{rot}\,\vec{A}(\vec{r}) \neq \begin{vmatrix} \vec{e}_\rho & \vec{e}_\varphi & \vec{e}_z \\ \dfrac{\partial}{\partial \rho} & \dfrac{\partial}{\partial \varphi} & \dfrac{\partial}{\partial z} \\ A_x & A_y & A_z \end{vmatrix}$$

Podem observar que per a què funcionés cal canviar les components del camp de x, y, z a les noves coordenades ρ, φ, z.

1.15.1. Coordenades esfèriques

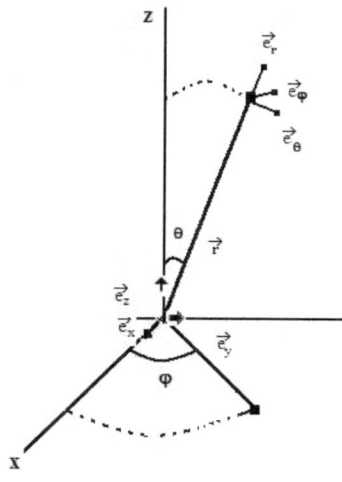

Figura 1.9.:Representació coordenades esfèriques.

Realitzarem el mateix procediment que amb l'anterior, definirem primer els paràmetres que treballarem:

i) $\vec{r} = \vec{e}_x x + \vec{e}_y y + \vec{e}_z z$

ii) $-\infty \leq x \leq +\infty$

iii) $0 \leq r \leq +\infty$

iv) $0 \leq \theta \leq \pi$

v) $0 \leq \varphi \leq 2\pi$

vi) $\vec{r} = (r, \theta, \varphi)$

Ara podríem definir les coordenades cartesianes ja que dependràn dels nous paràmentres:

$$x = f(r, \theta, \varphi) \quad \rightarrow \quad x = r \sin\theta \cos\varphi$$

$$y = g(r, \theta, \varphi) \quad \rightarrow \quad y = r \sin\theta \sin\varphi$$

$$z = h(r, \theta, \varphi) \quad \rightarrow \quad z = r \cos\theta$$

Mecànica Clàssica

Per tant, ja estem preparats per a poder trobar la nova configuració de coordenades:

$$d\vec{r} = \frac{\partial \vec{r}}{\partial x}dx + \frac{\partial \vec{r}}{\partial y}dy + \frac{\partial \vec{r}}{\partial z}dz = \vec{e}_x dx + \vec{e}_y dy + \vec{e}_z dz$$

Podem definir els valors diferencials (dx, dy, dz) com la suma de les parcials de la cartesiana respecte les tres noves coordenades, és a dir, amb l'exemple de *x*:

$$dx = \frac{\partial x}{\partial r} + \frac{\partial x}{\partial \theta} + \frac{\partial x}{\partial \varphi} \qquad (1.2)$$

Amb aquesta prèvia definició, és facil trobar les components diferencials del vector r per a les coordenades x, y, z.

$$d\vec{r}_x = \vec{e}_x(\sin\theta\cos\varphi\, dr + r\cos\theta\cos\varphi\, d\theta - r\sin\theta\sin\varphi\, d\varphi)$$

En què les tres parts del parèntesis corresponen respectivament als diferencials de la fórmula (1.2). Amb el mateix procediment obtenim:

$$d\vec{r}_y = \vec{e}_y(\sin\theta\sin\varphi\, dr + r\cos\theta\sin\varphi\, d\theta + r\sin\theta\cos\varphi\, d\varphi)$$

$$d\vec{r}_z = \vec{e}_z(\cos\theta\, dr - r\sin\theta\, d\theta)$$

Per tant, finalment obtenim:

$$d\vec{r} = \frac{\partial \vec{r}}{\partial r}dr + \frac{\partial \vec{r}}{\partial \theta}d\theta + \frac{\partial \vec{r}}{\partial \varphi}d\varphi = \vec{u}_r dr + \vec{u}_\theta d\theta + \vec{e}_\varphi d\varphi$$

Que treballant amb la matriu realitzant els canvis de variable correctes (pàgina 39 es pot veure un exemple) obtenim:

$$d\vec{r} = (\vec{e}_x \sin\theta\cos\varphi + \vec{e}_y \sin\theta\sin\varphi + \vec{e}_z \cos\theta) dr +$$

$$+ (\vec{e}_x \cos\theta\cos\varphi + \vec{e}_y r\cos\theta\sin\varphi - \vec{e}_z r\sin\theta) d\theta +$$

$$+ (-\vec{e}_x r\sin\theta\sin\varphi + \vec{e}_y r\sin\theta\cos\varphi) d\varphi \qquad \textbf{(1.3)}$$

En què respectivament són: $\vec{u}_r ; \vec{u}_\theta ; \vec{u}_\varphi$

Mecànica Clàssica

Els mòduls d'aquests nous vectors unitaris vindran determinats pels següents valors:

$$|\vec{u}_r| = 1 \quad ; \quad |\vec{u}_\theta| = r \quad ; \quad |\vec{u}_\varphi| = r\sin\theta$$

i el canvi de variables en valors unitaris serà:

$$\vec{e}_r = \vec{u}_r \quad ; \quad \vec{e}_\theta = \frac{\vec{u}_\theta}{r} \quad ; \quad \vec{e}_\varphi = \frac{\vec{u}_\varphi}{r\sin\theta}$$

i el vector posició:

$$\boxed{d\vec{r} = \vec{e}_r\, dr + \vec{e}_\theta\, r\, d\theta + \vec{e}_\varphi\, r\sin\theta\, d\varphi}$$

- **Ara treballem amb les coordenades en referència a les matrius**

Si tenim el vector r i el camp A definits de la manera següent:

$$d\vec{r} = (dr, r\, d\theta, r\sin\theta\, d\varphi) \quad \vec{A} = A_r \vec{e}_r + A_\theta \vec{e}_\theta + A_\varphi \vec{e}_\varphi = A_x \vec{e}_x + A_y \vec{e}_y + Az\, \vec{e}_z$$

$$\oint (A_x dx + A_y dy + A_z dz) = \oint (A_r\, dr + r A_\theta d\theta + r\sin\theta\, A_\varphi d\varphi)$$

En aquesta darrera integral hem realitzat el canvi de variable que hem definit a la pàgina anterior amb els vectors unitaris.

Per a definir les matrius, agafem les components x, y, z de les noves coordenades. És ràpid realitzar-la si observem l'equació *1.3*

$$\begin{pmatrix} \vec{e}_r \\ \vec{e}_\theta \\ \vec{e}_\varphi \end{pmatrix} = \begin{pmatrix} \sin\theta\cos\varphi & \sin\theta\sin\varphi & \cos\theta \\ \cos\theta\cos\varphi & \cos\theta\sin\varphi & -\sin\theta \\ -\sin\varphi & \cos\varphi & 0 \end{pmatrix} \begin{pmatrix} \vec{e}_x \\ \vec{e}_y \\ \vec{e}_z \end{pmatrix}$$

Com ja havíem vist abans, si det (U) = 1 i $U^t = U^{-1}$ obtenim:

$$\begin{pmatrix} \vec{e}_x \\ \vec{e}_y \\ \vec{e}_z \end{pmatrix} = \begin{pmatrix} \sin\theta\cos\varphi & \cos\theta\cos\varphi & -\sin\varphi \\ \sin\theta\sin\varphi & \cos\theta\sin\varphi & \cos\varphi \\ \cos\theta & -\sin\theta & 0 \end{pmatrix} \begin{pmatrix} \vec{e}_r \\ \vec{e}_\theta \\ \vec{e}_\varphi \end{pmatrix}$$

Expressat d'una manera més simple amb les definicions:

$$\begin{pmatrix} \Delta r \\ \Delta \theta \\ \Delta \varphi \end{pmatrix} = U \begin{pmatrix} \Delta x \\ \Delta y \\ \Delta z \end{pmatrix} \qquad \begin{pmatrix} \Delta x \\ \Delta y \\ \Delta z \end{pmatrix} = U^{-1} \begin{pmatrix} \Delta r \\ \Delta \theta \\ \Delta \varphi \end{pmatrix}$$

Mecànica Clàssica

1.16. Coordenades de superfície i volúmiques

En aquest apartat ferem només una petita menció i estudi d'un paral·lelepíped en una esfera.

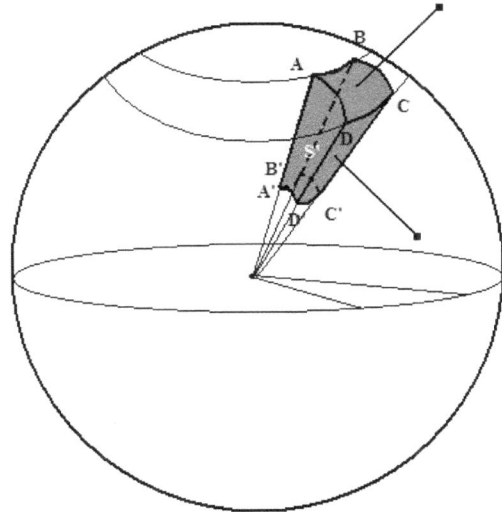

Figura 1.10.: Paral·lelepíped representat en una esfera i d'una superfície **S '**.

Si fem l'estudi de les diferents cares de l'element de volum i definim les variables r i els vectors de posició:

$$\vec{r} = (u_1, u_2, u_3)$$

$$x = x(u_1, u_2, u_3)$$

$$y = y(u_1, u_2, u_3)$$

$$z = z(u_1, u_2, u_3)$$

L'estudi de les diferents cares serà:

$$ABCD = dS_r = (r^2 \sin\theta \, d\varphi \, d\theta, 0, 0)$$

$$A'B'C'D' = dS_r = (-r^2 \sin\theta \, d\varphi \, d\theta, 0, 0)$$

$$DCD'C' = dS_\theta = (0, r \sin\theta \, d\varphi \, dr, 0)$$

$$A'B'AB = dS_\theta = (0, -r \sin\theta \, d\varphi \, dr, 0)$$

$$ADD'A' = dS_\varphi = (0, 0, -r \, d\theta \, dr)$$

$$B'BCC' = dS_\varphi = (0, 0, r \, d\theta \, dr)$$

Mecànica Clàssica

Aleshores:

$dV = dr\, r\, d\theta \cdot r \sin\theta\, d\varphi = r^2\, dr \sin\theta\, d\theta\, d\varphi$, si definim el paràmetre de $d\Omega = \sin\theta\, d\theta\, d\varphi$ obtenim:

$$\boxed{dV = r^2\, dr\, d\Omega}$$

1.17. Coordenades curvilínies (2.0)

Si fem servir els paràmetres de la secció **1.16:** $x = x(u_1, u_2, u_3)$
$y = y(u_1, u_2, u_3)$ $z = z(u_1, u_2, u_3)$ amb $u_1 = \rho$ $u_2 = \varphi$ $u_3 = z$ //
$u_1 = r$ $u_2 = \theta$ $u_3 = \varphi$ i definim un element de volum amb uns vectors normals de diferencials de superfície per a cada cara podem realitzar l'estudi generalitzat següent:

$$\vec{r} = \vec{e}_x x + \vec{e}_y y + \vec{e}_z z$$

$$d\vec{r} = \frac{\partial \vec{r}}{\partial x} dx + \frac{\partial \vec{r}}{\partial y} dy + \frac{\partial \vec{r}}{\partial z} dz = \vec{e}_x dx + \vec{e}_y dy + \vec{e}_z dz$$

$$d\vec{r} = \frac{\partial \vec{r}}{\partial u_1} du_1 + \frac{\partial \vec{r}}{\partial u_2} du_2 + \frac{\partial \vec{r}}{\partial u_2} du_2 = \vec{u}_1 du_1 + \vec{u}_2 du_2 + \vec{u}_3 du_3$$

Aleshores, si avaluem les variables una a una respecte a $\vec{r}$ trobarem les parcials que ens determinaran el vector posició. Per tant si realitzem les parcials:

i) $\dfrac{\partial \vec{r}}{\partial u_1} = \dfrac{\partial \vec{r}}{\partial x} \dfrac{\partial x}{\partial u_1} + \dfrac{\partial \vec{r}}{\partial y} \dfrac{\partial y}{\partial u_1} + \dfrac{\partial \vec{r}}{\partial z} \dfrac{\partial z}{\partial u_1} = \left(\dfrac{\partial x}{\partial u_1}, \dfrac{\partial y}{\partial u_1}, \dfrac{\partial z}{\partial u_1} \right) ; |u_1| = f_1$

ii) $\dfrac{\partial \vec{r}}{\partial u_2} = \ldots = \left(\dfrac{\partial x}{\partial u_2}, \dfrac{\partial y}{\partial u_2}, \dfrac{\partial z}{\partial u_2} \right) ; |u_2| = f_2$

iii) $\dfrac{\partial \vec{r}}{\partial u_3} = \ldots = \left(\dfrac{\partial x}{\partial u_3}, \dfrac{\partial y}{\partial u_3}, \dfrac{\partial z}{\partial u_3} \right) ; |u_3| = f_3$

Mecànica Clàssica

Aleshores el nostre vector diferencial de posició serà: $d\vec{r} = (f_1 du_1, f_2 du_2, f_3 du_3)$ i finalment:

$$\boxed{d\vec{r} = (f_1 du_1 \vec{e}_1 + f_2 du_2 \vec{e}_2 + f_3 du_3 \vec{e}_3)}$$

$$\boxed{d\vec{r} = (d\rho \vec{e}_\rho + \rho d\varphi \vec{e}_\varphi + dz \vec{e}_z)}$$

$$\boxed{d\vec{r} = (dr \vec{e}_r + r d\theta \vec{e}_\theta + r \sin\theta d\varphi \vec{e}_\varphi)}$$

1.18. Integrals de volum i de superfície

Segons el problema que treballem i en les dimensions en què el considerem, ens caldran fer integrals de volum i de superfície. Anem a definir-les i a treballar un petit exemple amb cada una:

- **Integral de superfície:** Definim un camp vectorial $A = A(x, y, z)$ i $d\vec{S} = dS \vec{n}$. Aleshores: $\int_S \vec{A} \, d\vec{S} = \int_S A_x dS_x + A_y dS_y + A_z dS_z$

    EX Calcular la integral de superfície de $\vec{A} = yz \vec{e}_x + zx \vec{e}_y + xy \vec{e}_z$ sabent que ens defineix un quart de la superfície d'un cercle de radi a en el pla x-y.

    El que hem de fer primer és veure quin serà el nostre vector unitari perpendicular. Si treballem al pla x-y és fàcil veure que serà dz el dominant, però anem-ho a veure:

$$S = \pi a^2 \to \frac{1}{4} \pi a^2 \quad \text{i} \quad a^2 = x^2 + y^2 \quad \text{tenim} \quad S = \pi a^2 \to \frac{1}{4} \pi (x^2 + y^2)$$

   aleshores com $dx = dy = 0$, només tenim dz com a únic vector perpendicular i $dS_z = dx \, dy \, \vec{e}_z$. Aleshores si $y = \sqrt{a^2 - x^2}$ calculem:

$$\int_S \vec{A} \, d\vec{S} = \iint x \cdot y \, dx \, dy = \int_0^a x \, dx \int_0^{\sqrt{a^2 - x^2}} y \, dy$$

   aleshores si fem la integral de $y \, dy$ amb els seus límits d'integració obtenim: $\frac{1}{2}(a^2 - x^2)$. Si ara fem la integral de x, ens vidrà determinada per la integral:

Mecànica Clàssica

$$\frac{1}{2}\int_0^a x(a^2-x^2)dx = \frac{1}{2}\int_0^a (xa^2-x^3)dx = \boxed{\int_S \vec{A}\,d\vec{S} = \frac{1}{8}a^4}$$

- **Integrals de volum:** Les integrals de volum ens vindran definides per $\int_V \vec{A}\,d\vec{V} = \iiint \vec{A}\,dx\,dy\,dz$ si A és un camp tal què $A\,(x, y,z)$. Malgrat tot, les integrals de volum la majoria de vegades es realitza amb coordenades esfèriques, tot i que sempre hem d'avaluar en quines coordenades ens serà més correcte.

  Per a resoldre integrals en coordenades esfèriques, cal recórrer al canvi de variables diferencial fent servir el *Jacobià*. Per tant:

$$\iiint A(x,y,z)\,dx\,dy\,dz = \iiint A(r,\theta,\varphi)\left|\frac{\partial(x,y,z)}{\partial(r,\theta,\varphi)}\right| dr\,d\theta\,d\varphi$$

en què el Jacobià de definit per
$$\left|\frac{\partial(x,y,z)}{\partial(r,\theta,\varphi)}\right| = \begin{vmatrix} \frac{\partial x}{\partial r} & \frac{\partial y}{\partial r} & \frac{\partial z}{\partial r} \\ \frac{\partial x}{\partial \theta} & \frac{\partial y}{\partial \theta} & \frac{\partial z}{\partial \theta} \\ \frac{\partial x}{\partial \varphi} & \frac{\partial y}{\partial \varphi} & \frac{\partial z}{\partial \varphi} \end{vmatrix}$$

Aleshores la integral serà $\iiint A(x,y,z)\,dx\,dy\,dz = \iiint A(r,\theta,\varphi)\,dV$ que si mirem a la pàgina 45 $dV = r^2 \sin\theta\,dr\,d\theta\,d\varphi$ i ja no ens caldrà fer el Jacobià.

- **EX** Anem a trobar el volum d'una esfera de radi R per coordenades esfèriques:

$$V = \int dV = \iiint r^2 \sin\theta\,dr\,d\theta\,d\varphi = \int_0^R r^2\,dr \int_0^\pi \sin\theta\,d\theta \int_0^{2\pi} d\varphi =$$

$$= \int_0^R r^2\,dr \int_0^\pi \sin\theta\,d\theta \cdot 2\pi = 4\pi \int_0^R r^2\,dr = \frac{4}{3}\pi R^3$$

Aquest darrer càlcul per coordenades cartesianes hagués sigut més llarg i a més a més s'ha d'anar molt en compte amb els límits d'integració per a no integrar una secció dues vegades.

Mecànica Clàssica

Mecànica Clàssica

I

Mecànica del punt i Forces centrals

Mecànica Clàssica

Després de veure els conceptes preliminars i la matemàtica que farem servir, quasi bé tota, al llarg del llibre, ens endinsem a estudiar la branca de la Física encarada a la **Mecànica Clàssica** i com no podria ser d'una altra manera, comencem amb la mecànica descrita per *Sir Isaac Newton*, un dels científics i físics més important. *Newton* és un dels físics més important de tota la història de la física, doncs, gràcies a ell es coneixen els moviments de les marees i dels cossos celestes, de les partícules puntuals i dels conjunts de partícules... va ser capaç de formular tres lleis que a partir d'elles es poden trobar les equacions del moviment de qualsevol sistema físic mecànic. Això sí, sempre parlant en el règim clàssic. Tot i així, tant a mecànica quàntica com a mecànica relativista, malgrat siguin teories físiques d'extrems, es basen en certa manera en un comportament newtonià. Dic en certa manera, doncs gràcies a grans ments com la de *Albert Einstein*, *Neils Bohr* o *Erwin Schrödinger*, entre altres no menys importants; que es van fer les preguntes adeqüades, van poder resoldre en certa manera els límits que tenia la mecànica clàssica.

Així doncs treballarem primerament la dinàmica o mecànica del punt, determinant les equacions que ens permetran resoldre les equacions del moviment dels cossos puntuals.

A continuació, treballarem els oscil·ladors linials i presentarem totes les solucions dels tres tipus principals d'oscil·ladors (harmònics, esmorteïts i forçats); presentant el factor de qualitat i una analogia dels circuits elèctrics.

En fixarem també en els teoremes de conservació més importants de la mecànica clàssica (energia, moment angular...) i presentarem les gràfiques de potencials.

Per acabar aquest primer volum del llibre, presentarem les forces centrals, que ens serviran per estudiar la mecànica celeste i descriure com es mouen (en el règim clàssic) els cossos celestes amb les forces centrals més importants (gravitació i electricitat) juntament amb les possibles trajectòries que poden tenir avaluant l'energia i l'excentricitat. Presentarem doncs, les lleis de *Kepler* que ens serviran per acabar de descriure el comportament dels cossos.

També treballarem amb les forces centrals en relativitat, però molt breument; que ens serviran per a descriure el moviment del periheli de Mercuri i, finalment, treballarem amb el problema de *Rutherford* de dispersió de partícules.

Mecànica Clàssica

Tema 2.- Dinàmica del punt

2.1. Lleis de *Newton*

Abans de començar a treballar amb partícules de massa en moviment (cinemàtica i dinàmica) per avaluar les variables de les què depèn, segons la Mecànica Clàssica, hauríem de definir primer les lleis més importants pel què fa a aquest camp teòric i experimental de la física, les **lleis de *Newton*.**

Def: Les lleis de *Newton* són les tres lleis bàsiques en què és basa la mecànica clàssica o newtoniana. En serveixen per avaluar una partícula, ja sigui en repòs o en moviment, que es veu afectada per forces externes. Com bé mitjanament sabeu, la física es regeix en quatre forces fonamentals i *Newton,* enunciant les seves tres lleis, va fer possible l'estudi de totes aquestes, per aquest motiu molts físics el consideren el millor físic de la història i un dels pares principals de la Física moderna.

Les lleis de *Newton* van ser enunciades al seu llibre ***"Principia" (1687)*** i en la seva forma convencional, venen definides per:

Lleis de Newton

i)   **Tot cos resta en repòs o en moviment uniforme a menys que hi actuï una força.**

ii)   **Tot cos sobre el què hi actúa una força es mou de manera que la variació del moment respecte el temps és igual a la força.**

iii)   **Quan dos cossos exerceixen forcxes entre sí, aquestes forces són d'intensitats iguals i sentits oposats.**

Si nosaltres fem èmfasi a la segona llei, el moment o ímpetu ve definit per *Newton* amb l'expressió:

$$\boxed{\vec{p} \equiv m\vec{v}}$$

Mecànica Clàssica

Per tant, la força ens vindrà determinada per la fórmula famosa que ja tenim més que vista, una manera d'expressar matemàticament la segona llei de *Newton*:

$$\vec{F} = \frac{d\vec{p}}{dt} = m\vec{a}$$

2a Llei de Newton

Les unitats de la força són els ***Newtons (N)*** en honor a Sir. Isaac Newton per ser el físic destacat en l'estudi i comprenssió de la mecànica clàssica, juntament amb un dels seus pares com he esmentat amb anterioritat.

Si ara fem un petit estudi en una dimensió **1D**, considerant l'eix de les x com el nostre eix de referència per a les variacions, podem definir la força com:

$$F = m\ddot{x} = m\frac{d^2 x}{dt^2}$$

❗*Observem que cada punt que veiem sobre la variable x correspon a la variació temporal de la mateixa variable tal i com havíem descrit a la secció 1.3.*

2.2. Forces variables

<u>Def</u>: Abans hem definit la força com una variació de l'ímpetu respecte el temps, ara la definim com una **equació diferencial de segon ordre** i que depèn, o pot dependre, de les variables $x, \dot{x}, t$ (espai, velocitat, temps). Aleshores, al tenir el concepte de **massa invariable (m = cnt)**, finalment:

$$F(x, \dot{x}, t) = m\ddot{x}$$

Per a trobar les solucions, ens caldrà conèixer les **condicions inicials**. Normalment, aquestes condicions inicials es representen com funcions que

Mecànica Clàssica

depenen del temps: $x_0=x(0); v_0=v(0)$. Tenim dues condicions inicials ja que l'equació diferencial és d'ordre 2. A més a més, si existeix solució, és única.

- **Com resolem les equacions?**

Seguidament, veurem alguns exemples de com resoldre equacions diferencials o equacions de **força variable**. Possarem un exemple per a cada variable de la que pot dependre la funció de la força:

i) $F(x)$:

$$F(x)=m\frac{dv}{dt}=m\frac{dv}{dx}\frac{dx}{dt}=mv\frac{dv}{dx} \rightarrow F(x)=mv\frac{dv}{dx}$$

Si ara col·loquem les variables a un costat o altre perquè tingui un xic de sentit, podem integrar segons les variables que tenim, obtenint:

$$\int_{x_0}^{x} F(x)dx = m\int_{v_0}^{v} v\,dv$$

Si ho mirem per energies, cosa que treballarem amb més detall més endavant:

$$W(x)=m\frac{v^2}{2}-T_0 \rightarrow v(x)=\sqrt{\frac{(W(x)+T_0)^2}{m}}$$

Aleshores definim:

$$\frac{dx}{dt}=g(x); \quad \int_{x_0}^{x}\frac{dx}{g(x)}=\int_{t_0}^{t} dt \rightarrow t=G(x) \rightarrow x(t)$$

Pot ser que ens soni un xic a xino, però ja veureu com no és tan complicat.

ii) $F(\dot{x})$:

$$F(\dot{x})=F(v)=m\frac{dv}{dt} \rightarrow \int_{v_0}^{v} m\frac{dv}{F(v)}=\int_{t_0}^{t} dt$$

Mecànica Clàssica

Si fem les integrals per parts i fem els canvis de variables adequats:

$$g(v)=t \qquad v(t)$$

$$v(t)=\frac{dx}{dt} \qquad x(t)=\int_0^t v(t)$$

En aquests casos, també ens poden demanar *v(x)*, **aleshores:**

$$F(v)=m\frac{dv}{dx}v \to \int dx = \int m\frac{dv\cdot v}{F(v)}$$

iii) F (t):

$$F(t)=m\frac{dv}{dt} \to I(t)=\int_0^t F(t)\,dt = m(v-v_0)$$

Definint la I (t) com **IMPULS**

Aleshores, les funcions que ens proporciona informació de la velocitat i de la posició en tot l'instant t en què volguem avaluar de la nostra funció F(t), són les funcions següents:

$$v(t)=\frac{I(t)+mv_0}{m} \qquad x(t)=\int v(t)\,dt$$

2.3. Solució numèrica

Def: Definim les solucions numèriques de l'equació de *Newton* a aquelles que ens donen la informació, de la partícula que analitzem, necessària per a saber les forces que hi actuen. En altres paraules, ens donen la **posició**, la **velocitat** i l'**acceleració** de la partícula respecte el **temps**.

Mecànica Clàssica

Tenint x_0, v_0; $t=0$ amb $\Delta t = \dfrac{t}{N}$ Obtenim:

$$a_0 = \frac{F(x_0, v_0, t_0)}{m} \quad ; \quad v_1 = v_0 + a_0 t \quad \rightarrow \quad x_1 = x_0 + v_0 \Delta t + \frac{1}{2} a_0 \Delta t^2$$

En el darrer cas, ho hem fet en el cas d'un moviment accelerat. Si estudiem un sistema amb velocitat constant $v_1 = v_0$ o avaluem amb un instant de temps que la diferència sigui despreciable $\Delta t \rightarrow 0$; la partícula es comporta com un moviment uniforme

$$x_1 = x_0 + v_0 \Delta t$$

Hem de recordar breument amb un esquema simple com arribem a les expressions:

$$x \quad \xrightarrow{\frac{d}{dt}} \quad v \quad \xrightarrow{\frac{d}{dt}} \quad a$$

$$x \quad \xleftarrow{\int} \quad v \quad \xleftarrow{\int} \quad a$$

En resum tenim les següents equacions que, encara que l'acceleració sigui constant, hem de tenir en compte que en algun instant pot canviar el seu valor segons si frena, si la partícula es queda lliure, si la partícula es veu inmersa en un camp i augmenta la seva velocitat ...

$$\boxed{x_n = x_{n-1} + v_{n-1} \Delta t + \frac{1}{2} a_{n-1} \Delta t^2}$$

$$\boxed{v_n = v_{n-1} + a_{n-1} \Delta t} \qquad \boxed{a_n = \frac{F(x_n, v_n, t_n)}{m}}$$

Mecànica Clàssica

EX

1.- En el primer exemple estudiarem un arc i trobarem la distància màxima, la velocitat de la fletxa i la força que li apliquem.

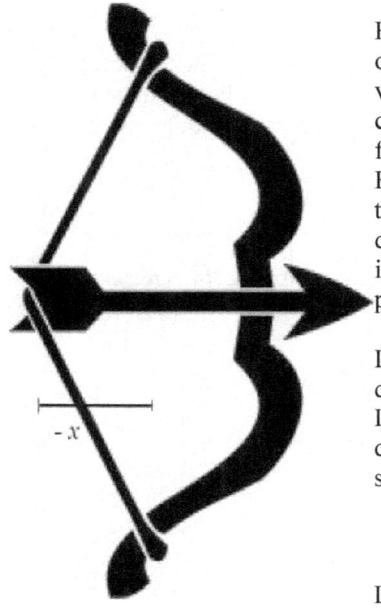

Hem de saber que un arc actua com un oscil·lador linial. La seva posició inicial es pot veure modificada, però sempre actua una constant, que variarà depenent del material, que fa que el sistema retorni a un estat d'equilibri. En el nostre cas és la corda, la tensem per transmetre potència i velocitat a la fletxa i quan deixem el sistema lliure de forces la corda impulsa a l'objecte que substenta i retorna a la posició inicial.

Les dades que tenim és que la tensem en una distància $-x$.

L'expressió de la força doncs, en aquest cas ve donada per una llei que definirem en el tema següent, ara per tant la presentem:

$$F = -k\,x$$

Les dades que tenim inicialment per a resoldre el problema són les següents:

Dades:

$$m_{arc} = 10\,kg \quad ; \quad x = 0.75\,m \quad ; \quad m_{fletxa} = 5 \cdot 10^{-2}\,kg$$

SOLUCIÓ

Per trobar el pes o la força que fa l'arc només cal fer el producte de la seva massa per la gravetat, a més a més, que massa i acceleració (o gravetat) compleixen l'anàlisi dimensional per a que surti Newtons.

Per tant, el pes de l'arc serà:

$$\boxed{P_{arc} = \ll 100\,N}$$

Mecànica Clàssica

Aleshores, podem trobar la constant k :

$$k = \frac{100\,N}{0.75\,m} = 140\,\frac{N}{m}$$

Anirem a fer ús del que hem estat fent fins ara en l'estudi d'una partícula:

$$m\frac{dv}{dt} = -kx \;;\quad m\frac{dv}{dx}\frac{dx}{dt} = -kx \quad\rightarrow\quad m\frac{dv}{dx}v = -kx$$

$$m\int_0^v dv\,v = -kx\int_{-x}^0 x\,dx\;;\quad m\frac{v^2}{2} = \frac{1}{2}kx^2 \quad\rightarrow\quad v = \sqrt{\frac{k}{m}}\,x$$

Com veiem els dosos que estan dividint s'anul·len quan aïllem la velocitat. Ara l'únic que ens cal és substituir dades:

$$\boxed{v = \sqrt{\frac{140}{5\cdot 10^{-2}}}\cdot 0.75 = 40\,m/s}$$

Per tant la distància màxima que busquem és:

$$\boxed{d_{màx} = \frac{v^2}{g} \ll 160\,m}$$

2.- En el segon exemple, estudiarem la caiguda lliure d'una persona amb paracaigudes, impulsat només per l'acció de la gravetat.

En aquest cas tenim una força oposada al moviment que estudiarem. En el nostre sistema de referència aquesta força la **definim** com a *força de fregament*. Aquesta força de fregament anirà en funció de la velocitat que agafem de caiguda; al tenir la direcció oposada de l'equació serà:

$$F_f = -\alpha v^2$$

El dibuix esquemàtic que defineix la situació l'observem a la pàgina següent:

Mecànica Clàssica

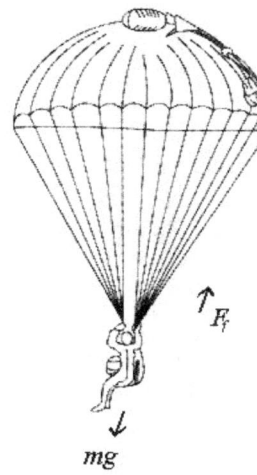

La suma total de forces serà: $F = mg - \alpha v^2$.
Aleshores podem calcular:

$$m\frac{dv}{dt} = mg - \alpha v^2 \rightarrow \frac{dv}{dt} = g - \frac{\alpha v^2}{m} = F(v)$$

$$F(v) = \int_0^v \frac{dv}{g - \frac{\alpha v^2}{m}} = \int_0^t dt \rightarrow \int_0^v \frac{dv}{\frac{mg}{\alpha} - v^2} = \frac{\alpha}{m} t = *$$

* $mg = \alpha v_L^2$; $\quad v_L = \sqrt{\frac{mg}{\alpha}}$

$* = \int_0^v \frac{dv}{v_L^2 - v^2} = \frac{\alpha}{m} t \rightarrow$ Si resolem la integral
amb taules d'integració, tot i que és de l'estil:

$\int \frac{dx}{x} = \ln x$

Finalment obtenim:

$$\rightarrow \ln \frac{v_L + v}{v_L - v} = \frac{2g}{v_L} t$$

Si volem trobar la velocitat:

$$v = v_L \frac{1 - e^{\frac{-2gt}{v_L}}}{1 + e^{\frac{-2gt}{v_L}}} = \boxed{v = v_L \tanh\left(\frac{gt}{v_L}\right)}$$

Hi han variants del problema per trobar v(k) o v amb altres anotacions.

Mecànica Clàssica

2.4. Massa variable

Def: Definim massa variable a la massa d'un sistema que augmenta o disminuieix segons *implosions* o *explosions*. En aquests xocs, es pot considerar com un xoc de la massa *m* amb un diferencial de massa *dm*. Aquests sistemes es produeixen quan el nostre sistema de referència està en moviment a velocitat $\vec{v}$ i amb una velocitat relativa de $\vec{u}$ de les partícules *dm* que fan de la massa total, variable.

$$F = m\frac{dv}{dt} + \frac{dm}{dt}v$$

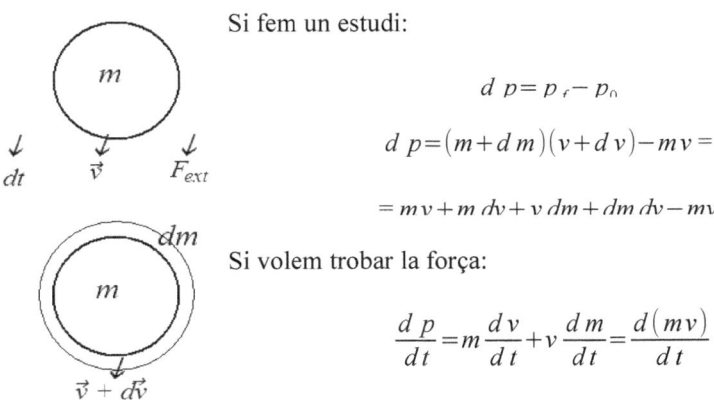

Si fem un estudi:

$$dp = p_f - p_0$$
$$dp = (m+dm)(v+dv) - mv =$$
$$= mv + m\,dv + v\,dm + dm\,dv - mv$$

Si volem trobar la força:

$$\frac{dp}{dt} = m\frac{dv}{dt} + v\frac{dm}{dt} = \frac{d(mv)}{dt}$$

El terme **dm dv** que teníem abans de trobar la força, és un terme infinitessimal i de grau superior que, en comparació amb els valors quantitatius de les altres variables del sistema, podem negligir-lo.

EX:

Un clar exemple de massa variable, és el de les partícules d'aigua dins un núvol, com augmenta la seva massa fins a precipitar del volum gasòs a causa del pes que va adquirint al anar augmentant la massa (*Implosió*).

L'altre exemple clar, és el què estudiarem a continuació. Si agafem l'exemple d'un coet en moviment, les partícules de massa que es perden en la combustió fa que es perdi massa total. Aleshores parlariem de sistemes *d'explosió*, en què *dm < 0* ja que la massa total disminuieix.
Seguidament realitzarem l'estudi en què tenim el dibuix representat a la pàgina

Mecànica Clàssica

següent. Si fem l'estudi de moments i ímpetus tenim:

$$d\vec{p} = (m - |d\,m|)(\vec{v} + d\vec{v}) + |dm|(\vec{u} + \vec{v}) - m\vec{v}$$

Observem que les velocitats ens marquen el sentit de les forces.

Per tant:

$$d\vec{p} = m\vec{v} + d\vec{v}\,m - |d\,m|\vec{v} -$$
$$- |d\,m|\,d\vec{v} + d\,m\vec{v} - m\vec{v} +$$
$$+ dm\vec{u} = d\vec{p}$$

$$d\vec{p} = m\,d\vec{v} + |dm|\,d\vec{u} \rightarrow$$

$$\boxed{\frac{d\vec{p}}{dt} = m\frac{dv}{dt} + \frac{|d\,m|}{dt}\vec{u} = \vec{F}}$$

Finalment:

$$m\frac{dv}{dt} = \vec{F} - \frac{|d\,m|}{dt}\vec{u}$$

Ara ens cal observar el sentit de la velocitat de les partícules, la *u*, respecte el sistema que nosaltres estem observant.
Com la velocitat relativa dels gasos és oposada a la trajectòria, tindrem que ***u*= -*u***

Aleshores:

$$\boxed{m\frac{dv}{dt} = \vec{F} + \frac{|d\,m|}{dt}\vec{u}}$$

Def: Definim *empenta* a la força que fan les partícules quan explosionen per

Mecànica Clàssica

alliberar-se. En el nostre cas, l'empenta ve donada per $\dfrac{|dm|}{dt}\vec{u}$.

Si finalitzem amb el nostre estudi, només ens cal un petit detall a tenir en compte, per definició sistemàtica, **dm < 0** i si treballem sense valors absoluts:

$$m\frac{dv}{dt}=\vec{F}-\frac{dm}{dt}\vec{u}$$

en què finalment, utilitzant notació ja definida i d'una manera més atractiva:

$$\boxed{\vec{F}-\dot{m}\vec{u}=m\dot{\vec{v}}}$$

En resum...

En una dimensió tenim:

$$\boxed{F(x,\dot{x},t)=\frac{dp}{dt}}$$

1) F (x)

2) F (v)

3) F(t)*

$$* \quad F(t) \rightarrow \begin{matrix} 0 & 0<t<t_1 & \rightarrow v_0=v \\ f(t) & t_1 \leq t \leq t_2 & \\ 0 & t_2 \leq t & v=v_0+\dfrac{I}{m} \end{matrix}$$

Definint:

$$I=\int_{t_1}^{t_2} f(t)dt; \quad v=v_f; \quad x=x_{t_2}+v_f t$$

62

Mecànica Clàssica

Mecànica Clàssica

Tema 3.- Oscil·ladors linials

Els oscil·ladors que treballarem en aquest volum de mecànica clàssica, són oscil·ladors mecànics, ja que només treballarem amb ones que no siguin electromagnètiques i sistemes amb molles.

Aleshores, realitzarem l'estudi d'un moviment oscil·latori d'una partícula que es limita a moure's en una sola dimensió. Aquestes partícules, quan pateixen un desplaçament, sorgeix una força de retrocés que la retorna al seu punt d'origen.

Si considerem aquesta força de retrocés en el cas més senzill de càlcul, la força serà una funció de l'espai $F = F(x)$ i la de retrocés serà una variació espacial respecte l'origen que vindrà definida per una constant (un valor per a cada cas, material, ... però que es manté constant durant la fase experimental *teorico-pràctica*) que ve definida per $+k$. Al ser un sistema de retrocés, aquesta constant, serà negativa a l'expressió i tindrà unes unitats de N/m.

Per tant, la força recuperadora, és una força linial en aquest cas i la força total del sistema ve determinada per:

$$\boxed{F(x) = -k\,x}$$

Def: Finalment, podem concloure que els sistemes físics que venen descrits per aquesta expressió, compleixen la **Llei de Hooke**. La llei de *Hooke* descriu sistemes amb deformacions elàstiques i, en el nostre cas, linials; ja què l'únic que farem serà unes aproximacions útils per als nostres casos, fent així les forces linials.

Treballarem únicament tres tipus d'oscil·ladors: <u>**Harmònic simple, esmorteït**</u> *i* <u>*forçat*</u>.

Mecànica Clàssica

3.1. Oscil·ladors harmònics simples

Els oscil·ladors harmònics simples són els oscil·ladors més fàcils que veurem en aquest apartat d'oscil·ladors. Són els més linials i com tots, tenen una freqüència angular (o **pulsació**) pròpia del sistema ω_0 que depèn de la massa del sistema m i de la constant recuperadora del sistema k.

Seguidament, farem un estudi breu per a trobar les expressions que ens caldran per a resoldre exercicis per oscil·ladors harmònics simples.

Primer de tot, igualarem la força de la llei de *Newton* amb la de la llei de *Hooke*:

$$F = m\ddot{x} = -k\,x$$

Definint prèviament la pulsació pròpia: $\omega_0 = \sqrt{\dfrac{k}{m}}$ i aïllem igualant a zero per a fer una *EDO* (*equació diferencial ordinària*) i dividim tot per m; obtenim:

$$m\ddot{x} + k\,x = 0 \quad \rightarrow \quad \ddot{x} + \frac{k}{m}x = 0 \quad \rightarrow \quad \text{Si fem servir la definició de pulsació:}$$

$$\boxed{\ddot{x} + \omega_0^2 x = 0}$$

Al ser linials, podem presentar el sistema següent:

$$\left.\begin{array}{l}\ddot{x}_1(t)\omega_0^2 x_1(t)=0\\ \ddot{x}_2(t)\omega_0^2 x_2(t)=0\end{array}\right\} \quad \text{Per } \textbf{principi de superposició:} \quad x_1(t) + x_2(t) = x(t)$$

Tenint aquestes expressions, trobem la **solució general** de la *EDO*:

$$\boxed{x(t) = a\cos(\omega_0 t) + b\sin(\omega_0 t)}$$

en què a i b són constants que es fixen amb les **condicions inicials**. Finalment, obtenim l'equació que realment ens interessa per a solucionar aquests sistemes:

$$\boxed{x(t) = A\cos(\omega_0 t + \delta)}$$

Mecànica Clàssica

Els càlculs ja els vam fer al seu moment, així que només presentarem les equacions i el valor de les variables que hem fet servir per a trobar l'expressió de l'harmònic simple per a la posició.

$x(t) = a\cos(\omega_0 t)\cos(\delta) + b\sin(\omega_0 t)\sin(\delta)$ *Amb les equivalències següents:*

$$a = A\cos(\delta) \qquad A = \sqrt{a^2 + b^2}$$
$$b = -A\sin(\delta) \quad ; \quad \tan(\delta) = \frac{-b}{a}$$

Un cop tenim la posició respecte el temps, podem trobar la velocitat i l'acceleració respecte el temps derivant l'expressió de x (t). Aleshores:

$\dot{x}(t) = -A\omega_0 \sin(\omega_0 t + \delta) \rightarrow$ **velocitat màxima:** $v_{màx} = A\omega_0$

$\ddot{x}(t) = -A\omega_0^2 \sin(\omega_0 t + \delta) \rightarrow$ **acceleració màxima:** $a_{màx} = A\omega_0^2$

Els valors màxims de la velocitat i l'acceleració venen donats quan $(\omega_0 t + \delta)$ prenen valors angulars en què per a la velocitat el sinus és **-1** i en l'acceleració és el cosinus el què pren el valor de **-1**.

El valor de *A* és anomenat l'amplitud de l'ona del sistema i ens marca també la intensitat de l'ona entre altres coses, però aquesta la veurem amb més èmfasi als forçats.

A més a més, és fàcil comprovar que amb unes condicions inicials de posició i velocitat a *t = 0*; podem obtenir els valors de les constants **a** i **b**. Aleshores, l'expressió amb una pulsació general, ens quedaria:

$$x(t) = x_0 \cos(\omega t) + \frac{v_0}{\omega}\sin(\omega t)$$

L'únic que ens queda per veure i analitzar dels harmònics simples, és el periode i la freqüència, juntament amb l'energia.

Mecànica Clàssica

3.1.1. Periode i frqüència

Def: Definim el **periode** d'un oscil·lador com el temps que triga un oscil·lador a fer un cicle. A ser funcions sinusoïdals, els cicles són fàcils de veure'ls i obtenir-los, ja que venen relacionats per les pulsacions que te respecte una volta de circumferència (2π). Per tant, el periode el determinem amb unitats de **segons (s)** i amb l'expressió:

$$\tau = \frac{2\pi}{\omega_0}$$

Def: Definim la **freqüència** com les vegades que es repeteix un cicle en un segon. Aleshores ve definit, amb unitats de **Hertz (Hz)** o amb s^{-1} ; per l'expressió següent:

$$\upsilon = \frac{1}{\tau}$$

3.1.2. Energia[1]

Per a trobar l'energia total del sistema, cal trobar l'energia potencial i l'energia cinètica de l'oscil·lador per sumar-les i obtenir l'energia mecànica total.

i) **Energia cinètica (T)**

Per definició i una demostració matemàtica amb integrals pel mig, sabem que l'expressió que representa l'energia cinètica és:

$$T = \frac{p^2}{2m} = \frac{1}{2} m v^2$$

<u>Energia cinètica</u>

Aleshores, substituint les dades corresponents per a les velocitats (l'expressió que hem trobat abans per a $v = \dot{x}(t)$) ; finalment obtenim:

---

1 Les definicions de les energies potencials i cinètiques, juntament amb la mecànica; les veurem al següent tema amb més deteniment.

Mecànica Clàssica

$$T=\frac{1}{2}m\dot{x}^2=\frac{1}{2}mA^2\omega_0^2\sin^2(\omega_0 t+\delta)=* \quad \left[\omega_0^2=\frac{k}{m}\right]\to$$

$$=* \quad \boxed{T=\frac{1}{2}A^2 k \sin^2(\omega_0 t+\delta)}$$

Energia cinètica per a un oscil·lador harmònic simple

ii) **Energia potencial (U)**

La definició de l'energia potencial ve definida per la integral entre dos punts espacials de la força; la força que hem de fer per anar d'un punt inicial a un punt final; quantitativament: $U=-\int_{x_0}^{x} F\,dx$. El símbol negatiu només ens indica el "sentit de l'energia", "si els calers entren o surten del banc". Per tant, finalment, obtenim:

$$\boxed{U=\frac{1}{2}k x^2 \quad \to \quad U=\frac{1}{2}k A^2\cos^2(\omega_0 t+\delta)}$$

Energia potencial per a un oscil·lador harmònic simple.

Per tant l'energia mecànica total del sistema, l'obtenim mitjançant l'expressió, que veurem més endavant, $E = T + U$, aleshores:

$$\boxed{E=\frac{1}{2}k A^2}$$

Energia mecànica total d'un oscil·lador harmònic simple.

Per arribar al punt final, quan sumem fem servir la capacitat o raó trigonomètrica de $\sin^2(\alpha)+\cos^2(\alpha)=1$

Mecànica Clàssica

3.2. Oscil·ladors esmorteïts

Els oscil·ladors esmorteïts són sistemes oscil·lants en què la força total del sistema és la suma de la força elàstica (la que depèn de la constant recuperadora de la molla) i de la força de fregament en què està sotmesa la molla.

Aquesta força de fregament és la que ens diferencia un sistema harmònic simple d'un esmorteït. Aleshores, en els **oscil·ladors esmorteïts**, existeix un *fregament viscòs* que el provoca la *velocitat* i que oscil·la amb una freqüència pròpia que es va disipant i apagant lentament com una espelma. És per aquest motiu que el moviment d'aquests tipus d'oscil·ladors es redueix a un moviment exponencial.

Si fem l'estudi matemàtic:

$$F = m\ddot{x} = -kx - \gamma\dot{x}$$

en què definim γ com el **coeficient viscòs**. Si fem com en els harmònics simples:

$$m\ddot{x} + kx + \gamma\dot{x} = 0 \quad\rightarrow\quad \ddot{x} + \frac{k}{m}x + \frac{\gamma}{m}\dot{x} = 0 \quad\rightarrow\quad$$ Ja tenim plantejada l'equació diferencial. Per seguir amb el càlcul i que sigui més còmode, definim:

$$\omega_0^2 = \frac{k}{m} \qquad\qquad \frac{\gamma}{m} = 2\beta$$

Amb β com a **coeficient d'esmorteïment** (coeficient d'amortiguament).
Finalment obtenim l'equació diferencial que ens donarà els valors per a **x (t)**:

$$\boxed{\ddot{x} + 2\beta\dot{x} + \omega_0^2 x = 0}$$

Si resolem la *EDO*, obtenim:

$$x(t) = a e^{+\alpha t} + b e^{+\alpha t}$$

Si definim prèviament $\alpha = -\beta \pm \sqrt{b^2 - \omega_0^2}$.

Aquests oscil·ladors però, depenent de la relació que existeix entre el coeficient d'amortiguació i la freqüència pròpia o pulsació del sistema podem classificar-los en tres tipus.

Mecànica Clàssica

i) Infraesmorteït

Els infraesmorteïts són els oscil·ladors esmorteïts en què la relació entre la pulsació i el coeficient d'esmorteïment és $\boxed{\omega_0^2 > \beta^2}$.

Aleshores definim la freqüència d'oscil·lació: $\omega_1 \equiv \sqrt{\omega_0^2 - \beta^2}$.

Aquests tipus d'oscil·ladors esmorteït és l'únic que realment oscil·la i que $\omega_1 < \omega_0$. Les equacions del moviment són les següents:

$$x(t) = e^{-\beta t}(a\cos(\omega_1 t) + b\sin(\omega_1 t))$$

$$\boxed{x(t) = Ae^{-\beta t}\cos(\omega_1 t + \delta)}$$

ii) Crític

La relació entre la pulsació i el coeficient d'esmorteïment d'un sistema amb oscil·lacions esmorteïdes crítiques és $\boxed{\omega_0^2 = \beta^2}$

Definint:

freqüència d'oscil·lació: $\omega_2 \equiv \sqrt{\beta^2 - \omega_0^2}$; $A = x_0$; $B = v_0 + x_0 t$

les equacions del moviment seran:

$$x(t) = e^{-\beta t}[A + Bt]$$

$$\boxed{x(t) = e^{-\beta t}(Ae^{\omega_2 t} + Be^{-\omega_2 t})}$$

iii) Sobresmorteït

Els oscil·ladors sobresmorteïts tenen la relació: $\boxed{\omega_0^2 < \beta^2}$. Donarem la funció de la posició respecte el temps final, ja que és més empipador de trobar-la i per això ja estan fets els càlculs a qualsevol altre llibre:

$$\boxed{x(t) = e^{-\beta t}(a\cosh(\omega_2 t) + b\sinh(\omega_2 t))}$$

Mecànica Clàssica

3.2.1. Conservació de l'energia per a oscil·ladors esmorteïts

L'energia en un oscil·lador esmorteït es disipa pel fregament. Si realitzem un estudi de l'energia cinètica i la potencial respecte el temps, podrem avaluar la conservació de l'energia:

$$\frac{d}{dt}\left(\frac{m}{2}v^2\right)=mva=Fv=-kxv-\gamma v^2 \quad \text{Energia cinètica respecte el temps}$$

$$\frac{d}{dt}\left(\frac{k}{2}x^2\right)=kxv \quad \text{Energia potencial respecte el temps.}$$

Aleshores, l'energia respecte el temps serà:

$$\frac{d}{dt}(E)=\frac{d}{dt}(T)+\frac{d}{dt}(U)=-kxv-\gamma v^2+kxv=-\gamma v^2$$

Per tant, l'energia no es manté constant, sino que disminueix al llarg del temps. Ara sabem que aquest valor obtingut és l'energia que es perd per unitat de temps.

Ara estudiem la quantitat d'energia que es perd en l'infraesmorteït (ja que és l'únic que realment oscil·la dels tres esmorteïts) en cada oscil·lació.

$$x=e^{-\beta t}(a\cos(\omega t)+b\sin(\omega t)) \quad \text{derivant tenim la velocitat:}$$

$$v=-\beta e^{-\beta t}(a\cos(\omega t)+b\sin(\omega t))+e^{-\beta t}(-a\omega\sin(\omega t)+b\omega\cos(\omega t))$$

En un periode de $T=\frac{2\pi}{\omega}$ tenim que el que tenim sinusoïdalment, es repeteix per periodes:

$$x(t+T)=e^{-\beta T}x(t) \quad ; \quad v(t+T)=e^{-\beta T}v(t)$$

Aleshores, al cap d'un periode, l'energia variarà de la següent manera:

$$\boxed{E(t+T)=e^{-2\beta T}E(t)}$$

Aleshores podem concloure que en un cicle l'energia disminueix un factor $e^{-2\beta T}$.

Per tant:
$$\boxed{\Delta E=E e^{-2\beta T}-E}$$

Mecànica Clàssica

Fent l'estudi de les pèrdues energètiques que puguin aparèixer en els oscil·ladors esmorteïts, podem definir el *factor de qualitat Q* del sistema:

$$\boxed{Q = 2\pi \frac{E}{|\Delta E|}}$$

A més a més, si $\beta \ll \omega_0$ i per tant també $\beta \ll \omega$ tenim que $\beta T \ll 1$; aleshores podem expandir per Taylor:

$\Delta E \sim E(1-2\beta T) - E = -2\beta T E$ que ens implica al factor de qualitat de la següent manera:

$$Q \sim 2\pi \frac{E}{2\beta T E} = \frac{2\pi}{2\beta T} = \frac{\omega}{2\beta}$$

Expressió que veurem al següent apartat.

3.3. Oscil·lador Forçat

Un sistema forçat, és un sistema oscil·lant esmorteït al què se li aplica una força externa per anar variant la seva amplitud respecte el temps.

Aleshores, l'expressió per a la segona llei de *Newton* que es defineix en aquests oscil·ladors, és:

$$F = m\ddot{x} = -kx - \gamma\dot{x} + F_0 \cos(\omega t)$$

Si realitzem l'estudi dividint per *m*, tot a un costat i fent servir les definicions d'abans per al coeficient d'esmorteïment i per la pulsació, afegint $\alpha_0 = \frac{F_0}{m}$; tenim l'expressió final:

$$\boxed{\ddot{x} + 2\beta\dot{x} + \omega_0^2 x = \alpha_0 \cos(\omega t)}$$

Mecànica Clàssica

Si realitzem l'estudi de la posició respecte el temps ressolent l'equació diferencial anterior, observem que ens apareixen dos règims: el **regim transitori** $x_H(t)$ i el **règim estacionari** $x_p(t)$. Aleshores, si els definim, les solucions són:

- $x_H(t) = e^{-\beta t}\left[\alpha_1 \exp\left(\sqrt{\beta^2-\omega_0^2}\,t\right) + \alpha_2 \exp\left(\sqrt{\beta^2-\omega_0^2}\,t\right)\right]$

- $x_p(t) = A\cos(\omega t - \delta)$

Aleshores, la posició total d'una partícula o un sistema que actüi com a oscil·lador forçat, ve donada per l'expressió següent:

$$\boxed{x(t) = x_H(t) + x_p(t)}$$

També tenim el cas particular de $x\left(t \gg \frac{1}{\beta}\right) \simeq x_p(t)$.

Per acabar de definir correctament tots els paràmetres de $x(t)$, ens cal definir l'amplitud A i l'angle de desfasament δ. Per fer-ho, el més idoni per a visualitzar-ho és fer com un triangle i per Pitàgoras. Si observem el triangle i fem servir raons trigonomètriques, podem enrecordar-nos de la fórmula per trobar:

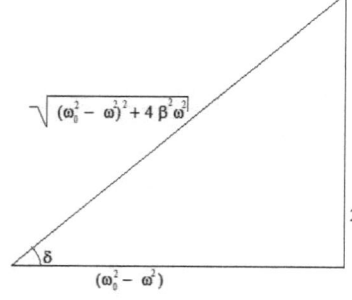

$$\boxed{\tan(\delta) = \frac{2\beta\omega}{\omega_0^2 - \omega^2}}$$

Per a trobar l'amplitud A podem pensar com si per trobar-la, "calgués fer una força F_0 per unitat de massa m"; o d'una altra manera, que calgués una α_0 per a recórrer la hipotenusa del triangle:

$$\boxed{A = \frac{\alpha_0}{\sqrt{(\omega_0^2-\omega^2)^2 + 4\beta^2\omega^2}}}$$

Mecànica Clàssica

3.3.1. Màxim en amplitud. Sistema en ressonància

En aquests sistemes d'oscil·lacions forçades, quan l'amplitud del sistema és màxima, diem que el sistema es troba en **ressonància**. La ressonància sorgeix quan la freqüència del mecanisme impulsor (o el què genera la força externa), s'aproxima, amb un error petit de valors en casos experimentals, coincidint amb la freqüència natural del sistema.

Aleshores, les condicions per a què hi hagi una amplitud màxima i, en conseqüència, freqüència de ressonància és:

$$\frac{d A(\omega)}{d \omega} = 0$$

Per tant, definim la freqüència de ressonància i l'amplitud màxima respectivament, com:

$$\boxed{\omega_R = \sqrt{\omega_0^2 - 2\beta^2}} \qquad \boxed{A(\omega_R) = \frac{\alpha_0}{2\beta \sqrt{\omega_0^2 - \beta^2}}}$$

Això es dóna també, quan $\beta \ll \omega_0$ ja que ens donarà un valor aproximat entre les dues freqüències. Però fins on tenen coherència aquestes aproximacions.

Doncs bé, si $\beta \ll \omega_0$, aleshores té sentit despreciar la diferència $\sqrt{\omega_0^2 - 2\beta^2}$ amb la semiamplada β de la banda de ressonància (ho veurem a continuació).

En efecte,

$$\sqrt{\omega_0^2 - 2\beta^2} = \omega_0 \sqrt{1 - \frac{2\beta^2}{\omega_0^2}} \simeq \omega_0 \left(1 - \frac{\beta^2}{\omega_0^2}\right) \rightarrow \omega_0 - \sqrt{\omega_0^2 - 2\beta^2} \simeq \frac{\beta^2}{\omega_0} \ll \beta$$

Aleshores, amb el desenvolupament per aproximar valors podem expressar:

$$\omega_R \ll \omega_0 \left(1 - \frac{\beta^2}{\omega_0}\right) \qquad A^R = A(\omega_R) \ll \frac{\alpha_0}{2\beta\omega_0}(1 + \beta^2 + ...)$$

Mecànica Clàssica

En aquests sistemes parlem també del *factor de qualitat Q*, que ho **def**inim com el grau d'esmorteïment de l'oscil·lador. Aquest factor de qualitat el definim:

$$\boxed{Q=\frac{\omega_R}{2\beta}}$$

Si el sistema està poc esmorteït tenim: $Q=\frac{\omega_0}{2\beta}$.

Per demostrar d'on obtenim el factor de qualitat, cal deduir la conservació d'energia i la disipació d'aquesta.

Pel fregament, es disipa una energia $\frac{dE}{dt}=-\gamma v^2$. Ara cambiarem la notació del terme estacionari per fer més còmode els càlculs. $\frac{F_0}{m}$ Ho transcriurem com a una força externa tal què si $F(t)=F_1\cos(\omega_1 t_1)$ aleshores, el nostre règim estacionari l'escriurem com $x=\frac{F_1}{md}\cos(\omega_1 t-\theta_1)$. El valor de *d* és un valor conegut que ja hem fet servir, *d* ve definida per: $d=\sqrt{\left(\omega_0^2-\omega_1^2\right)^2+4\beta^2\omega_1^2}$

Si derivem aquesta expressió obtindrem el valor de la velocitat: $v=\frac{F_1\omega_1}{md}\sin(\omega_1 t-\theta_1)$.

Els valors del *sin* i el *cos* seran: $\sin\theta_1=\frac{2\beta\omega_1}{d}$; $\cos\theta_1=\frac{\omega_0^2-\omega_1^2}{d}$

Així que cada cicle tindrà $|\Delta E|=\gamma\langle v^2\rangle\frac{2\pi}{\omega_1}$
Per tant:

$$|\Delta E|=2\beta m\frac{F_1^2\omega_1^2}{m^2 d^2}\frac{1}{2}\frac{2\pi}{\omega_1}=\frac{2\pi\beta F_1^2\omega_1}{md^2}$$

Que és l'energia perduda per cicle. **La quantitat d'energia que ens aporta la força impulsora.** A més a més, cal recalcar el factor 1/2 que apareix és de realitzar el promig del *sin* per un cicle.

Mecànica Clàssica

El factor de qualitat ens vindrà donat per la fórmula que ja havíem vist per a l'infraesmorteït, però ens caldrà abans trobar la **E**. Si ho fem per a velocitat màxima i, per tant, només tenim energia cinètica:

$$E = \frac{m}{2}\frac{F_1^2\omega_1^2}{m^2 d^2} = \frac{F_1^2\omega_1^2}{2m\,d^2}$$

Aleshores, per definició: $\quad Q = 2\pi\dfrac{E}{|\Delta E|} = 2\pi\dfrac{\dfrac{F_1^2\omega_1^2}{2m\,d^2}}{\dfrac{2\pi\beta F_1^2\omega_1}{m\,d^2}} = \dfrac{\omega_1}{2\beta}$

Que és el mateix resultat que havíem trobat per l'infraesmorteït, però en aquest cas, **no hem fet cap aproximació per _Taylor_ considerant β petita; sinó que és vàlid per a QUALSEVOL VALOR de β.**

Finalment, podem parlar de la **ressonància en l'energia** sense moure'ns d'aquest apartat.

Aquest fenòmen es produeix quan l'energia E de l'oscil·lador forçat és màxima, per tant, quan $\dfrac{F_1^2\omega_1^2}{2\,m\,d^2}$ és màxima i per tant, quan $\dfrac{\omega_1^2}{d^2}$ és màxim.

Escribim aquest darrer terme amb variables que podem treballar-les:

$$\frac{\omega_1^2}{\left(\omega_0^2-\omega_1^2\right)^2+4\beta^2\omega_1^2}$$

Aleshores, observem que $\dfrac{d}{d\omega_1^2}=0\quad$ per tant:

$$\left(\omega_0^2-\omega_1^2\right)^2+4\beta^2\omega_1^2-\omega_1\left[-2\left(\omega_0^2-\omega_1^2\right)^2+4\beta^2\right]\rightarrow\left(\omega_0^2-\omega_1^2\right)\left[\left(\omega_0^2-\omega_1^2\right)+2\,\omega_1^2\right]=0$$

Com veiem, l'energia només és màxima quan això s'anul·la, per tant:

$$\boxed{\omega_0^2=\omega_1^2}\quad;\quad\boxed{\omega_0=\omega_1}$$

Mecànica Clàssica

3.3.2. Potència

Per acabar podem fer un petit estudi per observar el valor de la potència en els règims estacionaris.

Def: Definim la potència instantània com la força que fem a una velocitat v, és a dir $F \cdot v$.

Aleshores, si avaluem la mitjana o el valor mig de la potència instantània en tot el règim estacionari (en un periode):

$$<\text{pot}> = \frac{1}{\tau}\int_0^\tau F\,v\;dt = \frac{-1}{\tau}\int_0^\tau 2m\beta v^2\;dt = *$$

Com el què tenim és un règim estacionari, obtenim:

$$* = \frac{-\omega}{2\pi}\int_0^{\frac{2\pi}{\omega}} 2m\beta A^2 \sin^2(\omega t - \delta)\omega^2\;dt = (**)$$

(**) $\sin^2(\omega t - \delta) = \frac{1}{2}$ *Segons els valors en què avaluem, els altres termes són constants en el temps i només varia l'angle.*

$$(**) = \boxed{<\text{pot}_d> = -m\beta A^2 \omega^2}$$
Potència dissipada

Si ara treballem amb el mecanisme extern:

$$<\text{pot}> = \frac{1}{\tau}\int_0^\tau -F_0\cos(\omega t)\,A\omega\sin(\omega t - \delta)\;dt =$$

$$\boxed{<\text{pot}_a> = +m\beta A^2 \omega^2}$$
Potència aportada

L'últim cas de potència que ens cal avaluar, és la **potència màxima**. La potència màxima es produeix a $\omega_{màx} = \omega_0$ i quan $\frac{d<\text{pot}>}{d\omega} = 0$. Si fem servir les

77

definicions de l'amplitud i de l'angle de desfasament i les utilitzem, tenim:

$$<pot>=m\beta A^2 \omega^2 = m\alpha_0^2 \frac{\omega^2}{(\omega_0^2-\omega^2)^2+4\beta^2\omega^2} = \frac{m}{4\beta}\alpha_0^2 \frac{4\beta\omega}{(\omega_0^2-\omega^2)^2+4\beta^2\omega^2} = \#$$

Per definició del desfasament tenim: $\sin^2(\delta) = \frac{4\beta\omega}{(\omega_0^2-\omega^2)^2+4\beta^2\omega^2}$ (#)

$\# = \frac{m\alpha_0^2}{4\beta}\sin^2(\delta)$ → Com estem avaluant la potència màxima, hem de saber que $\omega_{màx}=\omega_0$ i si ho substituïm a la funció de $\sin^2(\delta)$ observem que en valors màxims de potència el $\sin^2(\delta)=1$.

Aleshores, finalment, la potència màxima serà:

$$<pot>_{màx} = \frac{F_0^2}{4m\beta}$$

Potència màxima

3.4. Banda de ressonància

La banda de ressonància d'un sistema és l'interval $\Delta\omega$ dins el què l'amplitud supera la del màxim dividida per l'arrel de dos ($\frac{1}{\sqrt{2}}$). Si en el nostre sistema $\beta<<\omega_0$ obtindrem que l'increment o l'interval que ens defineix la pulsació, ens ve determinat per equacions en oscil·ladors harmònics forçats en què es produeix la ressonància, per tant: $\Delta\omega=2\beta$ que va de $(\omega_0-\beta)$ fins a $(\omega_0+\beta)$.

En el màxim el paràmetre que havíem definit com a **d** serà: $d=2\beta\omega_0$, mentre que en $\omega_1=\omega_0\pm\beta$.

Mecànica Clàssica

Per tant, treballant amb **d**:

$$d = \sqrt{(\omega_0-\omega_1)^2(\omega_0+\omega_1)^2+4\beta^2\omega_1^2} = \sqrt{\beta^2 \cdot 2\omega_0 \pm \beta^2 + 4\beta^2(\omega_0\pm\beta)^2} \simeq \sqrt{8\beta^2\omega_0^2} =$$

$= 2\sqrt{2}\beta\omega_0$. Aleshores, el factor de qualitat que hem trobat just abans, ens defineix o mesura *l'agudesa de la ressonància*.

A continuació deixem una gràfica esquemàtica que ens mostra la **banda de ressonància:**

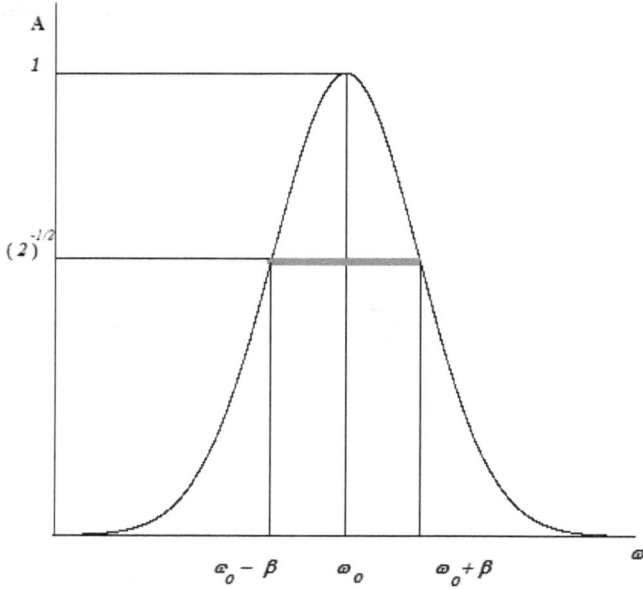

3.5. Analogia en circuits elèctrics

Com be sabem, l'electricitat es mou per un medi oscil·latori que anomenem ones electromagnètiques. A partir de lleis de l'electromagnetisme podem deduir equacions per a oscil·lacions d'un sistema elèctric.

Considerem un circuit format per una força electromotriu que genera un corrent altern ε , per una resistència **R,** per una bobina d'autoinductància **L** i un condensador **C** amb una diferència de càrregues als seus extrems de $-Q$, $+Q$.

Mecànica Clàssica

A més a més, com és lògic, en el circuit hi circula una intensitat de corrent *I*.

Aleshores, tots els paràmetres els podem observar a la figura de la següent pàgina. Seguint el conjunt de lleis de circuits elèctrics, concretament la llei de *Kirchoff* i les definicions dels seus components, podem crear tres tipus de circuits combinant els paràmetres creant circuits amb alguns d'ells o tots, per tant:

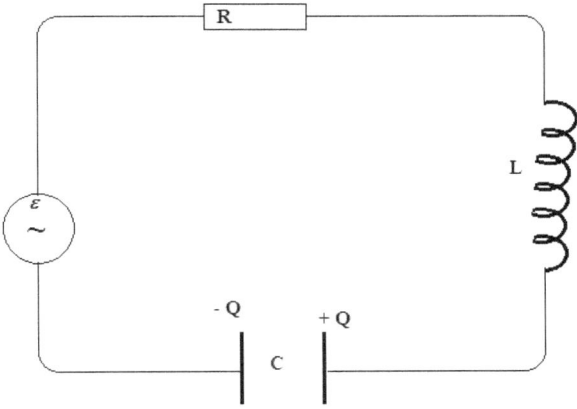

Circuit **LC**:

Aquest circuit ens presentarà un sistema amb un *Oscil·lador harmònic simple:*

$$L\frac{d^2Q}{dt^2} + \frac{Q}{C} = 0$$

Circuit **LRC**:

Aquest circuit ens presentarà un sistema amb un *Oscil·lador harmònic esmorteït:*

$$L\frac{d^2Q}{dt^2} + R\frac{dQ}{dt} + \frac{Q}{C} = 0$$

Mecànica Clàssica

Circuit **LRC** + **ε** :

Aquest circuit ens presentarà un sistema amb un ***Oscil·lador harmònic forçat:***

$$L\frac{d^2Q}{dt^2} + R\frac{dQ}{dt} + \frac{Q}{C} = \varepsilon$$

amb $\varepsilon = \varepsilon_0 \,//\, \varepsilon = \varepsilon_{màx} \cos(\omega t)$

Mecànica Clàssica

Mecànica Clàssica

Mecànica Clàssica

Tema 4.- Lleis de conservació

En aquest tema treballarem la mecànica d'una partícula aïllada, deduint els teoremes de conservació que relacionen amb la conservació de magnituds.

Aquesta conservació de les magnituds, s'observa realitzant fets experimentals i veure que les magnituds són constants. En canvi en aquest tema deduirem les lleis de conservació de les lleis en moviment de *Newton*.

A continuació anirem treballant les lleis més importants de la conservació, en general i en una dimensió.

4.1. Conservació de l'ímpetu (o moment) i moment angular.

- Primer treballarem amb la conservació de l'ímpetu. Si la partícula en què observem el moviment, es troba **lliure** (no sotmesa a cap força), la segona llei de *Newton* es transforma amb $\dot{\vec{p}}=0$. Aleshores, serà un vector que no varia amb el temps i per tant **l'ímpetu d'una partícula lliure es conserva.**

    Al conservar-se, es conserven totes les components de l'ímpetu. Si considerem un vector constant qualsevol, tal que $\vec{F}\cdot\vec{w}=0$ en tot l'instant, aleshores tenim:

    $\dot{\vec{p}}\cdot\vec{w}=\vec{F}\cdot\vec{w}=0$ Si integrem respecte el temps $\rightarrow \vec{p}\cdot\vec{w}=cnt$

    Per tant, podem concloure que *la component de l'ímpetu en una direcció en la què la força és nul·la, resta constant amb el temps.*

- Seguidament, deduirem el moment angular. El moment angular el podem definir com el moment d'una partícula respecte un punt en què es mesura, si és $\vec{r}$, per definició és:

$$\vec{L}\equiv \vec{r}\wedge\vec{p}$$

Mecànica Clàssica

En el cas del moment angular, tenim dues opcions:

i) **El moviment es dóna en un pla**

Si derivem respecte el temps (avaluació que cal per saber si és conservatiu o no) tenim:

$$\frac{d\vec{L}}{dt}=\dot{\vec{L}}=\vec{v}\wedge\vec{p}+\vec{r}\wedge\frac{d\vec{p}}{dt}=(*)=\vec{r}\wedge\vec{F}=(**)=0$$

(*) *Com què* $\vec{p}=m\vec{v}$, $\vec{v}\wedge\vec{p}=0$

(**) *Al treballar en un pla,* $\vec{F}(\vec{r})$, *les variables* $\vec{F}$ *i* $\vec{r}$ *tenen relació en paral·lel, aleshores el seu producte vectorial serà zero.*

Aleshores, finalment: $\dot{\vec{L}}=0 \rightarrow \boxed{\vec{L}=cnt}$

" *El moment angular (o cinètic) d'una partícula lliure de l'acció de moments, es conserva.* "

ii) **Moment angular amb l'acció del moment de forces** N

Definim el moment de la força en un punt com a $\vec{N}\equiv\vec{r}\wedge\vec{F}$. Aleshores, és fàcil veure, fent servir l'estudi de l'apartat *i)* la següent igualtat. (També utilitzarem la segona llei de *Newton* $\vec{F}=\dot{\vec{p}}$ si la partícula no és lliure):

$$\boxed{\dot{\vec{L}}=\vec{r}\wedge\dot{\vec{p}}=\vec{N}}$$

<u>*Teorema del Moment angular*</u>

El moment angular i el moment de forces, han de ser agafats respecte un mateix punt.

Mecànica Clàssica

4.2. Conservació de l'energia. Energia cinètica i energia potencial.

Def: Definim *treball* a la força que es realitza sobre una partícula per portar-la des d'un punt 1 a un punt 2. Aleshores:

$$\boxed{W_{12} \equiv \int_1^2 \vec{F} \; d\vec{r}}$$

Aleshores, si fem un estudi del que hi ha dins la integral:

$$\vec{F} \; d\vec{r} = m \frac{d\vec{v}}{dt} \cdot \frac{d\vec{r}}{dt} dt = m \frac{d\vec{v}}{dt} \cdot \vec{v} \, dt = \frac{m}{2} \frac{d}{dt}(\vec{v} \cdot \vec{v}) dt = \frac{m}{2} \frac{d}{dt}(\vec{v}^2) dt$$

Per tant, finalment tenim:

$$\boxed{\vec{F} \; d\vec{r} = d\left(\frac{1}{2} m v^2\right)}$$

Si agafem per definició el treball, la integral esdevé una integral exacta:

$$W_{12} = \left(\frac{1}{2} m v^2\right)\Big|_1^2 = \frac{1}{2} m (v_2^2 - v_1^2) = T_2 - T_1$$

Def: Aleshores, definim finalment l'**energia cinètica** en l'expressió matemàtica:

$$\boxed{T = \frac{1}{2} m v^2}$$

<u>**Energia cinètica**</u>

86

Mecànica Clàssica

Si en el sistema físic en què nosaltres estem analitzant, la nostra força $\vec{F}$ presenta la particularitat de que no varia l'energia cinètica i que només depèn de les posicions inicials i finals, parlarem d'un sistema amb una capacitat per a realitzar treball, anomenant aquest treball com l'**energia potencial**.

L'exemple més clar i més vist, és el de la partícula *m* que cau des d'una alçada *h*, sense cap més força que la gravetat *g* i amb velocitat inicial zero. Aleshores l'energia a l'instant en què comença a caure serà:

$$\boxed{U = mgh}$$

Anem a definir-la d'una manera més general. Aleshores és necessari realitzar un treball sobre una partícula (un treball sense variació neta d'energia cinètica) entre dos punts. Per tant:

$$\boxed{\int_1^2 \vec{F}\ d\vec{r} = U_1 - U_2}$$

Si ara analitzem l'energia potencial posant $\vec{F}$ en forma de gradent de la funció escalar *U*...

! Hem de pensar que, per a què una funció vectorial pugui ser representada pel gradent d'una funció escalar, cal que el rotacional sigui nul. Aleshores:

$$\boxed{\vec{F} = -\nabla U}$$

<u>**Energia potencial**</u>

Abans de seguir amb l'energia total d'un sistema, analitzarem l'energia potencial només movent-se en la direcció de la *x* i que ***només depèn de la variable x*** * :

$$W(x) = \int_{x_0}^{x} F(x, \dot{x}, t)\ dx \rightarrow^* \int_{x_0}^{x} F(x)\ dx \rightarrow \frac{dW(x)}{dt} = F(x)\vec{v}$$

Mecànica Clàssica

Aleshores, finalment, definim l'**energia total** d'una partícula com *la suma de l'energia cinètica i energia potencial que te la partícula en el punt en què avaluem:*

$$\boxed{E \equiv T + U}$$
Energia mecànica (total)

Per lleis de conservació, l'energia total de la partícula, s'ha de conservar, aleshores:

$$\frac{dE}{dt} = 0$$

Si igualem les dues energies, doncs les dues tenen relació amb **F · v**, segons els estudis anteriors, tenim:

$$\frac{d}{dt}\left(\frac{1}{2}mv^2\right) = m\dot{v} \cdot v = F(x) \cdot v = \frac{d}{dt}\left(\int_{x_0}^{x} F(x)\,dx\right)$$

Si ho passem tot a un costat, tenim:

$$\boxed{\frac{d}{dt}\left(\frac{1}{2}mv^2 - \int_{x_0}^{x} F(x)\,dx\right) = 0}$$

Aleshores observem que el què hi ha dins del parèntesi és l'energia total de la partícula i, amb això, demostrem que l'**energia total *E* d'una partícula en un camp de forces conservatiu, és constant respecte el temps.**

Mecànica Clàssica

4.3. Gràfiques de potencials

Seguidament, presentarem una gràfica en la què avaluarem el potencial $U(x)$ respecte la variable x:

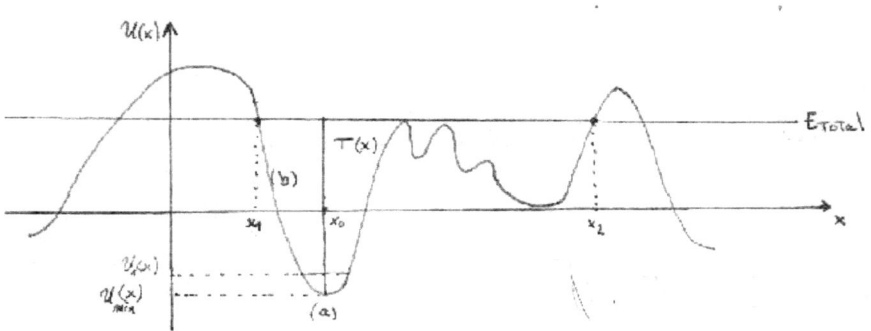

En el punt **(a)** $\dfrac{dU(x)}{dx}=0$. En el punt **(b)** $\dfrac{dU(x)}{dx}>0$ i seria alta, ja que la derivada serà negativa i al ser-ho la força també, fa que el resultat final sigui positiu.

Observem que l'energia total del sistema o de la partícula es manté constant en tot el trajecte. Aquesta gràfica, la podem interpretar com si deixèssim caure una pilota, com més ràpid es mogui (baixada), més força.

A més a més, definim x_1 i x_2 com punts de retorn en què $v_1=0$ i $v_2=v_1=0$ respectivament. $U_{min}(x)$, és el punt de mínima energia. Aquest punt, quantitativament, està per sota de l'energia total:

$$\boxed{U_{min}(x) \leq E < \infty}$$

De fet, com a màxim, pot tenir el mateix valor que l'energia total, però mai superior, doncs no tindríem conservació d'energia.

Observem a la gràfica el punt de $U_1(x)$. Si aquest punt és més alt que la mínima i més petit que l'energia total, parlarem d'un *oscil·lador harmònic*.

En aquests gràfics de potencials, definim els <u>mínims</u> com a <u>punts d'equilibri estables</u> i els <u>màxims</u> com a <u>punts d'equilibri inestables</u>.

Mecànica Clàssica

Abans d'acabar amb aquest apartat, farem un petit desenvolupament per a l'energia que, a vegades, ens serà d'utilitat:

$$U(x) \simeq U(x_0) + \frac{dU}{dx}|_{x=0}(x-x_0) + \frac{1}{2}\frac{d^2U}{dx^2}|_{x_0}(x-x_0)^2 + \frac{1}{3!}\frac{d^3U}{dx^3}|_{x_0}(x-x_0)^3 + \ldots$$

Com el terme de grau 1 tendeix a zero, el què tenim finalment és:

$$U(x) = U_0 + \frac{1}{2}U_0''(x-x_0)^2 + \ldots$$

i podem fer les definicions següents: (en cas de que parlem d'oscil·ladors)

$$\frac{d^2U(x)}{dx^2} = U_0'' = k \quad \rightarrow \quad \omega_0^2 = \frac{k}{m} = \frac{U_0''}{m}$$

Per acabar...

Hem de recordar que, una força conservativa té dues afirmacions recíproques:

- *Ha de ser una força* $\vec{F} = F(\vec{r})$

- *El treball al llarg de qualsevol camí tancat, és zero.*

- $\oint_C F(\vec{r})\, d\vec{r} = 0 \Leftrightarrow \int_S (\vec{\nabla} \wedge \vec{F})\vec{n}\, d\vec{S} = 0 \Leftrightarrow \quad \boxed{\vec{\nabla} \wedge \vec{F} = 0}$

Mecànica Clàssica

Mecànica Clàssica

Tema 5.- Forces centrals

En aquesta secció, estudiarem el moviment d'un sistema format per dos cossos (per a tres cossos encara no s'ha realitzat una teoria vàlida) que actúen sota la influència d'una força amb direcció de la recta que els uneix. A aquesta força l'anomenem *força central*.

Com sempre he cregut, les coses més grans del cosmos, han d'anar relacionades amb les més petites, sinó, no tindria sentit la majoria de coses que hem deduit; ja que el coneixement previ ens ajuda a associar les idees per a inventar-ne de noves (o simplement, ens deixa sense imaginació).

Però estem estudiant física i no filosofia, així que és pel motiu de la relació entre lo gran i lo ínfim que la teoria de forces centrals es pot aplicar tant en mecanica celeste, com en la física nuclear.

5.1. Massa reduïda

Quan fem l'estudi de dos cossos, requerim sis components claus que es basen en els tres vectors que composen el centre de masses entre els cossos (*CM*) i els tres que componen el vector que va d'una massa a una altra.

El que podem fer és reduir la funció del potencial i fer que depengui únicament del vector *r* (el que va de m_1 i m_2). Això ho fem considerant el sistema nul en fregament i si escollim l'origen de coordenades del CM a $R \equiv 0$; tenim:

$$m_1 \cdot \vec{r}_1 + m_2 \cdot \vec{r}_2 = 0$$

Si combinem aquesta equació amb $\vec{r} = \vec{r}_1 - \vec{r}_2$ tenim el sistema següent:

$$\vec{r}_1 = \frac{m_2}{m_1 + m_2} \vec{r}$$
$$\vec{r}_2 = \frac{m_1}{m_1 + m_2} \vec{r}$$

} Amb aquest sistema, no només aconseguim que el sistema es mogui en un camp central descrit pel potencial $U(\vec{r})$; sinó que a més a més, reduïm un sistema de dues masses a un problema d'una partícula equivalent μ ,

Mecànica Clàssica

definida com a *massa reduïda* i amb l'expressió:

$$\mu \equiv \frac{m_1 \cdot m_2}{m_1 + m_2}$$
Massa reduïda

5.2. Coordenades polars

Ja hem vist canvis de coordenades al primer capítol, però ara intentarem treballar i definir els paràmetres de les coordenades polars, ja que les farem servir força en aquest tema i seran d'utilitat per a resoldre millor les equacions dels sistemes amb forces centrals.

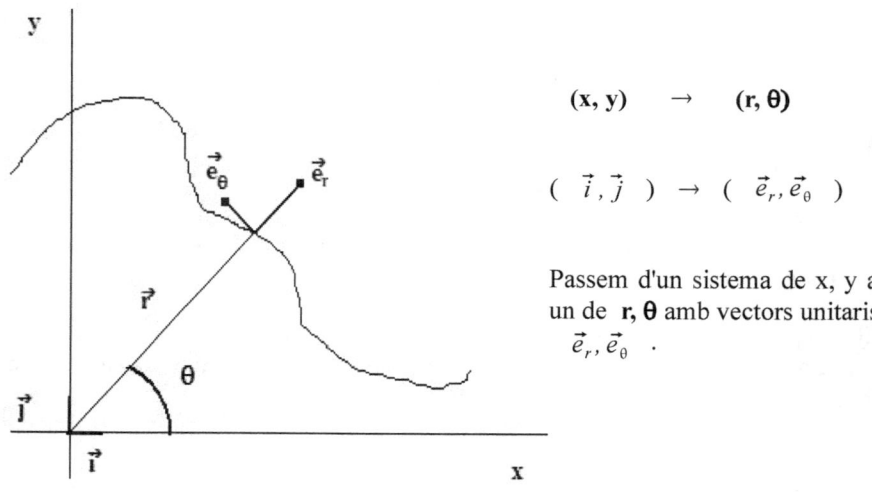

$(x, y) \rightarrow (r, \theta)$

$(\vec{i}, \vec{j}) \rightarrow (\vec{e}_r, \vec{e}_\theta)$

Passem d'un sistema de x, y a un de **r, θ** amb vectors unitaris $\vec{e}_r, \vec{e}_\theta$.

Anem a les definicions:

$\vec{e}_r = \cos\theta\, \vec{i} + \sin\theta\, \vec{j}$ $\sin\theta = \dfrac{y}{r}$ $\dot{\vec{e}}_r = -\sin\theta\, \dot\theta\, \vec{i} + \cos\theta\, \dot\theta\, \vec{j} =$
; ; $= \dot\theta(-\sin\theta\, \vec{i} + \cos\theta\, \vec{j}) = \dot\theta\, \vec{e}_\theta$
$\vec{e}_\theta = -\sin\theta\, \vec{i} + \cos\theta\, \vec{j}$ $\cos = \dfrac{x}{r}$ $\dot{\vec{e}}_\theta = -\dot\theta\, \vec{e}_r$

Aquestes definicions, són les què ens calen per trobar la posició, velocitat i acceleració de la partícula.

Observem que per derivar components polars, hem fet i farem servir la **regla de la cadena**.

Posició:

$$\boxed{\vec{r} = r\,\vec{e}_r}$$

Velocitat:

$$\vec{v} = \dot{\vec{r}} = \dot{r}\,\vec{e}_r + r\dot{\theta}\,\vec{e}_\theta$$

$$\boxed{\vec{v} = v_r\vec{e}_r + v_\theta\vec{e}_\theta}$$

Acceleració:

$$\ddot{\vec{r}} = \dot{\vec{v}} = \ddot{r}\,\vec{e}_r + \dot{r}\dot{\theta}\,\vec{e}_\theta + \dot{r}\dot{\theta}\,\vec{e}_\theta + r\ddot{\theta}\,\vec{e}_\theta - r\dot{\theta}^2\,\vec{e}_r$$

$$\boxed{\ddot{\vec{r}} = (\ddot{r} - r\dot{\theta}^2)\vec{e}_r + (2\dot{r}\dot{\theta} + r\ddot{\theta})\vec{e}_\theta}$$

en què dins de l'acceleració definim:

$$a_r = \ddot{r} - r\dot{\theta}^2 \quad \rightarrow \quad \textit{acceleració radial}$$

$$a_\theta = 2\dot{r}\dot{\theta} + r\ddot{\theta} \quad \rightarrow \quad \textit{acceleració centrífuga}$$

A continuació, farem dues petites avaluacions:

- **Força**: $\vec{F} = m\ddot{\vec{r}} = m(a_r\vec{e}_r + a_\theta\vec{e}_\theta)$

  En forces centrals, $a_\theta = 0$, és a dir: $\boxed{\vec{F}(r) = m\ddot{r} - r\dot{\theta}^2}$

Mecànica Clàssica

- **Moment angular:** $\vec{L} = \vec{r} \wedge \vec{p}$

$$\vec{L} = m\left[r\,\vec{e}_r \wedge (v_r \vec{e}_r + v_\theta \vec{e}_\theta)\right] = m\,r^2\,\dot{\theta}$$

Aleshores:

$$\boxed{|\vec{L}| = L = m\,r^2\,\dot{\theta}}$$

$$\boxed{\dot{\theta} = \frac{L}{m\,r^2}}$$

$\dot{L} = 2\,m\,r\,\dot{r}\,\dot{\theta} + m\,r^2\,\ddot{\theta} = mr\left[2\dot{r}\dot{\theta} + r\ddot{\theta}\right] = 0$ aleshores, es conserva, com be sabíem.

Tots aquests valors que hem trobat per a la força i per el moment angular, ens caldran en els càlculs dels següents apartats.

5.3. Potencial efectiu

Seguidament, anirem a analitzar el potencial i la força efectiva que ens determinaran aquests camps en funció de $\vec{r}$ i marcaran la barrera centrífuga. Aquesta barrera, queda definida com una paret per la que no poden travessar les partícules.

Per analitzar aquests termes, cal fer un anàlisi de les energies. Comencem:

$$E = \frac{1}{2}m\,v^2 - U(r) = \frac{1}{2}m\,\dot{r}^2 + \frac{1}{2}m\,r^2\,\dot{\theta}^2 + U(r)$$

Ens serà molt més fàcil treballar amb coordenades polars en el cas de les forces centrals. Si apliquem la definició de $\dot{\theta}$ que hem trobat a l'apartat anterior:

$$E = \frac{1}{2}m\,\dot{r}^2 + \frac{1}{2}m\,r^2\,\frac{L^2}{m^2\,r^4} + U(r) = \frac{1}{2}m\,\dot{r} + \frac{1}{2}\frac{L^2}{m\,r^2} + U(r) =$$

$$\boxed{E = \frac{1}{2}m\,\dot{\vec{r}}^2 + U_{ef}(\vec{r})}$$

95

Mecànica Clàssica

en què definim $U_{eff}(\vec{r})$ com el ***potencial efectiu***, que ens marca la *barrera centrífuga*. Aquest potencial pren un valor de :

$$U_{eff}(r) = \frac{L^2}{2mr^2} + U(r)$$

i que queda definida la **barrera centrífuga** com: $\dfrac{L^2}{2mr^2}$

Per a trobar la *força centrífuga*, només ens cal aplicar les relacions entre força i potencial que hem vist en el tema anterior.

La **força eficient** o **efectiva**, vindrà definida per $F_{eff}(\vec{r}) = -\dfrac{dU_{eff}(\vec{r})}{dr}$, per tant:

$$\boxed{F_{eff}(r) = \frac{L^2}{mr^3} + F(r)}$$

Força efectiva

amb la *força centrífuga* com: $\dfrac{L^2}{mr^3}$

EX:

A l'exemple següent, presentarem una gràfica de potencials en què els paràmetres que veurem els definim a continuació.

Partim de la base que tenim una força generalitzada, amb valor:

$$F(r) = \frac{-k}{r^2} \rightarrow U(r) = \frac{-k}{r} \quad .$$

Aleshores, observem que, a la gràfica, en U_0 , la velocitat d'una partícula és màxima. La mínima es troba en la barrera centrífuga. Això succeeix quan la partícula va en la direcció de $-x$.

Mecànica Clàssica

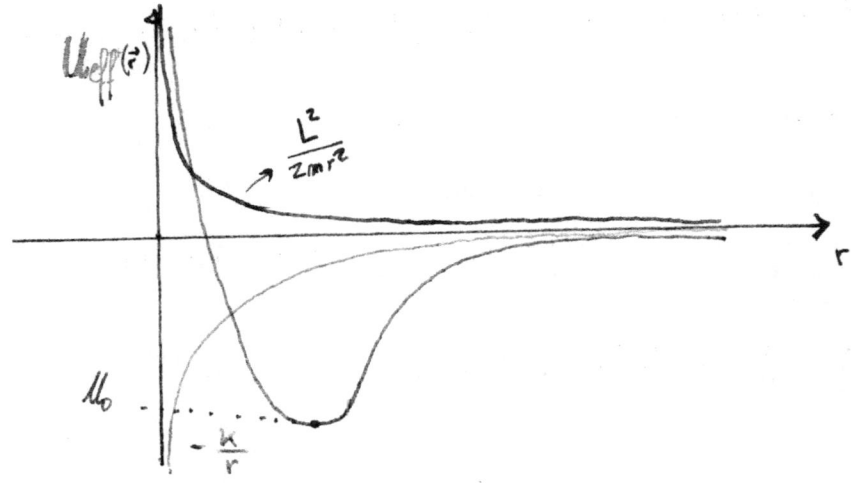

- Un cas particular és el d'una òrbita central: $E = U_{eff}|_{min} \rightarrow r = r_0$
- $F = 0 \rightarrow U = U_0$

Sense resoldre les equacions del moviment ni les de l'òrbita; $U_{eff}(r)$ ens indica, per a cada valor de *E*, si el moviment té lloc només per valors finits de *r* o per a valors infinits.

Aleshores, aquests els podem dividir en:

- **Acotats**: Que els podem diferenciar en *tancats* $\left(\dfrac{\tau_r}{\tau_\theta}\right)$ o *oberts*.
- **Il·limitats**

Això ho podem veure amb $\dfrac{dU_{eff}(r)}{dr} = -\dfrac{k}{r^2} - \dfrac{L^2}{mr^3} = \dfrac{1}{mr^3}(-mkr - L^2)$ tot això s'anul·larà a $r_0 = -\dfrac{L^2}{mk} = -\alpha$ com veurem més endavant.

Mecànica Clàssica

Aleshores, definim:

$$\boxed{E<0 \quad \text{acotada} \qquad E\geq 0 \quad \text{il·limitada}}$$

A més a més, per saber si una òrbita és tancada o no, podem considerar petites oscil·lacions radials per un potencial general $V(r)=k\,r^n$; aleshores, la força serà $F(r)=nk\,r^{n-1}$; definint força **atractiva** si ***kn > 0***.

Per tant, podem definir les freqüències de revoluvió i radials del sistema:

$$\omega_{rev}=\sqrt{\frac{nk}{m}}\,R^{\frac{n}{2}-1} \qquad \omega_{rad}=\sqrt{\frac{n(n+2)k}{m}}\,R^{\frac{n}{2}-1}$$

Per a què l'òrbita pugui ser tancada ha de complir que $\sqrt{n+2}$ sigui racional. Això és una condició ***necessària***, però no **suficient**. Per fer-ho complet, cal no reduir el cas a petites oscil·lacions i fer-ho en cas general, en què haurem de fer servir el ***Teorema de Bertrand*** i que ens indica que finalment només serveix per a **n = 1** i per a **n = 2**.

5.3.1. Punts de retorn

Els punts de retorn els podem avaluar en el cas de $E=U_{eff}(r)$

En el cas de ***K < 0; L = 0***; ens condiciona a $r=\dfrac{K}{E}$ que només té sentit si l'energia és negativa. Els altres dos casos els veiem a continuació, però primer anem a fer una sel·lecció:

$$\frac{k}{r}+\frac{L^2}{2m r^2}=E \quad \rightarrow \quad \frac{1}{r}=-\frac{mk}{L^2}\pm\sqrt{\frac{m^2 k^2}{L^4}+\frac{2mE}{L^2}}$$

d'aquí però, només ens interessen els números reals i positius. Per la definició que veurem més endavant tenim que $\dfrac{1}{r}=-\dfrac{mk}{L^2}(1\pm\varepsilon)$, per tant $\varepsilon^2\geq 0 \;\rightarrow\; E\geq -\dfrac{mk^2}{2L^2}$ i els dos casos seran:

- Si $k\geq 0 \;;\; E>0 \rightarrow \varepsilon > 1 \rightarrow \dfrac{1}{r}=-\dfrac{mk}{L^2}(1-\varepsilon)$ ***Un punt de retorn***

Mecànica Clàssica

- Si $k \leq 0$:

$$E>0 \rightarrow \varepsilon>1 \rightarrow \frac{1}{r}=-\frac{mk}{L^2}(1+\varepsilon) \quad \textbf{Un punt de retorn}$$

$$E=0 \rightarrow \varepsilon=1 \rightarrow \frac{1}{r}=-\frac{2mk}{L^2} \quad \textbf{Un punt de retorn}$$

$$E<0 \rightarrow \varepsilon<1 \rightarrow \frac{1}{r}=-\frac{mk}{L^2}(1\pm\varepsilon) \quad \textbf{Dos punts de retorn}$$

5.4. Trajectòria

Amb el potencial $U(r)$, ja coneixem el sistema en general; però el què volem conèixer en aquest moment és la posició o l'equació del moviment. Per fer-ho, cal integrar i tenir en compte les següents definicions:

$$\boxed{E=\frac{1}{2}m\vec{r}^2-U_{eff}(\vec{r})} \qquad \boxed{\vec{L}=mr^2\dot{\theta}}$$

De la primera obtenim la velocitat i, amb la velocitat podem trobar *r(t)*

$$\dot{r}=\frac{dr}{dt}=\sqrt{\frac{2}{m}(E-U_{eff}(r))} \rightarrow r(t)$$ Per obtenir *r(t)*, només hem d'aïllar correctament els paràmetres de *r* i de *t* amb els seus diferencials per poder integrar i trobar la trajectòria.

Si ara juguem amb la segona, obtenim $\dot{\theta}$ i podem deduir $\theta(t)$ i $r(\theta)$:

$$\frac{d\theta}{dt}=\dot{\theta}=\frac{L}{mr^2} \quad * \quad \rightarrow \theta(t)=\theta_0+\int_0^t \frac{L}{mr^2}dt \rightarrow r(\theta) \quad$$ *El valor de $\dot{\theta}$, la seva deducció és important per l'astronomia.*

Aleshores, si combinem les dues: $\dfrac{dr}{d\theta}\cdot\dfrac{d\theta}{dt}=\dfrac{dr}{d\theta}\cdot\dot\theta=\dfrac{dr}{d\theta}\cdot\dfrac{L}{mr^2}$

i ara juguem amb les definicions de *E* i *L*, i *r(t)* i *θ(t)* (**);

$$(**)\quad \int_{\theta_0}^{\theta} d\theta = \int_{r_0}^{r} \dfrac{\dfrac{L}{mr^2}}{\sqrt{\dfrac{2}{m}(E-U_{eff})}}\,dr \quad (**)$$

obtenim l'expressió per a les trajectòries que més utilitzarem:

$$\boxed{\theta(r)=\int_{r_0}^{r} \dfrac{\dfrac{L}{r^2}}{\sqrt{2m(E-U_{eff}(r))}}\,dr}$$

Equació de la trajectòria

Un altre camí per estudiar les trajectòries, és utilitzant la força. Per trobar la força d'un sistema de forces centrals, tenim dos camins:

- O bé pel potencial *U*
- O bé per *θ (r)* o *r(θ)*

Si realitzem la deducció pel segon camí, ja que és més complicat; primer de tot, hem de definir la força en coordenades polars:

$$F(r)=m\ddot r - r\dot\theta^2$$

Si treballem les variables segons les definicions de trajectòries:

$$\dot r = \dfrac{dr}{dt}=\dfrac{dr}{d\theta}\cdot\dot\theta=\dfrac{L}{m}\cdot\dfrac{dr}{d\theta}\cdot\dfrac{1}{r^2}=\dfrac{L}{m}\cdot\dfrac{d}{d\theta}\left(\dfrac{1}{r}\right)$$

$$\ddot r = \dfrac{d\dot r}{dt}=-\dfrac{L}{m}\cdot\dfrac{d^2}{d\theta^2}\left(\dfrac{1}{r}\right)\dfrac{L}{mr^2}$$

Mecànica Clàssica

$$r\dot{\theta}^2 = r \cdot \frac{L^2}{m^2 r^4} = \frac{L^2}{m^2 r^3}$$

Si substituïm les tres expressions a la fórmula de la força, obtenim:

$$\boxed{F(r) = -\frac{L^2}{mr^2}\left[\frac{d^2}{d\theta^2}\left(\frac{1}{r}\right) + \frac{1}{r}\right]}$$

EX:

$$r = \frac{\alpha}{1+\cos(\theta)} \quad ; \quad \frac{1}{r} = \frac{1+\cos(\theta)}{\alpha} \quad ; \quad \frac{\alpha}{r} = 1+\cos(\theta) \rightarrow \frac{\alpha}{r} - 1 = \cos(\theta)$$

$$\frac{d}{d\theta}\left(\frac{1}{r}\right) = \frac{-\sin(\theta)}{\alpha} \quad ; \quad \frac{d^2}{d\theta^2}\left(\frac{1}{r}\right) = \frac{-\cos(\theta)}{\alpha} = -\frac{1}{r} + \frac{1}{\alpha} \rightarrow$$

$$\rightarrow F(r) = -\frac{L^2}{mr^2}\left[\frac{1}{\alpha}\right] = -\frac{k}{r^2}$$

5.5. Problema de *Kepler*. Equació de l'òrbita.

MOVIMENT PLANETARI

L'equació de la trajectòria d'una partícula que es mou sota la influència d'una força central de mòdul inversament proporcional al quadrat de la distància entre la partícula i el centre de forces té un valor per la força i pel potencial de:

$$F(r) = \frac{-k}{r^2} \qquad U(r) = \frac{-k}{r}$$

Mecànica Clàssica

amb $k > 0$ definida com $k = GMm$, que ho veurem més endavant.

Si treballem amb l'equació de la trajectòria:

$$\theta(r) = \int_{r_0}^{r} \frac{\frac{L}{mr^2}}{\sqrt{\frac{2}{m}}\sqrt{E - \frac{L^2}{mr^2} + \frac{k}{r}}} dr = *$$

si realitzem el canvi de variables adequat, obtenim una equació preliminar a la que ens definirà l'òrbita de la partícula. Aquests canvis són: $u = \frac{1}{r}$; $du = \frac{-1}{r^2} dr$.

$$* = \int \frac{L\, du}{\sqrt{2m}\sqrt{E - \frac{L}{m} u^2 + ku}} =$$

Si realitzem altres canvis arribarem a l'equació final un cop la integrem, però això ja ho podem trobar a llibres com el *GOLDSTEIN*. Per tant, finalment obtenim:

$$\theta = \arccos\left(\frac{\alpha}{r} - \frac{1}{\varepsilon}\right)$$ amb els paràmetres:

$$\boxed{r = \frac{\alpha}{1 + \varepsilon \cos(\theta)}} \qquad \boxed{\alpha = -\frac{L^2}{mk}} \qquad \boxed{\varepsilon = \sqrt{1 + 2\frac{EL^2}{mk^2}}}$$

Observem que l'equació de la trajectòria o de l'òrbita del cos sotmès a una força central es descriu per l'equació cònica $\frac{\alpha}{r} = 1 + \varepsilon \cos\theta$ amb un dels seus focus a l'origen.

La descripció de que totes les òrbites possibles d'un cos que es mogui dins un potencial proporcional a *1/r* són còniques; la va realitzar el físic *Bernoulli*.

De l'equació, definim ε com l'**excentricitat** i el valor 2α és l'anomenat *latus rectum.*

Com el valor màxim de $\cos\theta$ correspon al mínim de *r*, tenim $\theta = 0$ i al fer la constant d'integració a la funció general de la trajectòria, podem definir dos paràmetres importants: el **pericentre**, que correspon a la posició de quan mesurem θ a partir de r_{min} i l'**apocentre** a la de $r_{màx}$.

Mecànica Clàssica

L'excentricitat és el paràmetre que ens classifica les òrbites de les partícules o els cossos en un sistema de forces centrals i potencial inversament proporcional a *r*; podem definir les diferents òrbites còniques relacionant l'excentricitat i l'energia:

i) $\quad E = U_{min}^{eff} < 0 \quad ; \quad \varepsilon = 0 \quad$ **(CIRCULAR)**

$$\frac{2EL^2}{mk^2} + 1 = 0 \rightarrow \boxed{E = \frac{-mk^2}{2L^2}}$$

ii) $\quad U_{min}^{eff} < E < 0 \quad ; \quad 0 < \varepsilon < 1 \quad$ **(EL·LIPSE)**

iii) $\quad E = 0 \quad ; \quad \varepsilon = 1 \quad$ **(PARÀBOLA)**

$\quad\quad\quad \theta \rightarrow \pm\pi \quad ; \quad r \rightarrow \infty$

iv) $\quad E > 0 \quad ; \quad \varepsilon > 1 \quad$ **(HIPÈRBOLA)**

A continuació, presentarem un estudi més detallat de les el·lipses, ja que és el que defineix a la majoria de cossos del sistema planetari i atòmic, juntament amb un esquema que representa les diferents còniques que hem definit anteriorment.

També farem un breu estudi de la resta de còniques, presentant les equacions de l'òrbita que les descriuen.

Mecànica Clàssica

Gràfic general

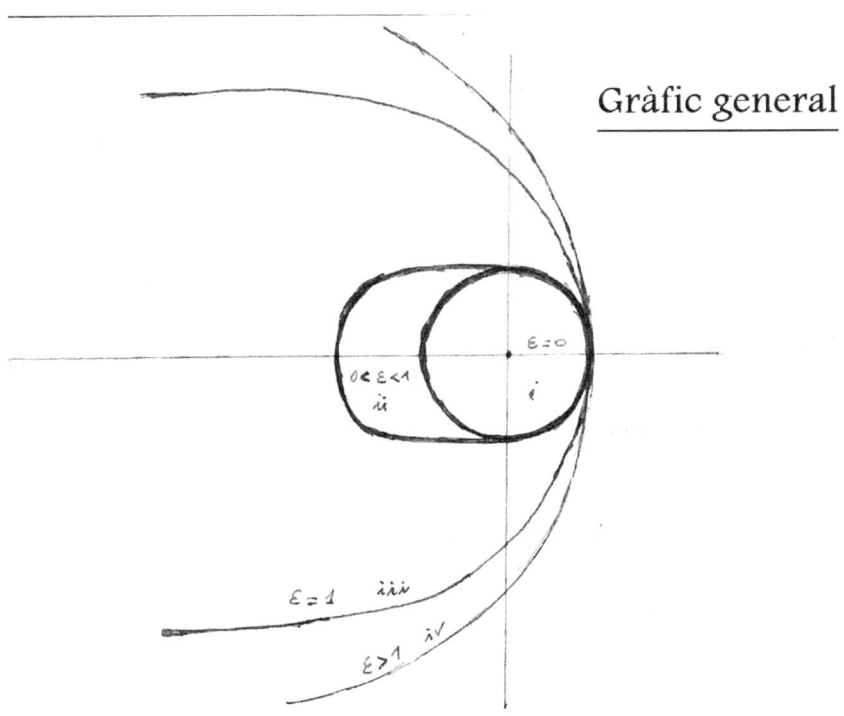

Equació de l'el·lipse

Si treballem amb l'el·lipse: $0 < \varepsilon < 1$

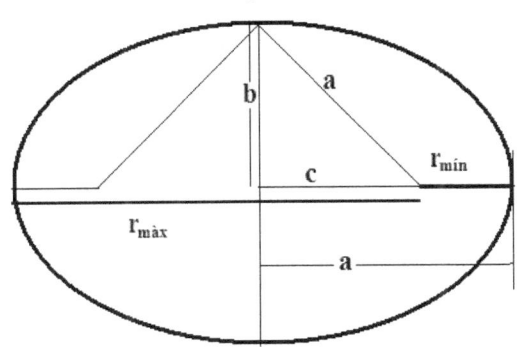

Definirem els paràmetres que formen l'el·lipse:

$$a = \frac{r_{min} + r_{max}}{2} =$$

$$= \frac{1}{2}\left[\frac{\alpha}{1+\varepsilon} + \frac{\alpha}{1-\varepsilon}\right] =$$

$$= \frac{1}{2}\left[\frac{2\alpha}{1-\varepsilon^2}\right] =$$

$$\boxed{= a = \frac{\alpha}{1-\varepsilon^2}}$$

Si substituïm el valor de α

Mecànica Clàssica

per a trobar valors d'energia:

$$a = \frac{-L^2}{mk} \frac{mk^2}{2EL^2} = \frac{-k}{2E} \quad \rightarrow \quad \boxed{E = \frac{-k}{2a}} \quad \text{Observem que } \boldsymbol{E} \textbf{ NO} \text{ depèn de } \boldsymbol{L}.$$

$$c = \frac{r_{màx} - r_{min}}{2} = \frac{1}{2}\left[\frac{\alpha}{1+\varepsilon} - \frac{\alpha}{1-\varepsilon}\right] = \frac{\alpha\varepsilon}{1-\varepsilon^2} \quad \rightarrow \quad \boxed{c = \varepsilon\, a}$$

Aleshores, definim el paràmetre de l'excentricitat, com: $\boxed{\varepsilon = \frac{c}{a}}$

L'últim paràmetre que ens queda és el terme b:

$$b = \sqrt{a^2 - c^2} = \frac{\alpha}{\sqrt{1-\varepsilon^2}} = \sqrt{\alpha\, a} \quad \rightarrow \quad \boxed{b = \sqrt{\alpha\, a}}$$

Si el relacionem amb l'energia com l'a:

$$\boxed{b = \frac{L}{\sqrt{-2mE}} = \frac{L}{\sqrt{2m|E|}}}$$

Finalment, presentem la relació entre l'apocentre i el pericentre (o radi màxim i el mínim respectivament) amb la seva excentricitat.

$$\left.\begin{array}{l} r_{min} = a(1-\varepsilon) = \dfrac{\alpha}{1+\varepsilon} \\ r_{màx} = a(1+\varepsilon) = \dfrac{\alpha}{1-\varepsilon} \end{array}\right\} \quad \boxed{\dfrac{r_{min}}{r_{màx}} = \dfrac{1-\varepsilon}{1+\varepsilon}}$$

Equació de la paràbola

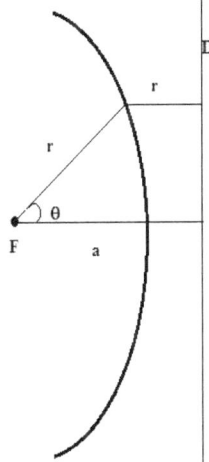

Aleshores, definim els paràmetres:

F = focus // D = directriu

Hem de recordar que en el cas de la paràbola, tenim que l'excentricitat és *1* per tant si fem els càlculs per trigonometria:

$$r\cos\theta + r = a \quad \rightarrow \quad a = r(1+\cos\theta)$$

Com que l'excentricitat és 1: $a = \alpha$ i per tant:

$$\boxed{a = \alpha = -\frac{L^2}{mk} > 0}$$

Equació de la hipèrbola

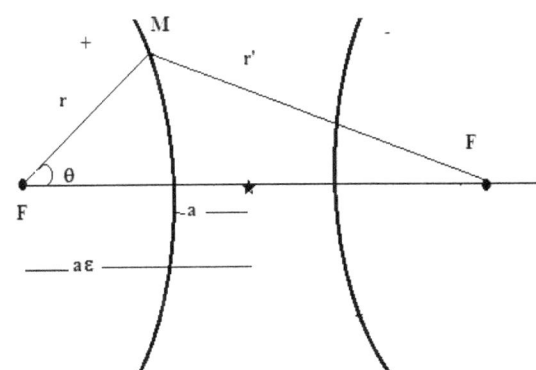

Com podem observar, definim la distància a i el triangle MFF' a partir de la trigonometria:

$r - r' = 2a$ i el triangle vindrà donat per:

$$(r')^2 = r^2 + 4a^2\varepsilon^2 - 4a\varepsilon r\cos\theta$$

$$(r')^2 - r^2 = 4a(a\varepsilon^2 - \varepsilon r\cos(\theta))$$

Mecànica Clàssica

En el cas de les hiperboles, segons com sigui el valor de la constant **k** tindrem o bé la branca positiva, o bé la negativa. Anem a estudiar-les per separat:

Per + ($k < 0$): $r - r' = 2a$; $(r') + r = 2(a\varepsilon^2 - \varepsilon r \cos(\theta))$.

Per tant, $a(\varepsilon^2 - 1) = r(1 + \varepsilon \cos\theta) = \alpha$ en què finalment $\boxed{a = -\dfrac{k}{2E} > 0}$

Per - ($k > 0$): $a(\varepsilon^2 - 1) = r(\varepsilon \cos\theta - 1) = \alpha$ en què finalment $\boxed{a = +\dfrac{k}{2E} > 0}$

5.6. Lleis de *Kepler*

En aquest apartat definirem les tres lleis de *Kepler*, aportant els aspectes més importants de cadascuna de les lleis:

Lleis de Kepler

1a.- *La velocitat <u>areolar</u> és constant.*

Amb la primera llei, *Kepler* va observar que un cos sotmès a una força central que descriu una òrbita, l'àrea que escombra per unitat de temps és constant.
Com el sistema de forces centrals està format per dos cossos, l'àrea que escombra el cos que orbita al voltant del cos que és més proper al centre de masses (*el focus*) ha de ser més ample (o més estreta) quan el cos orbitant passa més a la vora (més lluny) del cos situat al focus.

Si recordem $L = m\dot\theta r^2$, tenim:

$$\frac{dA}{dt} = \frac{1}{2}r^2\frac{d\theta}{dt} = \frac{1}{2}r^2\dot\theta \quad \rightarrow \quad \frac{dA}{dt} = \frac{1}{2}\frac{L}{m} \quad \textbf{CNT}$$

Mecànica Clàssica

Com podem observar, és constant, ja que tots els paràmetres que defieneixen la variació de l'àrea respecte el temps, són valors constants i que es conserven.

Amb un esquema ho veurem clarament:

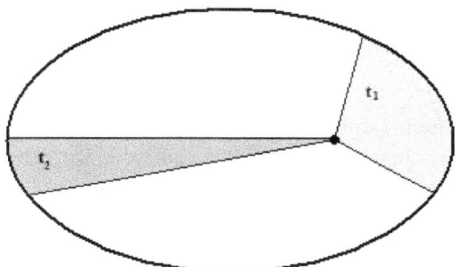

2a.- *Tots els planetes que es desplacen al voltant del Sol (sistema heliocèntric) descriuen òrbites el·líptiques amb el Sol com a focus.*

Gràcies a aquesta llei va formular, paral·lelament, la primera; doncs observant les òrbites dels planetes del sistema solar (no tots, ja que no hi havien suficients recursos) va demostrar que la velocitat areolar és constant.
Juntament amb les dues primeres, va demostrar la tercera llei i la més important.

3a.- *El periode al quadrat és proporcional a la distància* **a** *(eix major) de l'el·lipse a la tercera potència.*

De la tercera llei, només realitzarem la demostració matemàtica. L'àrea d'una el·lipse és $\pi a b$; per tant, si treballem dins el cicle d'un periode, obtenim:

$$\frac{dA}{dt} = \frac{\pi a b}{\tau} = \frac{1}{2}\frac{L}{m}$$ Si fem ús de les definicions de l'apartat

Mecànica Clàssica

anterior:

$$\frac{\pi a^{\frac{3}{2}}\sqrt{\alpha}}{\tau}=\frac{1}{2}\frac{L}{m} \rightarrow a^{\frac{3}{2}}=\frac{1}{2\pi}\frac{L\tau}{m\sqrt{\alpha}}$$ en què finalment tenim:

$$\boxed{\tau^2=\frac{4\pi^2 m a^3}{k}}$$

3a llei de Kepler

Només ens cal definir les constants de camps més clàssiques i que havíem dit amb anterioritat que les anomenariem. D'aquesta manera, comprendrem d'on ve la constant k de la tercera llei de *Kepler*.

CONSTANTS

- ***Constant de gravitació universal***: $-GMm = k;$ $G=6.67\cdot 10^{-11}\frac{N\,m^2}{kg^2}$

- ***Constant elèctrica***: $\frac{-Qq}{4\pi\varepsilon_0}=k$; $\frac{-1}{4\pi\varepsilon_0}=9\cdot 10^9\frac{N\,m^2}{C^2}$

5.7. El vector de *Laplace*

El vector de *Laplace,* és una altra quantitat dinàmica per a les forces centrals que varien a la inversa del quadrat de la distància.

Aleshores, definim el vector de *Laplace* com $\vec{M}=\vec{p}\wedge\vec{L}+mk\frac{\vec{r}}{r}$ que serà constant per a $\vec{F}=\frac{k\vec{r}}{r^3}$ i, per tant, amb això afirmem que serà una magnitud amb la què podrem treballar tal com l'energia o el moment angular, gràcies a que no varia respecte el temps i, per tant, es conserva. Anem a veure-ho:

$\vec{F}\vec{r}=\frac{k}{r}$; $\vec{r}\vec{v}=r\frac{dr}{dt}$; $\frac{d\vec{L}}{dt}=0$ per tant $\frac{d\vec{M}}{dt}=\vec{F}\wedge\vec{L}+mk\frac{\vec{v}}{r}(\vec{r}\cdot\vec{v})$ en què per definició tenim $\vec{L}=m\vec{r}\wedge\vec{v}$; per tant:

Mecànica Clàssica

$$\vec{F} \wedge \vec{L} = m\vec{F}\vec{r} \wedge \vec{v} = m(\vec{F} \cdot \vec{v})\vec{r} - m(\vec{F} \cdot \vec{r})\vec{v}$$

en què es fàcil veure que $\boxed{\dfrac{d\vec{M}}{dt} = 0}$

El valor d'aquest vector, es calcula al pericentre i és:

$$\vec{M} = \left(m v_p \cdot m r_p v_p + mk\right)\frac{\vec{r}_p}{r_p} \quad ; \quad \text{és a dir} \quad \vec{M} = \left(\frac{L^2}{r_p} + mk\right)\frac{\vec{r}_p}{r_p} \quad \text{aleshores,}$$

finalment:

$$\boxed{\vec{M} = m|k| < \frac{\vec{r}_p}{r_p}}$$

La notació de **k** és en valor absolut ja que si es negativa; $r_p = -\dfrac{L^2}{mk}\dfrac{1}{1+\varepsilon} \rightarrow$

$$\rightarrow \frac{L^2}{r_p} = -mk(1+\varepsilon) \quad \rightarrow \quad \frac{L^2}{r_p} + mk = -mk\,\varepsilon$$

en el cas de que sigui positiva obtindrem el mateix resultat però símbol oposat:

$$r_p = -\frac{L^2}{mk}\frac{1}{1-\varepsilon} \quad \rightarrow \quad \frac{L^2}{r_p} = -mk(1-\varepsilon) \quad \rightarrow \quad \frac{L^2}{r_p} + mk = mk\,\varepsilon$$

5.8. Teorema del Virial

En aquest apartat aplicarem el teorema del Virial per una massa sota la influència d'una força central.

Aleshores, cal presentar una força central general com per exemple:

$$F(r) = k\,r^n \quad \rightarrow \quad V(r) = -\frac{k}{n+1} r^{n+1} = \frac{-r\,F(r)}{n+1}$$

Ens serveixen tots els valors reals de **n** excepte el de **n = - 1**.

Mecànica Clàssica

Abans de seguir però, farem un enunciat previ que ens servirà per a realitzar els càlculs.

Si $f(t)=\dfrac{dF(t)}{dt}$ amb **F** acotada; $<f> = 0$.

Demostració:

$\langle f \rangle = \dfrac{1}{\tau}\displaystyle\int_0^\tau f(t)\,dt = \dfrac{1}{\tau}[F(\tau)-F(0)]$ per tant, si τ tendeix a zero, $<f> = 0$

Per tant, per una massa **m**; si juguem amb l'energia cinètica **T**, tenim:

$$2T = \vec{p}\cdot\vec{v} = \dfrac{d}{dt}(\vec{p}\,\vec{r})-\vec{r}\,\vec{F}$$

Si l'òrbita és acotada, **p·r** també. Per tant, segons l'enunciat que hem esmentat abans, el promig de la seva derivada és zero, per tant:

$\langle T \rangle = \dfrac{-\langle r\,F(r)\rangle}{2}$ per tant:

$$\boxed{\langle T \rangle = \dfrac{n+1}{2}\langle V \rangle}$$

Teorema del Virial

Per exemple, en el cas de **n = -2** tindrem $\langle T \rangle = -\dfrac{1}{2}\langle V \rangle$ és a dir, $E=\dfrac{1}{2}\langle V \rangle$ en altres paraules: $E=-\langle T \rangle$.

Fent promitjos al llarg del temps compleix la relació; per molt que en el procés sense promitjar no es mantinguin constants sinó que es compensen entre elles mantenint constant **E**.

Mecànica Clàssica

5.9. Problema de *Rutherford*. Secció eficaç de dispersió.

Amb el què hem treballat fins ara i la formulació definida, podem resoldre un dels problemes més importants pel què fa a l'aplicació de fórmules. Aquest problema és el **problema de Rutherford** o el de *la dispersió de partícules carregades en un camp electrostàtic*, amb un potencial de $U(r) = \dfrac{k}{r}$.

Si ho treballem més a fons, tenim la força definida $F = \dfrac{|k|}{r^2}$ amb **k < 0**. Si ara definim paràmetres que ens caldran, tenim:

$$r = \dfrac{\dfrac{L^2}{mk}}{1+\varepsilon\cos(\theta)} \quad ; \quad 1+\varepsilon\cos(\theta) < 0 \quad ; \quad \varepsilon\cos(\theta) < -1$$

Segons els angles de desviació que es produeixen, tenim unes hipèrboles en un o altre sentit que ens indicaran si la força és **atractiva** o **repulsiva** i aquests *angles de desviació* o de *scatering* (SCAT) ens informaran de com de forta és la interacció de les partícules.

En aquestes interaccions, tenim un altre angle anomenat *angle assimptòtic* (ASY).

A continuació presentarem els dos casos d'interacció pel que fa a **atracció** i **repulsió**.

- **Dispersió atractiva:**

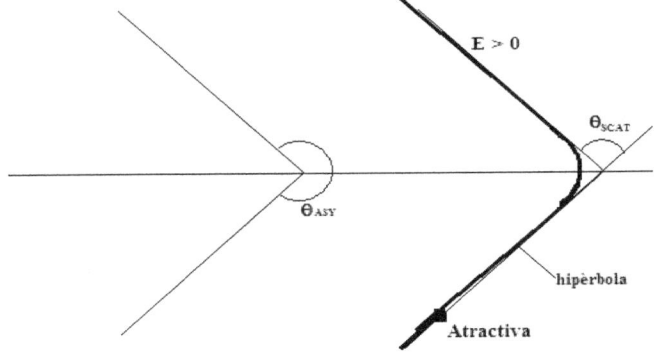

Mecànica Clàssica

amb:

$$\cos\phi_{ASY}=-\frac{1}{\varepsilon} \quad ; \quad \theta_{SCAT}=2\phi_{ASY}-\pi \quad ;$$

$$\sin\left(\frac{\theta_{SCAT}}{2}\right)=\sin(2\phi_{ASY}-\pi)=-\cos(\phi_{ASY})=\frac{1}{\varepsilon}=\frac{1}{\sqrt{1+\frac{2EL^2}{mk^2}}}$$

- **Dispersió repulsiva:**

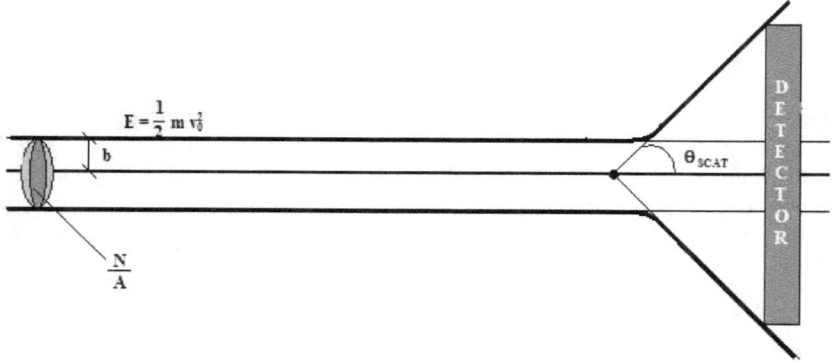

Definim els paràmetres:

b := paràmetre d'impacte

$L=mv_0 b$

$\frac{N}{A}$:= número de partícules per unitat d'àrea

Fent càlculs, obtenim: $\boxed{dN(\theta)=\frac{N}{A}2\pi b|db|}$

Mecànica Clàssica

L'angle de desviació vindrà definit per: $\sin\left(\dfrac{\theta_{SCAT}}{2}\right)=\dfrac{1}{\sqrt{1+\left(\dfrac{mv_0^2 b}{k}\right)^2}}$ per tant

aïllant, tenim:

$$\boxed{b=\dfrac{|k|}{mv_0^2}\cot\left(\dfrac{\theta_{SCAT}}{2}\right)}$$

Sabem d'inici, el nombre de partícules (*N*) que venen per unitat d'àrea *(A)*. El què obtenim és un cercle de radi *b* que ens determina el radi d'impacte (o paràmetre) pel què detectarem les partícules. És per aquest motiu qu si calculem l'àrea d'aquest cercle de radi *b*, obtenim el que anomenem la **secció eficaç**:

$$\boxed{d\sigma=2\pi b|db|}$$

amb σ := **secció eficaç**

Si substituïm el valor obtingut anteriorment pel paràmetre d'impacte tenim:

$$d\sigma=\dfrac{2\pi|k|}{mv_0^2}\cdot\dfrac{\cos\left(\dfrac{\theta_{SCAT}}{2}\right)}{\sin\left(\dfrac{\theta_{SCAT}}{2}\right)}\cdot\dfrac{|k|}{mv_0^2}\cdot\dfrac{1}{\sin\left(\dfrac{\theta_{SCAT}}{2}\right)}\cdot\dfrac{1}{2}d\theta_{SCAT}$$

Simplificant:

$$\boxed{\dfrac{d\sigma}{d\theta_{SCAT}}=\pi\left(\dfrac{|k|}{mv_0^2}\right)^2\cdot\dfrac{\cos\left(\dfrac{\theta_{SCAT}}{2}\right)}{\sin^2\left(\dfrac{\theta_{SCAT}}{2}\right)}}$$

Secció eficaç diferencial

Abans de continuar farem un *kit-kat* per definir certes variables:

$\int \rho(x,y,z)\,dx\,dy\,dz = M$ **densitat**

Mecànica Clàssica

$$\int \rho r^2 dr \frac{\sin(\theta) d\theta d\varphi}{4\pi} = \tilde{\rho}(r) dr$$

$d\Omega = \sin(\theta) d\theta d\varphi$ **Angle sòlid**

Si ajuntem les tres obtenim: $\quad \dfrac{d\sigma}{d\Omega} = \dfrac{1}{2\pi \sin(\theta_{SCAT})} \cdot \dfrac{d\sigma}{d\theta_{SCAT}} \quad (\ast)$

Si continuem:

$$\int \frac{d\sigma}{d\theta_{SCAT}} d\theta_{SCAT} = \int \frac{d\sigma}{d\Omega} d\Omega = \int \frac{d\sigma}{d\Omega} \sin(\theta) 2\pi d\theta = (\ast) =$$

$$= \int \frac{d\sigma}{d\Omega} = \frac{1}{2\sin(\theta_{SCAT})} \left(\frac{k}{mv_0^2}\right)^2 \cdot \frac{\cos\left(\frac{\theta_{SCAT}}{2}\right)}{\sin^3\left(\frac{\theta_{SCAT}}{2}\right)} =$$

$$= \frac{1}{4\sin\left(\frac{\theta_{SCAT}}{2}\right)\cos\left(\frac{\theta_{SCAT}}{2}\right)} \left(\frac{k}{mv_0^2}\right)^2 \cdot \frac{\cos\left(\frac{\theta_{SCAT}}{2}\right)}{\sin^3\left(\frac{\theta_{SCAT}}{2}\right)} =$$

Finalment obtenim:

$$\boxed{\frac{d\sigma}{d\Omega} = \frac{1}{4}\left(\frac{k}{mv_0^2}\right)^2 \cdot \frac{1}{\sin^4\left(\frac{\theta_{SCAT}}{2}\right)}}$$

Equació de Rutherford

EX:

Un exemple pràctic seria el nombre de difussors per unitat d'àrea: n·A

Mecànica Clàssica

Aleshores, tindríem: $n \cdot A \cdot \dfrac{N}{A} d\sigma = dN_s(\sigma)$, en què finalment:

$$d\sigma = \left(\dfrac{dN_s(\theta)}{N}\right)\dfrac{1}{n}$$

5.9.1. Experiment de *Rutherford* (1909)

Com havíem dit, *Rutherford* treballava amb partícules carregades i nuclis d'elements per crear un angle de dispersió o, com hem anomenat, d'*scatering* i per avaluar la secció eficaç i el paràmetre d'impacte d'aquestes partícules amb el nucli.

A continuació farem el càlcul teòric dels angles de dispersió mitjançant les propietats de la trajectòria amb un centre de forces repulsives al punt *F*, tal i com s'indica a la figura següent:

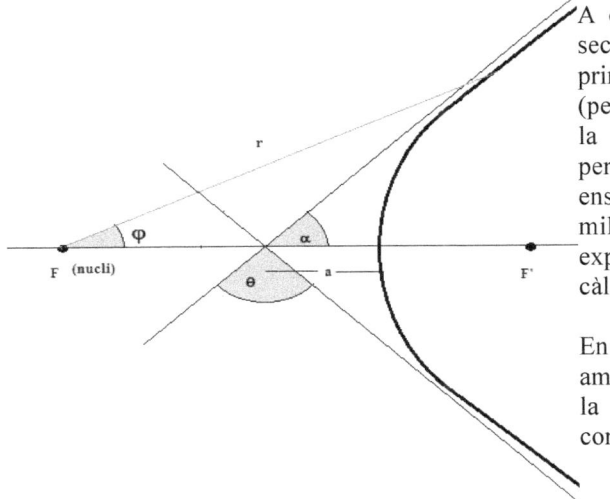

A continuació, trobarem la secció eficaç total deduïnt primer una altra notació (però que és la mateixa) de la fórmula de *Rutherford* per a dues càrregues, que ens permetrà relacionar-la millor amb els valors experimentals i amb el càlcul de la secció eficaç.

En aquest cas, al treballar amb càrregues elèctriques, la nostra constant *k* és la constant de *Coulomb*.

L'equació de trajectòria és $\dfrac{L^2}{mkr} = \varepsilon \cos(\varphi) - 1$.

Mecànica Clàssica

Aleshores, si la **r** tendeix a infinit, $\varphi = \alpha$ i per tant
$$\cos(\alpha) = \frac{1}{\varepsilon} \rightarrow \cot(\alpha) = \frac{1}{\sqrt{\varepsilon^2 - 1}}$$

Si calculem l'angle de dispersió (o d'*scàtering*):

$$\theta = \pi - 2\alpha \rightarrow \tan\left(\frac{\theta}{2}\right) = \tan\left(\frac{\pi}{2} - \alpha\right) = \cot(\alpha) = \frac{1}{\sqrt{\varepsilon^2 - 1}}$$

Si ara fem servir les definicions del moment angular $(L = m v_0 b)$ i tenint en compte que l'energia inicial és pràcticament tota energia cinètica, ja que només avaluem inicialment a la partícula en moviment, tenim:

$$\cot(\alpha) = \frac{1}{\sqrt{\varepsilon^2 - 1}} = \sqrt{\frac{m k^2}{2 E L^2}} \rightarrow \boxed{\tan\left(\frac{\theta}{2}\right) = \sqrt{\frac{m k^2}{m v_0^2 m^2 v_0^2 b^2}} = \frac{|k|}{m v_0^2 b} = \frac{k q_1 q_2}{m v_0^2 b}}$$

Tornem a presentar paràmetres coneguts:

dN : n° de partícules desviades per l'angle de dispersió.

N : n° de partícules incidents

n : n° de centres de dispersors per unitat d'àrea

$d\sigma$: Àrea efectiva d'un nucli (secció eficaç diferencial)

$$\boxed{\frac{dN}{N} = n\, d\sigma}$$

Aleshores la relació entre la secció eficaç diferencial i l'angle de dispersió (*scàtering*) vindrà donada per la que finalment serà la Fórmula de *Rutherford* per a dues càrregues.

$d\sigma = 2\pi b \dfrac{db}{d\theta} d\theta$ Si ara derivem: $\tan\left(\dfrac{\theta}{2}\right) = \dfrac{A}{b} ; A = \dfrac{k q_1 q_2}{m v_0^2}$ Si ara integrem aquesta expressió:

$$\frac{d\theta}{2\cos^2\frac{\theta}{2}} = \frac{-A\, db}{b^2} \rightarrow d\sigma = 2\pi b \left(\frac{-b^2}{2 A \cos^2\left(\frac{\theta}{2}\right)} \right) = // \, fem \, servir \, b^3 = \frac{A^3}{\tan^3\left(\frac{\theta}{2}\right)} // =$$

Mecànica Clàssica

$$= \frac{-2\pi A^3}{2A\cos^2(\frac{\theta}{2})\tan^3(\frac{\theta}{2})} d\theta = \frac{-2\pi A^2 \sin\theta}{4\sin^4(\frac{\theta}{4})} d\theta \text{ ; } \sin\theta = 2\sin\frac{\theta}{2}\cos\frac{\theta}{2} \rightarrow$$

En què si substituïm termes:

$$\boxed{\left|\frac{d\sigma}{d\theta}\right| = \frac{2\pi(kq_1q_2)^2 \sin\theta}{(2mv_0^2)^2 \sin^4\frac{\theta}{2}}}$$

Fórmula de *Rutherford*

Per trobar la secció eficaç total, ens cal aïllar-la de la relació de la secció eficaç diferencial amb el nombre de partícules incidents de la fórmula: $\frac{dN}{N} = n d\sigma$ i integrem per avaluar el resultat: $\sigma = \frac{1}{n}\int_0^N \frac{dN}{N} = \frac{1}{n}\ln N \big|_0^N = \infty$ ja què s'ha integrat des de zero graus. Si realitzem la relació de $\sigma(\theta > \theta_0)$ aquesta és finita, per tant:

$$\boxed{\frac{\Delta N(\theta > \theta_0)}{N} = n\sigma(\theta > \theta_0)}$$

Aleshores, és aquí en què hi ha l'experiment de *Rutherford*, ja que podem mesurar experimentalment dN i N. A més a més; n és conegut.

Si ho comparem la fórmula de *Rutherford* teòrica amb les dades obtingudes experimentalment de la seva experiència amb càrregues $q_1 = 2e ; q_2 = Ze$ (amb Z nombre atòmic) observem, com ell va fer; que la fórmula concordava amb les seves dades, exceptes a angles molt grans (paràmetre d'impacte molt petit).

Aquest experiment ens indica que existeix un nucli que concentra tota la càrrega positiva de l'àtom.

Això sembla molt evident ara mateix, però en aquella època va ser tot un descobriment.
A més a més, te un límit de validesa. Les desviacions que s'observen experimentalment, són acords amb la fórmula de *Rutherford* exceptuant paràmetres d'impacte de $b < 10^{-12}$ cm . Això és degut a que aquest radi és el **radi nuclear** i ja no és correcte prendre'l com a puntual.[2]

---

2 El radi de l'àtom és de 10^{-8} cm

Mecànica Clàssica

Comentaris

1.- *Hem suposat el centre dispersor inmòbil (correcte si el nucli és molt més esat que la partícula* α *)* ($m \ll M$).

2.- *Xocs* α*-electrons no produeixen desviació apreciable per les proporcions de les masses.*

3.- *La formulació del problema en Mecànica Quàntica dóna exactament el mateix resultat.*

4.- *Si la massa no és despreciable davant de* **M**, *tenim una altra expressió per la fórmula de Rutherford:*

- *Si la massa del projectil i la de la dispersió és la mateixa* (**m**), *tenim:*

- $$\left| \frac{d\sigma}{d\theta} \right| = 8\pi \left(\frac{k q_1 q_2}{m v_0^2} \right)^2 \frac{\cos\theta}{\sin^3\theta}$$ Aquí també tendeix a l'infinit si l'angle de dispersió tendeix a zero.

A angles molt petits les dues fórmules coincideixen. Si prescindim del terme : $\left(\frac{k q_1 q_2}{m v_0^2} \right)^2$:

$$(m \ll M) = \frac{2\pi}{4} \frac{\theta}{\theta^4/16} = \frac{8\pi}{\theta^3} \quad ; \quad (m = M) = \frac{8\pi}{\theta^3}$$

5.9.2. Àtom de Bohr (1913)

Gràcies a *Rutherford,* sabíem que l'àtom estava composat de càrregues positives i que al seu exterior hi havien càrregues negatives. Després de diversos models

Mecànica Clàssica

d'àtom, es va deduir que aquestes càrregues descriuen trajectòries el·líptiques al voltant del nucli. *Bohr* va ser el primer científic que va demostrar-ho explicant i exposant la raó per la què els èlectrons no perdien energia o marxaven del sistema al oscil·lar amb una força centrípeta i una acceleració al voltant del nucli.

A l'electrodinàmica clàssica, una càrrega que es mou en un cerclem ha d'emetre radiació electromagnètica. En el cas dels electrons que orbiten un nucli, la radiació faria que perdés energia i caigués describint una trajectòria en espiral al nucli.

La manera d'explicar-ho és que el radi de les òrbites dels electrons dependrà dels nivells d'energia[3]. Aleshores han de tenir un moment angular descrit per $\boxed{L = n\hbar}$ amb **n** nombre enter i amb la constant reduïda de *Planck*[4].

Això es va deduir el **radi de Bohr** o el radi de l'àtom utilitzant la definició del moment angular de la següent manera. La força elèctrica es realitza mitjançant la llei de *Coulomb*. Si la igualem a l'expressió de la força centrípeta corresponent a la mecànica newtoniana; obtenim:

$$m\frac{v^2}{2} = \frac{kZe^2}{r^2} \quad ; \text{amb potencial} \quad V = -\frac{kZe^2}{r} \quad i \quad L^2 = n^2\hbar^2$$

Igualem l'expressió de *Bohr* amb l'expressió clàssica del moment angular:

$$L^2 = n^2\hbar^2 = m^2 v^2 r^2 = // \text{ si dividim tot per r } // = m\frac{v^2}{r} m r^3$$ que si fem servir la

relació entre les forces centrípetes tenim:

$$n^2\hbar^2 = \frac{kZe^2}{r^2} m r^3 \rightarrow r = \frac{n^2\hbar^2}{kZ m e^2} = \boxed{r = \frac{n^2}{Z} r_{Bohr}}$$ en què definim el radi de

Bohr a partir de les magnituds que corresponen a constants universals:

$$\boxed{r_{Bohr} = \frac{\hbar^2}{k m e^2} = 0.529 \cdot 10^{-10} m}$$

---

3   Inici de la Quantització de la mecànica.
4   $\hbar = \frac{h}{2\pi} = 1.054571628(53) \cdot 10^{-34} J \cdot S$

Mecànica Clàssica

5.9.3. Desviavió de la llum de les estrelles pel Sol

Anem a fer un breu estudi de la desviació de la llum per la presència del nostre astre.

Sabem que en *Rutherford* $\tan(\frac{\theta}{2})=\frac{k\,q_1 q_2}{m\,v_0^2\,b}$; ara tenim $\tan(\frac{\theta}{2})=\frac{G\,M_{llum}\,M_\odot}{M_{llum}\,c^2\,R_\odot} \rightarrow$ [5]

$$\boxed{\tan(\frac{\theta}{2})=\frac{G\,M_\odot}{c^2\,R_\odot}}$$ En què totes les dades són conegudes, expressades en **S.I.**:

$$G=6.67\cdot 10^{-11}\ ;\ M_\odot=2\cdot 10^{30}\ ;\ c=3\cdot 10^8\ ;\ R_\odot=7.2\cdot 10^8$$

Per tant, el resultat final que obtenim és $\boxed{\theta=0.85}$ segons d'arc.

En relativitat general, el càlcul dóna exactament el doble (**1.7 segons d'arc**). Per observar la desviació amb exactitud s'ha de visualitzar un eclipse total de Sol i així s'avaluen amb precisió la desviació. Amb les observacions de l'eclipse de 1919, *Eddington* va demostrar que el càlcul de la Relativitat General era correcte.

5.10. Estudi de les forces centrals de dos termes

En tot el tema hem estudiat forces centrals en el cas inversament el quadrat de la distància o un terme proporcional a r amb una potència d'un enter exceptuant el cas de *n = -1*. En tot cas, qualsevol cas de força central que hem avaluat, era estudiat a partir d'una força.

El que estudiarem en aquest apartat és el cas d'un sistema de forces centrals amb dos termes dominants a la força, juntament amb les òrbites i el potencial efectiu. Aquests tipus de forces centrals amb dos termes, són els que s'ajusten més a la realitat, ja que descriuen amb més precisió el moviment i el comportament de la mecànica celeste; tot i què el cas de la força inversament proporcional a la distància al quadrat es pot considerar una aproximació molt correcta, de fet la millor, del tipus de força que existeix entre dos cossos.

---

[5] Observem que el subíndex ☉ simbolitza el Sol en astronomia.

Mecànica Clàssica

Per tant, tenim una força central de l'estil: $\boxed{F(r)=\dfrac{-k}{r^2}+\dfrac{k'}{r^3}}$ amb ***k > 0***.

La pregunta que ens hem de fer és: ***Són les òrbites acotades?***

Per donar una resposta a aquesta pregunta, hem de treballar amb dos aspectes importants que ja hem treballant amb casos anteriors:

a) Potencial efectiu

Tenim un potencial que el trobem a partir de la força: $\boxed{U(r)=\dfrac{-k}{r}+\dfrac{k'}{2r^2}}$; per tant, el potencial efectiu vindrà determinat per les mateixes relacions d'abans que ja hem treballat al tema:

$$\boxed{U_{eff}(r)=\dfrac{-k}{r}+\dfrac{mk'+L^2}{2mr^2}}$$

En aquest cas, si $mk'+L^2<0$ no tindrem un cas d'òrbita acotada. En canvi, si $mk'+L^2>0$ aleshores si que es produeix una òrbita acotada tal què:

$$r_0=\dfrac{mk'+L^2}{mk} \quad ; \quad U_{eff}(r_0)=\dfrac{-k}{2r_0}$$

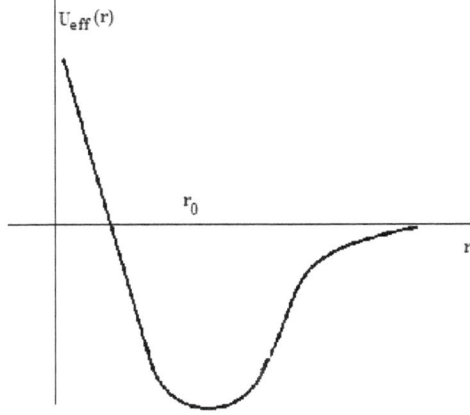

Mecànica Clàssica

b) Òrbites

Un cop hem escollit el potencial que farem servir haurem de treballar amb les òrbites.

L'equació de l'òrbita era: $\dfrac{du^2}{d\theta^2}+u=-\dfrac{m}{L^2u^2}\left[-ku^2+k'u^3\right]=\dfrac{mk}{L^2}-\dfrac{mk'}{L^2}u \rightarrow$

$\dfrac{du^2}{d\theta^2}+\alpha^2 u=\dfrac{mk}{L^2}$; amb $\alpha^2=1+\dfrac{mk'}{L^2}$ $\rightarrow \dfrac{1}{r}=u=A\cos\alpha\theta+\dfrac{mk}{L^2\alpha^2}$; amb $A>0$ si s'agafa l'origen de θ al pericentre.

Els punts de retorn s'obtenen amb $E=U_{\it eff}(r)=\dfrac{-k}{r}+\dfrac{mk'+L^2}{2mr^2}$ i també són

$\dfrac{1}{r}=\dfrac{mk}{L^2\alpha^2}\pm A$; definint $\varepsilon=\sqrt{1+\dfrac{2E(L^2+mk')}{mk^2}}$ i de la definició de

$a=\dfrac{-k}{2E}$ s'obté: $\boxed{A=\dfrac{mk\varepsilon}{mk'+L^2}}$ amb una òrbita tal què: $\boxed{r=\dfrac{a(1-\varepsilon^2)}{1+\varepsilon\cos\alpha\theta}}$

Que ens indica una òrbita el·líptica dotada de precessió, ja que r torna al mateix valor, no quan θ te un període de $[0,2\pi)$; sinó que varia en $\dfrac{2\pi}{\alpha}$.

Aleshores, la precessió és $\dfrac{2\pi}{\alpha}-2\pi$ **radiants per revolució;** ja que succeirà en el mateix sentit (o sentit contrari) que la velocitat angular orbital si $\alpha<1$ $(\alpha>1)$.

Observem una figura perquè ens sigui més fàcil visualment, amb $\alpha<1$

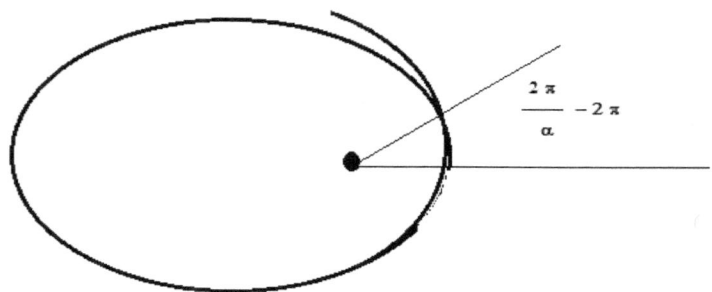

Mecànica Clàssica

Aleshores, si:

$\alpha < 1$ ens implica que $k' < 0$ (**atractiva**)

$\alpha > 1$ ens implica que $k' > 0$ (**repulsiva**)

5.11. Moviment relativista sota $F = K/r^2$

5.11.1. Moviment en un camp de *Coulomb*

A partir d'ara treballarem amb *Mecànica Relativista* pel què haurem de definir paràmetres i els aspectes més importants.

Primer de tot, caldrà recordar que un dels paràmetres que s'utilitza més és el factor que corretgeix la velocitat d'un objecte vist en un sistema de referència o a la inversa. Com be recordem, el sistema de referència en què treballem respecte al que observem, es veuran diferents ja que s'han d'aplicar correccions a les magnituds que a la *Mecànica Newtoniana* es consideraven absolutes: l'espai i el temps.

Aleshores el primer paràmetre a definir serà:

$$\gamma = \frac{1}{\sqrt{1-\frac{v^2}{c^2}}} = \boxed{=\gamma = \left(1-\frac{v^2}{c^2}\right)^{-\frac{1}{2}}}$$

Per tant, observem certes propietats:

1. **Quantitats conservades**

Les quantitats conservades són l'energia total del sistema i el moment angular. Treballem i demostrem que aquestes dues són magnituds conservades:

Energia: $\boxed{E = m\gamma c^2 + \frac{k}{r}}$

Mecànica Clàssica

Per demostrar que és una magnitud conservativa, cal derivar respecte el temps: $\frac{d}{dt}(m\gamma c^2) = \vec{F}\vec{v}$; per definició tenim: $(m\gamma c^2)^2 = \vec{p}^2 c^2 + m^2 c^4$ que si derivem respecte el temps: $\frac{d}{dt}$ → $2m\gamma c^2 \frac{d}{dt}(m\gamma c^2) = 2c^2 \vec{p}\frac{d\vec{p}}{dt} = c^2 m\gamma \vec{v}\cdot\vec{F}$ ja què sabem que $\frac{d}{dt}(m\gamma c^2) = \vec{F}\cdot\vec{v}$; per tant: $\frac{dE}{dt} = \vec{F}\cdot\vec{v} - \vec{F}\cdot\vec{v} = 0$ per tant, **es conserva.**

Moment angular: $\boxed{L = m\gamma r^2 \dot{\theta}}$

Com la definició de moment angular és $L = \vec{r}\wedge\vec{p}$ derivant respecte el temps tenim: $\frac{dL}{dt} = \vec{r}\wedge\vec{F} = 0$ saltant-nos passos evidents, podem veure que **es conserva.**

2. Equació del moviment radial

Tenim que el moment linial del sistema és $\boxed{\vec{p} = m\gamma\vec{v}}$. Aleshores podem treballar amb coordenades curvilínies tal què:

$$m\gamma a_r + m\dot{\gamma} v_r = m\gamma(\ddot{r} - r\dot{\theta}^2) + m\dot{\gamma}\dot{r} = \frac{k}{r^2} \quad \rightarrow \quad \frac{d}{dt}(m\gamma\dot{r}) - \frac{L^2}{m\gamma r^3} = \frac{k}{r^2}$$

3. Equació de l'òrbita

De $L = m\gamma r^2 \dot{\theta}$ tenim $m\gamma r^2 = \frac{L}{r^2}\frac{dr}{d\theta} \rightarrow m\gamma r^2 = -L\frac{d}{d\theta}\left(\frac{1}{r}\right) \rightarrow$

$\rightarrow \frac{d}{dt}(m\gamma\dot{r}) = -L\dot{\theta}\frac{d^2}{d\theta^2}\left(\frac{1}{r}\right)$

Per tant, fent servir que $\dot\theta = \dfrac{L}{m\gamma r^2}$ i com r és radial:

$$\boxed{\dfrac{-L^2}{m\gamma r^2}\dfrac{d^2}{d\theta^2}\left(\dfrac{1}{r}\right) - \dfrac{L^2}{m\gamma r^3} = \dfrac{k}{r^2}}$$

o bé

$$\boxed{\dfrac{d^2}{d\theta^2}\left(\dfrac{1}{r}\right) + \dfrac{1}{r} = \dfrac{-m\gamma k}{L^2}}$$

però γ no és constant, definim α tal què: $\alpha^2 = \dfrac{k^2}{L^2 c^2}$ i $\gamma = \dfrac{E - k/r}{mc^2}$ tenim:

$$\dfrac{-m\gamma k}{L^2} = \dfrac{k^2}{L^2 c^2 r} - \dfrac{Ek}{L^2 c^2}$$

Aleshores, l'equació de l'òrbita més senzilla de resoldre és:

$$\boxed{\dfrac{d^2}{d\theta^2}\left(\dfrac{1}{r}\right) + (1-\alpha^2)\left(\dfrac{1}{r}\right) = \dfrac{-kE}{L^2 c^2}}$$

Amb solucions per l'òrbita:

$$\boxed{\left(\dfrac{1}{r}\right) = A\cos\left(\sqrt{1-\alpha^2}\,\theta\right) - \dfrac{kE}{L^2 c^2 (1-\alpha^2)}} \qquad \text{amb } \theta = 0 \text{ en } r_{min}$$

Tindrem casos d'òrbites acotades i il·limitades.

El cas d'òrbita acotada serà si $\alpha \ll 1$ i $k < 0 \rightarrow 0 < E < mc^2$ però cal que $\dfrac{1}{r}$ no es faci zero (r *no es faci infinit*) i per això, E ha d'estar sempre entre 0 i mc^2 ja que el potencial és negatiu. Aleshores, l'òrbita és una **el·lipse dotada de precessió** amb precessió de $\dfrac{2\pi}{\sqrt{1-\alpha^2}} - 2\pi$ amb $\alpha \ll 1$ per tant: $\simeq \pi\alpha^2 \dfrac{rad}{rev}$.

Mecànica Clàssica

4. Més detalls de les elipses dotades de precessió

La solució de l'òrbita es pot escriure com $\boxed{\dfrac{a(1-\varepsilon^2)}{r}=1\pm\varepsilon\cos\left(\sqrt{1-\alpha^2}\right)\theta}$

Si $B=\dfrac{-kE}{L^2c^2(1-\alpha^2)}=\dfrac{1}{a(1-\varepsilon^2)}$; $\dfrac{1}{a}=\dfrac{E}{k}\left(1-\dfrac{m^2c^4}{E^2}\right)$ tenim que:

$$\varepsilon=\dfrac{1}{\alpha}\sqrt{1+(\alpha^2-1)\dfrac{m^2c^4}{E^2}} \quad \text{i} \quad \boxed{A=\varepsilon B}$$

Avaluant les condicions d'òrbita acotada:

$$A<B \leftrightarrow \varepsilon<1 \leftrightarrow 1+(\alpha^2-1)\dfrac{m^2c^4}{E^2}<\leftrightarrow (1-\alpha^2)<(1-\alpha^2)\dfrac{m^2c^4}{E^2} \leftrightarrow E<mc^2$$

5. Cas particular de la circumferència (k < 0)

Tenim que $m\gamma\dfrac{v^2}{r}=-\dfrac{k}{r^2}$ aleshores: $k=-m\gamma v^2 r$ i $L=-m\gamma v r \to$

$\dfrac{-k}{L}=v$; $\alpha^2=\dfrac{v^2}{c^2}=\beta^2 \to E=m\gamma c^2+\dfrac{k}{r}=m\gamma c^2-m\gamma v^2=m\gamma c^2(1-\beta^2) \to$

$$\boxed{E=\dfrac{mc^2}{\gamma}}$$
amb $1-\beta^2=\gamma^{-1}$

Es comprova que $-kE=m^2v^2rc^2$; $L^2c^2(1-\alpha^2)=m^2c^2v^2r^2 \to$

$$\dfrac{-kE}{L^2c^2(1-\alpha^2)}=\dfrac{1}{r}$$

Que encaixa amb el cas general i es comprova que $\varepsilon=0$; $\sqrt{1+\dfrac{1}{\gamma^2}\dfrac{m^2c^4}{E^2}}=0$

Mecànica Clàssica

5.11.2. Ultrarelativitat especial. Moviment planetari relativista

Per un planeta (massa m) en òrbita circular de radi R al voltant del Sol (massa $M_\odot$) es compleix $m\gamma \dfrac{v^2}{R} = \dfrac{GM_\odot m}{R^2} \rightarrow \gamma^2 \beta^2 = \dfrac{GM_\odot}{R^2 s^2}$ amb $\beta = \dfrac{v}{r}$ i $\gamma = \dfrac{1}{\sqrt{1-\beta^2}}$ definides amb anterioritat i amb $\dfrac{GM_\odot}{s^2} = 1.48 \cdot 10^3 \, m$ mentre que $R_\odot = 7.2 \cdot 10^8 \, m$.

Per una altra estrella de massa major que el Sol, només pot existir un moviment relativista si $M_{estrella}$ supera a $M_\odot$ en un factor $\left(4.86 \cdot 10^5\right)^{3/2} = 3.39 \cdot 10^8$. Per tant, $R_{estrella} > R_\odot$ en factor $\left(4.86 \cdot 10^5\right)^{1/2} = 7 \cdot 10^2$.

La velocitat d'escapada per una massa inicialment en repòs en el moviment no relativista teníem:

$$\frac{m}{2} v^2 - \frac{GMm}{R} = 0 \quad \rightarrow \quad v = \sqrt{\frac{2GM}{R}}$$

Però en relativitat especial canvia, ja que la massa es considera com una variable no absoluta i que pot anar variant (comportament com un vector ja que és una energia en repòs). Per tant:

$$\vec{m}(\gamma - 1) c^2 = \frac{GM\vec{m}}{R} \rightarrow \quad \boxed{|\vec{\gamma} - 1| = \sum_{i=1}^{m} \frac{GM_i}{Rc^2}}$$

Dels planetes del sistema solar, el que presenta major precessió és Mercuri, per ser el de menor semieix a (també major excentricitat). Una altra manera d'expressar-ho és que la velocitat de Mercuri és la major de tots els planetes del sistema (major qüocient entre $\dfrac{v^2}{c^2}$). Per trobar la precessió hem de fer servir:

$$\boxed{\Delta = 6\pi \left[\frac{v_{màx}}{c(1+\varepsilon)}\right]^2}$$ o si l'excentricitat és petita: $\boxed{\Delta = 6\pi \left[\frac{v_{màx}}{c}\right]^2}$

Si fem el càlcul numèric de la precessió de mercuri, ens cal presentar abans el valor d'alguns dels paràmetres:

$a = 0.3871 \cdot 1.495 \cdot 10^{11} \, m$; $\varepsilon = 0.2056$; $c = 3 \cdot 10^8 \, m/s$; $G = 6.67 \cdot 10^{-11}$;

Mecànica Clàssica

$M = 1.99 \cdot 10^{30}\, kg$. Aleshores tenim:

$$\boxed{\Delta = 5.023 \cdot 10^{-7}}$$

Sabent que $\dfrac{a^3}{\tau^2} = cnt$; $v^2 \sim \dfrac{a^2}{\tau^2} \sim \dfrac{1}{a}$; tenim que en un segle, l'angle de precessió és:

$5.023 \cdot 10^{-7} \dfrac{100}{0.2408} = 2.086 \cdot 10^{-4}\, rad = \boxed{43.0255''}$

5.11.3. Atracció gravitatòria amb moviment relativista

En una trajectòria d'atracció gravitacional recta en mecànica clàssica, teníem:

$m \dfrac{d^2 x}{dt^2} = \dfrac{-GMm}{x^2}$ que aplicant la tercera llei de *Kepler*: $\tau = \pi \sqrt{\dfrac{x_0^3}{8GM}}$.

En relativitat, una massa M quieta a l'origen, atrau a una massa m inicialment en repòs a una distància $x_0 = \dfrac{GM}{c^2}$ de l'origen.

El moviment de la massa m compleix $\dfrac{dp}{dt} = \dfrac{d(m\gamma c^2)}{dx} = \dfrac{-GMm}{x^2} \rightarrow$ [6]

$\boxed{m\gamma c^2 = \dfrac{GmM}{x}}$

La constant d'integració és zero ja què l'energia de la massa $E = (m\gamma c^2) - \dfrac{GMm}{x} = 0$ perquè inicialment teníem $E = (mc^2) - \dfrac{GMm}{x_0} = 0$ i que substituïnt x_0 veiem que es compleix i que simplifica els càlculs.

---

[6] Això ho veiem de la següent manera $(m\gamma c^2)^2 = p^2 c^2 + m^2 c^4 \rightarrow (m\gamma c^2)\dfrac{d}{dt}(m\gamma c^2) = c^2 p \dfrac{dp}{dt}$; $\dfrac{d}{dx}(m\gamma c^2) =$
$= \dfrac{dt}{dx} \dfrac{c^2 p}{m\gamma c^2} \dfrac{dp}{dt}$. Com $p = m\gamma v \rightarrow \dfrac{d}{dx}(m\gamma c^2) = \dfrac{dp}{dt}$

Mecànica Clàssica

Fent servir que $\gamma^2 = \dfrac{1}{1-\beta^2} \rightarrow \beta = \pm\sqrt{1-\dfrac{1}{\gamma^2}}$; tenim que la β correcta és

$\beta = -\sqrt{1-\dfrac{1}{\gamma^2}}$; $\gamma = \dfrac{GM}{c^2 x} = \dfrac{x_0}{x}$; tenim $\dfrac{dx}{dt} = \beta c = -c\sqrt{1-\dfrac{x^2}{x_0^2}}$ que resolent les integrals:

$$t = -\dfrac{x_0}{c}\int\dfrac{dx}{\sqrt{x_0^2 - x^2}} = -\dfrac{x_0}{c}\left[\arcsin\left(\dfrac{x}{x_0}\right) - \dfrac{\pi}{2}\right] \quad \text{amb} \quad \arcsin\left(\dfrac{x}{x_0}\right) = \sin^{-1}\left(\dfrac{x}{x_0}\right) =$$

$$= \dfrac{\pi}{2} - \dfrac{ct}{x_0} \rightarrow \dfrac{x}{x_0} = \sin\left(\dfrac{\pi}{2} - \dfrac{ct}{x_0}\right) \rightarrow \boxed{x = x_0 \cos\left(\dfrac{ct}{x_0}\right)}$$

S'arriba a l'origen en temps $\tau = \dfrac{\pi}{2}\dfrac{x_0}{c}$ i la velocitat serà: $\boxed{\dot{x} = v = -c\sin\left(\dfrac{ct}{x_0}\right)}$

que es comprova si $t = 0$; $v = 0$ i si $t = \tau$; $v = -c$.

Es comprova que $\gamma = \dfrac{1}{\sqrt{1-\beta^2}} = // \text{ aplicant } \beta = \dfrac{v}{c} // = \dfrac{1}{\cos\dfrac{ct}{x_0}} \rightarrow \gamma v = -c\tan\left(\dfrac{ct}{x_0}\right)$

en què s'observa que γv correspon al moment linial dividit per la massa $\gamma v = \dfrac{p}{m}$. Treballem aquest terme pel què fa al temps:

$\dfrac{d(\gamma v)}{dt} = \dfrac{-c^2/x_0}{\cos^2\left(\dfrac{ct}{x_0}\right)} =$ per definició tenim $\cos^2\left(\dfrac{ct}{x_0}\right) = \dfrac{x^2}{x_0^2} = \dfrac{-c^2 x_0}{x^2} =$

$\boxed{= -\dfrac{GM}{x^2}}$.

Aleshores, comparem-lo amb el resultat no relativista:

$\tau = \pi\sqrt{\dfrac{x_0^3}{8GM}}$;aplicant τ amb $x_0 = \dfrac{GM}{c^2}$: $\tau = \pi\sqrt{\dfrac{x_0^3}{8c^2 x_0}} = \pi\sqrt{\dfrac{x_0^2}{8c^2}} = \dfrac{\pi}{2\sqrt{2}}\dfrac{x_0}{c}$

que és menor en un factor $\sqrt{2}$ que el resultat relativista.

Mecànica Clàssica

Ara transcriurem els resultats amb el temps propi τ_p ja que el temps t que fèiem servir era el temps del sistema de referència de *M*.

El temps propi τ_p compleix $d\tau_p = \dfrac{dt}{\gamma}$ en què γ com sabem és la **correcció per la dil·latació temporal**.

$$d\tau_p = \frac{dt}{\gamma} = \frac{x}{x_0} \frac{-dx}{c\sqrt{1-\dfrac{x^2}{x_0^2}}} = \frac{-x\,dx}{c\sqrt{x_0^2 - x^2}} \rightarrow \boxed{\tau_p = \frac{1}{c}\sqrt{x_0^2 - x^2}}$$

per tant: $\boxed{x^2 = x_0^2 - c^2\tau_p^2}$ que s'arriba des del sistema de referència de *m*; a l'origen de temps propi (*x* = 0). Finalment tenim $\boxed{\Delta\tau_p = \dfrac{x_0}{c}}$.

Mecànica Clàssica

Mecànica Clàssica

Mecànica Clàssica

II

Sistema de partícules i Ones

Mecànica Clàssica

En aquesta secció treballarem els sistemes de partícules i farem una introducció a les ones.

Venim de treballar la dinàmica al punt i les forces centrals, treballant en l'endemig amb els teoremes de conservació i el moviment oscil·latòri. Aquest càpitol fa molta referència a molts dels conceptes anteriors, ja que treballarem la dinàmica d'un conjunt de partícules o un sistema de partícules, trobant les equacions per a resoldre el moviment a partir d'expressions ja avaluades en els temes anteriors, tot i que modificades per conceptes de centre de massa del sistema.

Després de treballar amb detall la cinemàtica i la dinàmica d'un sistema de partícules, ens endinsarem en l'estudi d'oscil·lacions acoblades; començant amb una introducció en què definirem el significat i descriurem algun comportament.

Primerament treballarem amb un nombre d'oscil·ladors acoblats petit (el cas més simple el de dos oscil·ladors) i anirem deduïnt les expressions per a després "extrapolar" a un nombre N d'oscil·ladors acoblats.

Per acabar, hem dedicat un capítol a les ones, encara que molt simple. Definirem conceptes i continguts bàsics d'aquest camp de la física, en què descriurem alguns fenòmens particulars de les ones.

Presentarem les equacions d'ones i els modes normals de vibració en la descripció d'ones estacionàries i, per acabar, parlarem de l'energia transmessa per vibració.

Mecànica Clàssica

Tema 6.- Cinemàtica i lleis de conservació en un sistema de partícules.

Quan dues partícules interactúen, el moviment d'una respecte l'altra, ve determinat per les forces responsables de la interacció.

Les interaccións entre dos cossos poden ser el resultat d'un xoc real o bé, pot ser el resultat per l'intermedi d'un camp de forces.

Coneixent l'estat inicial del sistema (*posició, velocitat,* ...), les lleis de conservació ens permetran obtenir informació de les velocitats corresponents a l'estat final. Però només amb els teoremes de conservació, no podem determinar els paràmetres com l'angle que formen les velocitats; per aiuxò ens cal la força.

A continuació farem un estudi per determinar les lleis de conservació i els sistemes; definint abans els aspectes més importants per a estudiar el centre de masses, moment angular, treball, energia i xocs de masses en un sistema elàstic.

També farem un estudi breu des del punt de vista de sistemes de partícules del problema de *Rutherford* i acabarem analitzant el problema de la *catenària*.

6.1. Notació

Per deduir les equacions necessàries, cal definir prèviament la notació que farem servir.

i) Primer de tot definim les partícules assignan un subíndex per cadascuna d'elles. Per exemple, podem denotar-les amb $1,2,3,4,... \rightarrow m_1, m_2, m_3, m_4,...$ o també es poden denotar com $\alpha, \beta, \gamma ... \rightarrow m_\alpha, m_\beta, m_\gamma, ...$ com ens agradi més, però sempre amb una relació.

ii) Seguidament, cal definir la posició i la velocitat del **centre de masses (CM)**, que aquest darrer el definirem més endavant. Els dos paràmetres, venen definits per:

$$\vec{V} := \text{velocitat CM} \qquad \vec{R} := \text{posició CM}$$

Mecànica Clàssica

iii) Definirem $\vec{p}$ com el ***moment linial total*** del sistema

iv) Només ens queda definir les magnituds relatives al ***CM***. Ho definim amb un exemple pràctic i simple: $\vec{p}_\alpha{'}$; $\vec{r}_\alpha{'}$.

Veiem-ho més clar representant un sistema de tres partícules amb el seu ***CM***:

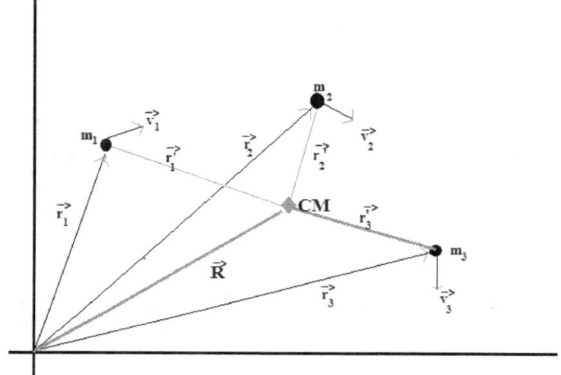

6.2. Definició centre de masses

Def: Definim el centre de masses entre un nombre " ***n*** " de partícules que creen un punt de posició mitjà respecte la massa total del sistema. Per entendre més clar aquest ***centre de masses CM***, cal definir els paràmetres de posició, velocitat, moment linial, força i altres variants del sistema.

Si ens guiem pel subíndex de *i* tal què *i* = { *1, 2, 3, ... , n* } tenim:

- **Moment linial:** $\boxed{\vec{p} = \sum_{i=1}^{n} \vec{p}_i}$

- **Velocitat:** $\boxed{\vec{v} = \dfrac{\vec{p}}{M} = \dfrac{\sum_{i=1}^{n} \vec{p}_i}{\sum_{i=1}^{n} \vec{m}_i}}$

137

Mecànica Clàssica

- **Posició**: $\boxed{\vec{R}=\dfrac{\sum_{i=1}^{n}m_i\vec{r}_i}{\sum_{i=1}^{n}m_i}}$ s'observa que $\boxed{\vec{v}=\dot{\vec{R}}}$

- **Força**: $\boxed{\vec{F}^{(e)}=\sum_{i=1}^{n}\vec{F}_i^{(e)}=\dot{\vec{p}}=\sum_{i=1}^{n}\dot{\vec{p}}_i}$ i $\boxed{M\dot{\vec{v}}=\vec{F}^{(e)}}$

6.3. Coordenades i moments relatius al centre de masses

Un altre aspecte important per comentar del centre de masses, però ja amb un apartat diferent; són les referències o moments referents a aquest respecte les partícules.

La notació generalitzada serà: $\boxed{\vec{c}_i\,'=\vec{c}_i-\vec{C}}$ amb c com a una variable qualsevol d'un sistema de partícules.

Així doncs, per a la posició tindríem: $\boxed{\vec{r}_i\,'=\vec{r}_i-\vec{R}}$, per la velocitat, per exemple, tindríem $\boxed{\vec{v}_i\,'=\vec{v}_i-\vec{V}}$, etc.

Si treballem amb el moment relatiu:

$$\vec{p}_i\,'=m_i\dot{\vec{r}}_i\,'=m_i\vec{v}_i-\dfrac{m_i\vec{R}}{M}=m_i\vec{v}_i-\dfrac{m_iM\vec{V}}{M}$$ i, finalment: $\boxed{\vec{p}_i\,'=p_i-\dfrac{m_i\vec{p}}{M}}$.

En aquest cas, si fem el sumatòri de moments linials, obtenim:

$$\boxed{\sum_{i=1}^{n}\vec{p}_i\,'=0}$$

Això és evident, ja que des del *CM*, el moment linial relatiu a aquest és zero.

Mecànica Clàssica

EX:

Tenim dues partícules m_1 ; m_2 . *Fent servir el concepte de massa reduïda (apartat 5.1.) trobar el moment i les velocitats relatives.*

<u>Dades</u>: $\vec{p}_1\,' = \vec{p}_2\,'$; $\vec{r} = \vec{r}_1 - \vec{r}_2$; $\vec{v} = \vec{v}_1 - \vec{v}_2$

Anem primer amb les velocitats:

$$\vec{v}_1\,' = \vec{v}_1 - \vec{V} = \frac{(m_1+m_2)\vec{v}_1 - m_1\vec{v}_1 - m_2\vec{v}_2}{m_1+m_2} = \frac{m_2(\vec{v}_1-\vec{v}_2)}{m_1+m_2} = \boxed{\vec{v}_1\,' = \frac{\mu}{m_1}\vec{v}}\ .$$

$$\vec{v}_2\,' = \vec{v}_2 - \vec{V} = \boxed{\vec{v}_2\,' = \frac{-\mu}{m_2}\vec{v}}\ .$$

Si anem a treballar amb els moments: $\vec{p}\,' = \mu\vec{v} = \mu(\dot{\vec{r}}_1 - \dot{\vec{r}}_2)$

$$\boxed{\vec{p}_1\,' = m_1\dot{\vec{r}}_1 = \mu\vec{v} = \frac{m_1 m_2}{m_1+m_2}(\dot{\vec{r}}_1-\dot{\vec{r}}_2)}\ ;\ \boxed{\vec{p}_2\,' = -\mu\vec{v}}$$

6.4. Moment angular

Def: Definim el moment angular d'un sistema de partícules com la suma dels moments angulars de cadascuna de les partícules que formen el sistema:

$$\boxed{\vec{L}_0 = \sum_{i=1}^{N} \vec{r}_i \wedge \vec{p}_i}$$

Si realitzem la variació del moment angular respecte el temps, tenim:

$$\frac{d\vec{L}_0}{dt} = \sum_{i=1}^{N}\left(\frac{d\vec{r}_i}{dt}\wedge\vec{p}_i + \vec{r}_i\wedge\frac{d\vec{p}_i}{dt}\right)$$

Mecànica Clàssica

Observem que $\dfrac{d\vec{r}_i}{dt}\wedge \vec{p}_i=\vec{v}_i\wedge\vec{p}_i=0$. Aleshores, per la definició de la força de Newton: $\dfrac{d\vec{L}_0}{dt}=\sum_{i=1}^{N}\vec{r}_i\wedge\vec{F}_i=\sum_{i=1}^{N}\vec{r}_i\wedge\vec{F}_i^{(e)}$

La darrera igualtat succeeix ja què les forces internes tenen la direcció $(\vec{r}_i-\vec{r}_j)$. Si ho observem gràficament:

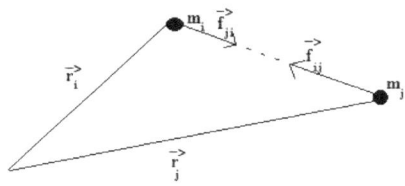

$\vec{r}_i\wedge\vec{f}_{ji}-\vec{r}_j\wedge\vec{f}_{ij}$; al ser comutatiu (i) i (j) $(\vec{r}_i-\vec{r}_j)\wedge\vec{f}_{ij}=0$

Aleshores, finalment obtenim el resultat següent:

$$\boxed{\dfrac{d\vec{L}_0}{dt}=\vec{N}_0^e} \quad \rightarrow \quad \boxed{\vec{N}_0^e=\sum_{i=1}^{N}\vec{r}_i\wedge\vec{F}_i^{(e)}} \quad (6.4.1)$$

ÉS MOLT IMPORTANT TENIR EL SUBÍNDEX " 0 " COM UN PUNT FIX (O AMB VELOCITAT CONSTANT); <u>NO POT ANAR ACCELERAT</u> !!

Mecànica Clàssica

6.5. Moment angular respecte el centre de masses

Per a realitzar l'estudi del moment angular respecte el centre de masses, hem d'agafar les definicions presentades a l'apartat *6.3*.

Si les interpretem de manera que ens sigui més còmode el tracte tenim:
$\vec{r}_i = \vec{r}_i' + \vec{R}$; $\vec{p}_i = \vec{p}_i' + m_i \vec{V}$; combinant-les :

$$\vec{L}_0 = \sum_{i=1}^{N} (\vec{r}_i' + \vec{R}) \wedge (\vec{p}_i' + m_i \vec{V}) = \sum_{i=1}^{N} \vec{r}_i' \wedge \vec{p}_i' + \vec{R} \wedge \sum_{i=1}^{N} \vec{p}_i' + \sum_{i=1}^{N} \vec{r}_i' m_i \wedge \vec{V} +$$

$$+ \vec{R} \wedge \vec{V} \sum_{i=1}^{N} m_i$$

Aleshores, els termes $\sum_{i=1}^{N} \vec{p}_i'$ de $\vec{R} \wedge \sum_{i=1}^{N} \vec{p}_i'$ i $\sum_{i=1}^{N} \vec{r}_i' m_i$ de $\sum_{i=1}^{N} \vec{r}_i m_i \wedge \vec{V}$ són iguals a **zero**

Finalment obtenim:

$$\boxed{\vec{L}_0 = \vec{R} \wedge \vec{p} + \vec{L}'} \qquad \boxed{\vec{L}' = \sum_{i=1}^{N} \vec{r}_i' \wedge \vec{p}_i'} \quad (6.5.1)$$

6.6. Moment de forces externes respecte el centre de masses

De manera similar al càlcul de moment angular amb punt de referència al centre de masses, farem el càlcul del moment de forces *N*. Partint de la primera definició i de les definicions de l'apartat *6.5*. tenim:

$$\vec{N}_0^{(e)} = \sum_{i=1}^{N} \vec{r}_i \wedge \vec{F}_i = \sum_{i=1}^{N} (\vec{r}_i' + \vec{R}) \wedge \vec{F}_i = \sum_{i=1}^{N} \vec{r}_i' \wedge \vec{F}_i + \vec{R} \wedge \vec{F}^{(e)} \quad \text{aleshores:}$$

$$\boxed{\vec{N}_0 = \vec{R} \wedge \vec{F}^{(e)} + \vec{N}'} \qquad \boxed{\vec{N}' = \sum_{i=1}^{N} \vec{r}_i' \wedge \vec{F}_i^{(e)}} \quad (6.6.1)$$

Mecànica Clàssica

6.7. Llei de *Newton* per la rotació respecte el centre de masses

De les expressions (**6.4.1**), (**6.5.1**), (**6.6.1**); realitzant la llei de *Newton*, obtenim:

$$\boxed{\frac{d\vec{L}_0}{dt} = \vec{R} \wedge \vec{F}^{(e)} + \frac{d\vec{L}'}{dt} = \vec{N}_0}$$

El terme $\vec{R} \wedge \vec{F}^{(e)}$ s'anul·la, aleshores, fent servir la definició de $\vec{N}_0$ al **CM**:

$$\frac{d\vec{L}_0}{dt} = \frac{d\vec{L}'}{dt} = \vec{N}_0 = \vec{R} \wedge \vec{F}^{(e)} + \vec{N}'$$

El terme és el mateix i s'anul·la, per tant: $\frac{d\vec{L}_0}{dt} = \frac{d\vec{L}'}{dt} = \vec{N}_0 = \vec{N}'$ per tant:

$$\boxed{\frac{d\vec{L}'}{dt} = \vec{N}'}$$

EL CM ÉS UN PUNT PRIVILEGIAT; $\frac{d\vec{L}'}{dt} = \vec{N}'$ *ES COMPLEIX ENCARA QUE EL CM TINGUI ACCELERACIÓ.*

Anem a veure un exemple amb tres mètodes diferents de resolució:

EX: *Considerem un IO-IO:*

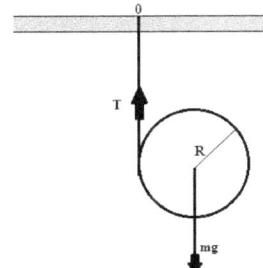

Mètode I: Agafem un punt fix 0.

Per la segona llei de *Newton*: $mg - T = m a_{CM}$
amb $a_{CM} = \dot{V} = R\alpha$ definint un moment d'inèrcia de l'objecte (*Ho veurem més endavant en els temes de sòlid rígid*) tenim $I = \frac{1}{2} m R^2 + m R^2 = \frac{3}{2} m R^2$.

Aleshores: $N_0^{(e)} = mg R = I \alpha = m g R = \frac{3}{2} m R^2 \alpha$, per

142

Mecànica Clàssica

tant tenim: $\boxed{a_{CM} = \frac{2}{3}g}$. Observem que sempre serà aquesta acceleració independent ment de la massa del radi.

Mètode II: Ara agafem el **CM**. Tenim: $\frac{dL'}{dt} = I_{CM}\alpha = TR$. Si relacionem les equacions creant un sistema:

$$mg - T = m\,a_{CM} \quad ; \quad TR = \frac{1}{2}mR^2\alpha$$. Restant la segona a la primera obtenim:

$$mg = \frac{3}{2}m\,a_{CM} \rightarrow \boxed{a_{CM} = \frac{2}{3}g} \;.$$

Mètode III: Ara considerem un **sistema no inercial**.

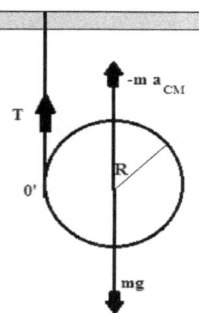

Ens posem en el sistema en què es desplaça el "io-io", només cal afegir una força fictícia $-m\,a_{CM}$.

En aquest cas el **CM** està quiet!! Podem agafar qualsevol punt ja que el io-io gira respecte el **CM**!!

Per exemple:

- **Al CM**: $TR = I_{CM}\alpha$; $T + m\,a_{CM} = mg$ amb les dues: $T = \frac{1}{2}m\frac{R^2}{R}\alpha$

  $\frac{1}{2}mR\alpha + m\,a_{CM} = mg \rightarrow a_{CM} = \frac{3}{2}g$

- **Al 0'**: $mg = a_{CM}R = I\alpha = \frac{1}{2}mR^2\alpha \rightarrow g = \frac{3}{2}a_{CM} \rightarrow a_{CM} = \frac{2}{3}g$

Mecànica Clàssica

6.8. Treball i energia

Com vam veure al tema **4**, el treball, l'energia cinètica i l'energia potencial van agafades de la mà. Primer treballarem l'energia cinètica quan realitzem un treball sobre un sistema de partícules.

$$W_{1\to 2}=\sum_{i=1}^{N}\int_{1}^{2}\vec{F}_i\,d\vec{r}_i=T(2)-T(1)\quad ;\text{per tant:}\quad T=\sum_{i=1}^{N}T_i=\sum_{i=1}^{N}\frac{1}{2}m_i v_i^2=$$

$$\boxed{=\sum_{i=1}^{N}\frac{p_i^2}{2m_i}=T}$$

6.8.1. Energia cinètica respecte el centre de masses

Com sempre, fem servir la notació de referència:

$$T=\sum_{i=1}^{N}\frac{\vec{p}_i^{\,2}}{2m_i}=\sum_{i=1}^{N}\frac{(\vec{p}_i{'}+m_i\vec{V})^2}{2}=\sum_{i=1}^{N}\frac{\vec{p}_i^{\,\prime 2}}{2m_i}+\sum_{i=1}^{N}\vec{p}_i\vec{V}+\sum_{i=1}^{N}\frac{m_i}{2}\vec{V}^2$$

la part $\sum_{i=1}^{N}\vec{p}_i\vec{V}=0$ i, per tant:

$$\boxed{T=T'+\frac{1}{2}M\vec{V}^2}\qquad\boxed{T'=\sum_{i=1}^{N}\frac{1}{2}m_i\vec{v}_i^{\,\prime 2}}$$

6.8.2. Energia potencial per forces conservatives

Si treballem l'energia potencial amb la força que té el sistema:

$$\vec{F}_i=\vec{F}_i^{(e)}+\vec{f}_i\ ;\ \text{amb}\ \vec{f}_i=\sum_j\vec{f}_{ij}\ ;\ \vec{F}_i^{(e)}=-\vec{\nabla}_i U_i\ ;\ \text{amb}\ \vec{f}_{ij}=-\vec{\nabla}_i\bar{U}_{ij}\ \text{i}$$

amb $U\neq\bar{U}$, per tant:

$$W_{1\to 2}=-\sum_{i=1}(U_i(2)-U_i(1))-\sum_{i<j}(\bar{U}_{ij}(2)-\bar{U}_{ij}(1))\quad\text{i finalment:}$$

$$\boxed{U\equiv\sum_{i=1}U_i+\sum_{i<j}\bar{U}_{ij}}\quad\text{i aleshores :}\quad\boxed{W_{1\to 2}=U(1)-U(2)}$$

Mecànica Clàssica

Si finalment sumem l'energia cinètica T i l'energia potencial U; obtenim l'energia total del sistema:

$$\boxed{E = T + U = \text{cnt}}$$

Nota

A $\sum_{i<j} \bar{U}_{ij} = \frac{1}{2} \sum_{i \neq j}' U_{ij}$ s'anomenta **energia potencial interna** del sistema. Quan el el sistema és, per exemple, un sòlid rígid (ho veurem més endavant), les posicions de les partícules no canvien i l'energia interna tampoc, per tant, POT SER IGNORADA. Aquest aspecte es treballa més per a fluids i en mecànica estadística i en termodinàmica; tal i com veurem en el volum corresponent.

6.9. Sistemes de dues partícules. Xocs elàstics

En el xoc de partícules en el nostre cas, sistema de dues partícules; com hem vist a forces centrals, simplifiquem el problema agafant un sistema de coordenades que estigui en repòs respecte el centre de masses. (*Sistema de coordenades centre de masses*).

Els xocs que estudiarem, consten d'una partícula en moviment i una altra amb repòs, és a dir, en mesures reals, aquests **xocs elàstics** es realitzen en el sistema respecte del què es mogui en una de les partícules i, la partícula que reb l'impacte, es troba inicialment en repòs. (*Sistema de coordenades de laboratori*).

Per simplificar els conceptes, anomenarem *sistema CM* i *sistema Lab*.

Mecànica Clàssica

Gràficament observarem millor els conceptes:

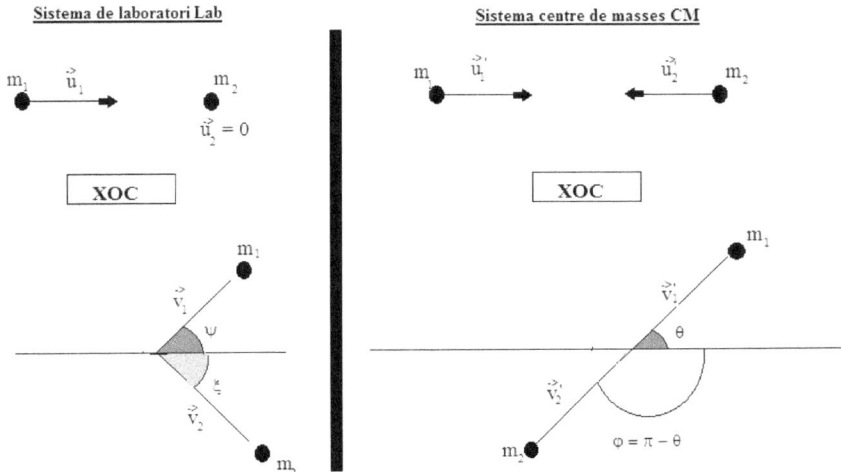

6.9.1. Relacions entre els angles

Per estudiar les relacions que tenim entre els angles, cal definir correctament les velocitats i les relacions entre elles. Com la velocitat $\vec{V}$ correspon a la del centre de masses:

$$\vec{V} = \frac{m_1}{m_1+m_2}\vec{u}_1 \;;\quad \begin{cases}\vec{v}_i = \vec{v}_i\,' + \vec{V} \\ \vec{u}_i = \vec{u}_i\,' + \vec{V}\end{cases} \;;\quad \vec{u}_2\,' = -\vec{V}$$

Treballem ara els casos que ens relacionen la $\vec{v}_1\,'$ i $\vec{V}$:

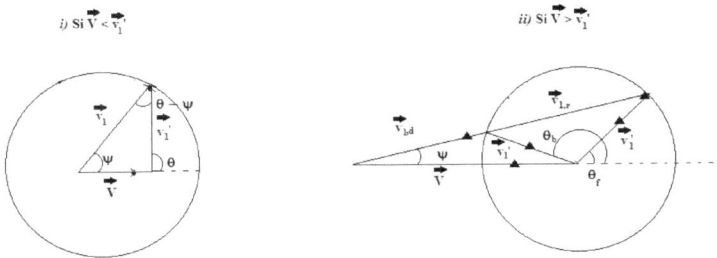

En què definim els subíndex *d* i *r* com *desviació* i *rebot* respectivament.

Mecànica Clàssica

En el sistema del centre de masses, si fem un estudi de moments i energies tenim:

$$\vec{p}_1{'}=-\vec{p}_2{'} \;\rightarrow\; |\vec{p}_1{'}|=|\vec{p}_2{'}| \;\rightarrow\; m_1\vec{u}_1{'}=m_2\vec{u}_2{'}$$
$$\vec{p}_{1f}{'}=-\vec{p}_{2f}{'} \;\rightarrow\; |\vec{p}_{1f}{'}|=|\vec{p}_{2f}{'}| \;\rightarrow\; m_1\vec{v}_1{'}=m_2\vec{v}_2{'}$$

A vegades, ens podem trobar que la notació pel moment final pot variar segons les definicions prèvies, com per exemple $\vec{p}_{1f}{'}=\vec{q}_1{'}$ ja que és més atractiu i més còmode per la notació. Finalment, obtenim que l'energia cinètica inicial del sistema és:

$$\boxed{T=\frac{\vec{p}_1{'}^2}{2m_1}+\frac{\vec{p}_2{'}^2}{2m_2}}$$

$$\left.\begin{array}{l} v_1\cos\psi=v_1{'}\cos\theta+\vec{V} \\ v_1\sin\psi=v_1{'}\sin\theta \end{array}\right\} \tan\psi=\frac{v_1{'}\sin\theta}{v_1{'}\cos\theta+V}=\frac{\sin\theta}{\cos\theta+\dfrac{V}{v_1}{'}}= \quad // \quad \text{com tenim}$$

que $\dfrac{V}{v_1}{'}=\dfrac{\dfrac{m_1 u_1}{(m_1+m_2)}}{\dfrac{m_2 u_1}{(m_1+m_2)}}=\dfrac{m_1}{m_2}$ i finalment:

$$\boxed{\tan\psi=\frac{\sin\theta}{\cos\theta+\dfrac{m_1}{m_2}}}$$

A més a més, si $m_1=m_2$, tenim $\tan\psi=\dfrac{\sin\theta}{\cos\theta+1}$. Fent servir la probietat del sinus de l'angle doble: $\sin\theta=\sin\left(\dfrac{\theta}{2}\cdot 2\right)$, finalment tenim:

$$\tan\psi_{(m_1=m_2)}=\frac{2\sin\left(\dfrac{\theta}{2}\right)\cos\left(\dfrac{\theta}{2}\right)}{2\cos^2\left(\dfrac{\theta}{2}\right)}=\tan\left(\dfrac{\theta}{2}\right)= \quad \boxed{\psi=\dfrac{\theta}{2}}_{\text{si } m_1=m_2}$$

Mecànica Clàssica

Si ara treballem amb l'angle ξ, estalviant el sistema de velocitats i els passos intermedis:

$$\tan\xi = \frac{\sin\theta}{1-\cos\theta} = \frac{2\sin\left(\frac{\theta}{2}\right)\cos\left(\frac{\theta}{2}\right)}{2\sin^2\left(\frac{\theta}{2}\right)} = \frac{1}{\tan\left(\frac{\theta}{2}\right)} \rightarrow \boxed{\xi = \frac{\pi}{2} - \frac{\theta}{2}}_{\text{si } m_1 = m_2}$$

Per tant, finalment, quan $m_1 = m_2$ tenim $\boxed{\psi + \xi = \frac{\pi}{2}}$

6.9.2. Cinemàtica dels xocs elàstics

Per treballar les relacions relatives de les energies, cal fer algunes definicions prèvies:

$T_0 = \frac{1}{m_1} u_1^2$ que en el sistema de centre de masses:

$$T_0' = \frac{1}{2}(m_1 u_1'^2 + m_2 u_2'^2)$$

Com hem suposat abans, a l'apartat anterior, definim les velocitats finals del sistema **CM**:

$$v_2' = \frac{m_1 u_1}{m_1 + m_2} \quad ; \quad v_1' = u_1 - u_2' = \frac{m_2 u_1}{m_1 + m_2}$$

que combinant-les amb les definicions d'energies T_0 i T_0', obtenim:

$$T_0' = \frac{1}{2}\frac{m_1 m_2}{m_1 + m_2} u_1^2 = \frac{m_2}{m_1 + m_2} T_0$$

Amb això observem que l'energia cinètica inicial T_0' en el sistema de **CM** és sempre una fracció de $\frac{m_2}{m_1 + m_2} < 1$ de l'energia inicial del sistema de **Lab**. Si treballem les energies finals del **CM**:

$$T_1' = \frac{1}{2} m_1 v_1'^2 = \frac{1}{2} m_1 \left(\frac{m_2}{m_1 + m_2}\right)^2 u_1^2 = \left(\frac{m_2}{m_1 + m_2}\right)^2 T_0$$

Mecànica Clàssica

$$T_2' = \frac{1}{2} m_2 v_2'^2 = \frac{1}{2} m_2 \left(\frac{m_1}{m_1+m_2}\right)^2 u_2^2 = \frac{m_1 m_2}{(m_1+m_2)^2} T_0$$

Si ara relacionem energies finals i inicials:

$$\frac{T_1}{T_0} = \frac{\frac{1}{2} m_1 v_1^2}{\frac{1}{2} m_1 u_1^2} = \frac{v_1^2}{u_1^2}$$

Si fem servir el teorema del cosinus tenim: $v_1'^2 = v_1^2 + V^2 - 2 v_1 V \cos \psi$.

Ara només ens caldria anar fent substitucions de les relacions d'angles, de les relacions entre les masses i les velocitats i, finalment obtenim:

$$\frac{T_1}{T_0} = 1 - \frac{2 m_1 m_2}{(m_1+m_2)^2}(1-\cos(\theta)) \quad ; \quad \frac{T_2}{T_0} = 1 - \frac{4 m_1 m_2}{(m_1+m_2)^2} \sin^2(\xi) \quad \text{si} \quad \xi \leq \frac{\pi}{2} \quad .$$

Aleshores, si $m_1 = m_2 = m$ tenim:

$$\frac{T_1}{T_0} = \cos^2\left(\frac{\theta}{2}\right) = \cos^2 \psi \quad ; \quad \frac{T_2}{T_0} = \sin^2\left(\frac{\theta}{2}\right) = \sin^2 \psi$$

amb $\vec{v}_i = \vec{v}_i' + \vec{V}$ i fent ús de $\frac{T_2}{T_0} = 1 - \frac{T_1}{T_0} \rightarrow \frac{T_1}{T_0} = 1 - \frac{T_2}{T_0}$, tenim:

$$\frac{T_1}{T_0} = 1 - \frac{2 m_1 m_2}{(m_1+m_2)^2}(1-\cos(\theta)) = 1 - \frac{4 m_1 m_2}{(m_1+m_2)^2} \sin^2\left(\frac{\theta}{2}\right) =$$
$$= \frac{m_1^2}{(m_1+m_2)^2} \left[\cos \psi \pm \sqrt{\left(\frac{m_2}{m_1}\right)^2 - \sin^2 \psi} \right]^2$$

En aquest cas, si $m_2 > m_1 \rightarrow +$, si $m_2 < m_1 \rightarrow \pm$.

Podem fer el mateix per a T_2 :

$$\frac{T_2}{T_0} = 1 - \frac{T_1}{T_2} = \frac{2 m_1 m_2}{(m_1+m_2)^2}(1-\cos(\theta)) = \frac{4 m_1 m_2}{(m_1+m_2)^2} \sin^2\left(\frac{\theta}{2}\right) = \frac{4 m_1 m_2}{(m_1+m_2)^2} \cos^2(\xi)$$

Mecànica Clàssica

Per acabar, podem presentar algunes altres relacions dels angles:

$$\sin\varphi = \frac{m_1+m_2}{m_2}\sin\psi \quad ; \quad \sin\xi = \sqrt{\frac{m_1 T_1}{m_2 T_2}}\sin\psi$$

6.10. Apliació del problema de Rutherford: Secció eficaç

En el tema anterior, hem treballat la secció eficaç i algunes deduccions per determinar l'estat final i inicial.

Si intentem estudiar els xocs de partícules, cal fer-nos una imatge esquemàtica, semblant a la dispersió repulsiva del problema de *Rutherford*; la partícula m_1 s'aproxima a m_2 que, si no existís cap força, la partícula m_1 passaria a una distància b de la partícula m_2. Aquesta magnitud ja la vam definir com el *paràmetre d'impacte*.

Si la velocitat de m_1 és u_1, el **moment cinètic de** m_1 **respecte** m_2 **és**:

$$l = m_1 u_1 b$$

Si expressem u_1 en funció de l'energia cinètica:

$$l = b\sqrt{2m_1 T_0}$$

Si ara coneixem un feix estret de partícules amb massa m_1 i l'energia T_0 que el dirigim a una regió petita de l'espai que conté partícules amb massa m_2 que es troben en repòs.

Def: Definim la **intensitat I** o **densitat de flux** com el nombre de partícules que travessen per unitat de temps una superfície perpendicular al feix.

Si la força entre m_1 i m_2 disminueix amb la distància, l'assímptota que dibuixa la trajectòria acaba per transformar-se en una recta amb un angle respecte la trajectòria horitzontal de la direcció inicial de θ. Aleshores, podem definir la **secció eficaç elemental de dispersió** $\sigma(\theta)$ com el número d'interaccions per

Mecànica Clàssica

partícules que produeixen la dispersió dins d'un **angle sòlid** $d\Omega$ per l'angle θ respecte el número de partícules incidents per unitat de superfície.

Si fem l'estudi matemàtic, tenim:

$$\sigma(\theta) = \frac{d\sigma}{d\Omega} = \frac{1}{I}\frac{dN}{d\Omega}$$. Integrem i relacionem el sistema de *laboratori* amb el sistema de *centre de masses*.

$$\int \frac{d\sigma}{d\Omega} d\Omega = \int \frac{d\sigma}{d\Omega'} d\Omega' \;\rightarrow\; \int \frac{d\sigma}{d\Omega}\sin\psi\, d\psi\, d\Phi = \int \frac{d\sigma}{d\Omega'}\sin\theta\, d\theta\, d\Phi'$$

Observem que surt l'angle ψ que és l'angle de dispersió de m_1 respecte m_2. Com que $d\Phi' = d\Phi = 2\pi$ s'anul·la i, el què obtenim finalment és:

$$\boxed{\frac{d\sigma}{d\Omega} = \frac{d\sigma}{d\Omega'}\frac{\sin(\theta)}{\sin(\psi)}\frac{d\theta}{d\psi}}$$

Així obtenim les seccions eficaces elementals de dispersió en els sistemes **CM** i **Lab.**.

Si treballem un xic amb els angles, obtindrem:

$$\tan(\psi) = \frac{\sin(\theta)}{\cos(\theta) + \dfrac{m_1}{m_2}} \quad \text{i si } m_1 \ll m_2 \text{ obtenim que } \boxed{\psi \simeq \theta}$$

Aleshores, les relacions entre les seccions eficaces són:

$$\boxed{\frac{d\sigma}{d\Omega} = \frac{d\sigma}{d\Omega'}}$$

ja què les relacions entre els angles serà *1* perquè són les mateixes.

Si ara considerem el cas de $\psi = \dfrac{\theta}{2}$, cal fer servir relacions trigonomètriques com $\sin\theta = \sin 2\psi = 2\cos\psi \sin\psi$; aleshores:

$$\boxed{\frac{d\sigma}{d\Omega}} = \frac{d\sigma}{d\Omega'}\frac{\sin 2\psi}{\sin\psi}\frac{d 2\psi}{d\psi} = \boxed{\frac{d\sigma}{d\Omega'} 4\cos\psi}$$

Mecànica Clàssica

Per acabar, tornarem a presentar la fórmula de dispersió de *Rutherford*:

$$\frac{d\sigma}{d\Omega'} = \frac{k^2}{(2\mu v_0^2)} \frac{1}{\sin^4\left(\frac{\theta}{2}\right)}$$

amb les condicions de:

- a $m_2 \gg m_1$ → $\theta = \psi$ $\mu = m_2 = m$

- a $m_2 = m_1$ → $\theta = 2\psi$ $\mu = \frac{m}{2}$

6.10.1. Aplicació al problema de *Rutherford*

Al final del tema **5** vam presentar la següent fórmula pel problema de *Rutherford* sense demostrar-la: $\frac{d\sigma}{d\theta} = 2\pi \left(\frac{k q_1 q_2}{2 m_0 v_0}\right)^2 \frac{\sin\theta}{\sin^4\left(\frac{\theta}{2}\right)}$; que la teníem per a dues partícules carregades i era vàlida per un centre dispersor inmòvil, per $m \ll M$.

Aleshores $\mu \simeq m$ i $M_{TOT} \simeq M$ → és vàlida per μ i per M_{TOT} (*CM*) immòvil. Podem obtenir la fórmula pel cas $m_1 = m_2$. Com **m** és en realitat $\mu = \frac{m_1}{2}$; θ és l'angle de desviavió de μ en *CM* de m_1 de *CM*; es relaciona amb ψ de desviació de m_1 en *Lab.* amb $\theta = 2\psi$:

$$\frac{d\sigma}{2 d\psi} = 2\pi \left(\frac{k q_1 q_2}{m_0 v_0}\right)^2 \frac{2\sin\psi \cos\psi}{\sin^4\psi} \quad \rightarrow \quad \boxed{\frac{d\sigma}{d\psi} = 8\pi \left(\frac{k q_1 q_2}{m_0 v_0}\right)^2 \frac{\cos\psi}{\sin\psi}}$$

6.11. Problema de la catenaria

La catenària és una corba que descriu una corda o cadena subjectada pels seus dos extrems sotmesa a un camp gravitatòri uniforme. La massa de l'objecte està uniformament distribuïda per unitat de longitud.

Mecànica Clàssica

Representem la corda de longitud *d* situada en un eix de coordenades i centrada a l'origen:

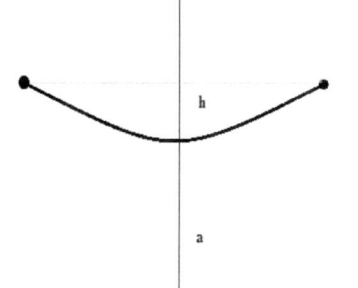

La tensió horitzontal és constant i *T*, per tant, la força resultant horitzontal és zero.

Si avaluem el pes **P**:

$$T\frac{dy}{dx}\bigg|_{x+dx} - T\frac{dy}{dx}\bigg|_{x} = T\frac{d^2y}{dx^2} = \lambda\, g\, dl = P$$

en què λ és la densitat de massa linial.

Aleshores:

$$dl \simeq \sqrt{1+\left(\frac{dy}{dx}\right)^2}\, dx$$ si ara treballem amb la segona derivada i definint prèviament:

$a = \dfrac{T}{\lambda g}$; tenim:

$$a\frac{d^2y}{dx^2} = \sqrt{1+\left(\frac{dy}{dx}\right)^2}\, dx$$

Per tant, la solució és: $\boxed{y = a\cosh\left(\dfrac{x}{a}+A\right)+B}$ amb **A** i **B** constants.

Demostrem-ho:

Si $u = \sinh(v)$; $v = \sinh^{-1} u$; $\dfrac{dv}{du} = \dfrac{1}{\sqrt{1+u^2}}$. Per resoldre integrals, si

$\dfrac{dx}{dy'} = \dfrac{a}{\sqrt{1+\left(\dfrac{dy}{dx}\right)^2}}$ amb $y' = \dfrac{dy}{dx}$, tenim $x = a\sinh^{-1} y' - aA \rightarrow$

$\dfrac{x}{a}+A = \sin^{-1} y'$; $y' = \sinh\left(\dfrac{x}{a}+A\right)$ integrant: $y = a\cosh\left(\dfrac{x}{a}+A\right)+B$

Si $y = \left(x=\dfrac{d}{2}\right) = \left(x=\dfrac{-d}{2}\right) = //$ al ser simètrica, els valors en el punt de *x* són iguals. Per tant, segons el nostre orígen de coordenades, **A = 0**. Si en *x* = 0; *y* = *a*; tenim que **B = 0**, per la mateixa raó. $// = y = a\cosh\left(\dfrac{x}{a}\right)$.

153

Mecànica Clàssica

Si derivem aquesta darrera ens adonem que $y'' = \dfrac{1}{a}\cosh\left(\dfrac{x}{a}\right)$.

La longitud de la corba és $l = 2\displaystyle\int_0^{d/2} \sqrt{1+y'^2}\,dx \rightarrow l = 2a\displaystyle\int_0^{d/2} y''\,dx =$

$= \left(\sinh\left(\dfrac{x}{a}\right)\right)\Big|_0^{d/2} \rightarrow \boxed{l = 2a\sinh\left(\dfrac{d}{2a}\right)}$

La fletxa h de la catenària és $\boxed{h = a\left[\cosh\left(\dfrac{d}{2a}\right) - 1\right]}$.

6.11.1. Cas particular de la corda molt tensa

Si $l \simeq d$; $\sinh\left(\dfrac{d}{2a}\right) \simeq \dfrac{d}{2a}$ que només es compleix quan l'argument $\dfrac{d}{2a} \ll 1$ aleshores, també $\dfrac{x}{a} \ll 1$ i també $\sinh\left(\dfrac{x}{a}\right) \simeq \dfrac{x}{a} \rightarrow \cosh\left(\dfrac{x}{a}\right) \simeq$ //

$\cosh x = 1 + \sinh x$ // $\cosh\left(\dfrac{x}{a}\right) \simeq 1 + \dfrac{x^2}{2a^2} \rightarrow \boxed{y = a + \dfrac{x^2}{2a}}$

Amb un valor de h $\cosh\left(\dfrac{d}{2a}\right) \simeq 1 + \dfrac{d^2}{8a^2} \rightarrow \boxed{h = \dfrac{d^2}{8a}}$

- **Si la densitat és uniforme en x** (problema del pont penjant)

$y'' = \dfrac{1}{a}$ amb solució immediata. $\boxed{y = a + \dfrac{x^2}{2a}}$ Que correspon a la **paràbola**

La catenària està en equilibri si a cada costat penja una longitud $(a+h)$ de corba.

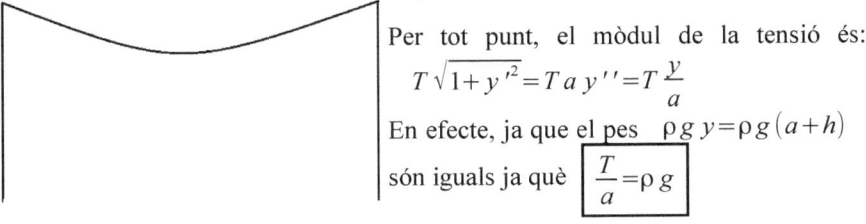

Per tot punt, el mòdul de la tensió és:
$T\sqrt{1+y'^2} = T a y'' = T\dfrac{y}{a}$
En efecte, ja que el pes $\rho g y = \rho g (a+h)$
són iguals ja que $\boxed{\dfrac{T}{a} = \rho g}$

Mecànica Clàssica

Mecànica Clàssica

Tema 7.- Oscil·lacions acoblades

En el tema d'oscil·ladors linials, hem treballat els oscil·ladors simples o sotmesos a una força externa. D'aquesta manera, l'impulsor treballava sobre l'oscil·lador i no incluïm l'efecte realimentació de l'oscil·lador sobre l'impulsor, com la *3a llei de Newton d'acció-reacció*.

Normalment és negligible tenir en compte l'impulsor o l'efecte de realimentació, això canvia quan connectem dos o més oscil·ladors. Quan els connectem entre sí, es van passant l'energia l'un a l'altre i va en un i un altre sentit, d'aquesta manera el conjunt d'oscil·ladors venen definits i anomenats pels ***oscil·ladors acoblats***.

En un esquema simple, podem observar un oscil·lador acoblat i la transferència d'energia:

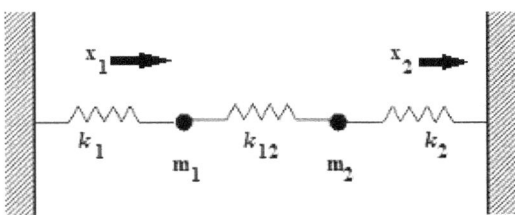

En els moviments d'aquests oscil·ladors, són més complexes quan els oscil·ladors linials, en alguns casos fins i tot no periòdics. No obstant això, el sistema el podem (gairebé sempre) expressar en funció de les coordenades normals, amb la propietat de que cadascuna d'elles oscil·la amb la pulsació ben definida.

Les condicions inicials del sistema, es poden escriure o establir de manera més simple si posem que una de les coordenades normals varïi en el temps; en aquest cas, diem que s'ha excitat un dels ***modes normals del sistema***.

El sistema es pot estudiar com una superposició d'oscil·ladors o de modes normals, en què els graus de llibertat del sistema venen determinats pels oscil·ladors que el formen. Per exemple, tindrem **_n_ graus de llibertat**, si tenim **_n_ oscil·ladors monodimensionals** ($\frac{n}{3}$ amb ***oscil·ladors tridimensionals***).

Mecànica Clàssica

Abans de començar un estudi senzill del sistema d'oscil·ladors acoblats, representem algunes funcions, taules i les equacions prèvies del sistema.

$$y_1 = x_1 + x_2 \quad ; \quad q_1(t) \quad ; \quad x_1(t) = l_1 + q_1(t)$$
$$y_2 = x_1 - x_2 \quad ; \quad q_2(t) \quad ; \quad x_2(t) = l_2 + q_2(t)$$

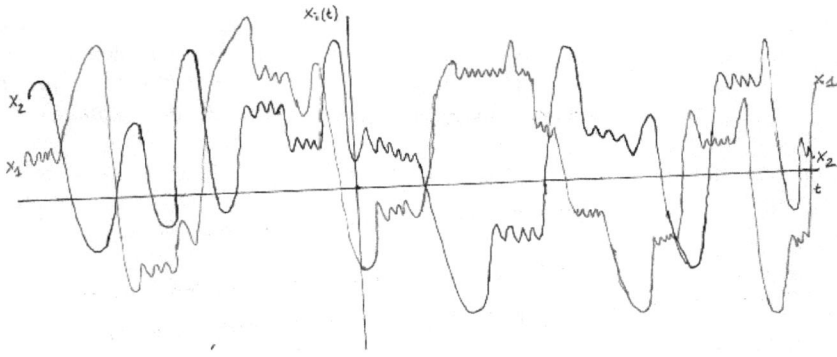

Observem que és un **moviment caòtic!!**

Presentem a continuació els *modes normals*, formats per les dues coordenades normals:

$$\boxed{\begin{array}{l} y_1 = A_1 \cos(\omega_1 t + \delta_1) \\ y_2 = A_2 \cos(\omega_2 t + \delta_2) \end{array}}$$

amb les seves corresponents freqüències o pulsacions normals.

Mecànica Clàssica

7.1. Acoblament de dos oscil·ladors harmònics

Comencem considerant el cas més senzill. Aquest exemple està format per dos oscil·ladors harmònics iguals, units per una molla. La representació del següent sistema la podem veure a la *Fig. 7.1*. El moviment està limitat a la recta que uneix les masses i els sistemes individuals d'oscil·lació s'han de valorar en la posició d'equilibri. Tenint en compte que m_1 (m_2) té un desplaçament de x_1 (x_2) tenim:

Fig. 7.1.

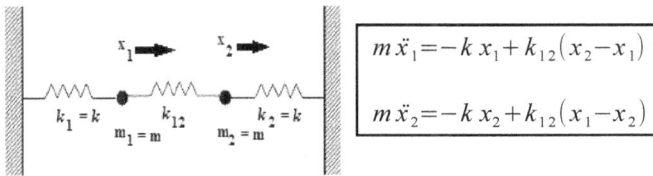

$$m\ddot{x}_1 = -k x_1 + k_{12}(x_2 - x_1)$$
$$m\ddot{x}_2 = -k x_2 + k_{12}(x_1 - x_2)$$

L'exemple més simple per trobar solucions de moviments x_1 i x_2 són:

$$x_1 = B_1 \cos(\omega t - \delta)$$
$$x_2 = B_2 \cos(\omega t - \delta)$$

que les obtenim després de solucionar les *EDO* i que definim les constants **B** com les amplituds.

Si ara treballem les equacions del moviment dels diferents sistemes del sistema principal, tenim:

i) $\quad -m\omega^2 B_1 \cos(\omega t + \delta) + B_1(k + k_{12})\cos(\omega t + \delta) - B_2 k_{12}\cos(\omega t + \delta) = 0$

ii) $\quad -m\omega^2 B_2 \cos(\omega t + \delta) + B_2(k + k_{12})\cos(\omega t + \delta) - B_1 k_{12}\cos(\omega t + \delta) = 0$

Observem que els termes es contraresten entre sí i, per aquest motiu, el resultat de ambdues expressions és zero.

Ara hem de tenir en compte que per a què el sistema d'equacions tingui una solució no trivial, el determinant dels coeficients B_1 i B_2 ha de ser nul. Si

Mecànica Clàssica

presentem primer la matriu:

$$\begin{pmatrix} k+k_{12}-m\omega^2 & -k_{12} \\ -k_{12} & k+k_{12}-m\omega^2 \end{pmatrix} \begin{pmatrix} B_1 \\ B_2 \end{pmatrix} = 0$$

Aleshores, el determinant és:

$$\begin{vmatrix} k+k_{12}-m\omega^2 & -k_{12} \\ -k_{12} & k+k_{12}-m\omega^2 \end{vmatrix} = 0$$

Si treballem amb la teoria de la diagonalització, $\lambda = m\omega^2$; obtenim la matriu diagonal:

$$\hat{K} = \begin{pmatrix} k+k_2 & -k_{12} \\ -k_{12} & k+k_2 \end{pmatrix} \quad \rightarrow \quad (\hat{K} - \lambda I) = 0$$

$det[\hat{K} - \lambda I] = 0$ amb valors pròpis de $\lambda = k$; $\lambda = k + 2k_2$.

EX:

Farem un exemple per treballar l'acoblació de dos oscil·ladors harmònics en un sistema senzill; en el què aprofitarem per fer un estudi de l'energia potencial d'un sistema general diferent del que farem d'exemple.

Tenim el sistema $\vec{B}_1 = A_1 \frac{1}{\sqrt{2}} \vec{a}_1$; $\vec{B}_2 = A_2 \frac{1}{\sqrt{2}} \vec{a}_2$ amb $\vec{a}_1 = \begin{pmatrix} 1 \\ 1 \end{pmatrix}$ i $\vec{a}_2 = \begin{pmatrix} 1 \\ -1 \end{pmatrix}$ com a vectors pròpis.

Aleshores, la pulsació del sistema 1 vindrà determinada per l'expressió natural de $\omega_1^2 = \frac{k}{m}$ i la pulsació del sistema 2 serà $\omega_1^2 = \frac{k+2k_2}{m}$. Si ens hi fixem bé, la constant recuperadora de la pulsació 1 i 2 ve determinada per l'estudi anterior teòric amb els valors pròpis corresponents.

Per tant, la matriu $\hat{K}$ amb la què treballarem la diagonalització vindrà

Mecànica Clàssica

determinada pels valors i vectors pròpis. Presentem el determinant:

$$\hat{a} = \begin{pmatrix} \dfrac{1}{\sqrt{2}} & \dfrac{1}{\sqrt{2}} \\ \dfrac{1}{\sqrt{2}} & \dfrac{1}{\sqrt{2}} \end{pmatrix}$$

Si trobem les equacions del moviment del sistema *1* i del sistema *2*:

$$\omega_1 \begin{cases} x_1(t) = A_1 \cos(\omega_1 t + \delta_1) \dfrac{1}{\sqrt{2}} \\ x_2(t) = A_1 \cos(\omega_1 t + \delta_1) \dfrac{1}{\sqrt{2}} \end{cases} \qquad \omega_2 \begin{cases} x_1(t) = A_2 \cos(\omega_2 t + \delta_2) \dfrac{1}{\sqrt{2}} \\ x_2(t) = -A_2 \cos(\omega_2 t + \delta_2) \dfrac{1}{\sqrt{2}} \end{cases}$$

Aleshores, finalment, les equacions del moviment seran:

$$x_1(t) = \dfrac{A_1}{\sqrt{2}} \cos(\omega_1 t + \delta_1) + \dfrac{A_2}{\sqrt{2}} \cos(\omega_2 t + \delta_2)$$
$$x_2(t) = \dfrac{A_1}{\sqrt{2}} \cos(\omega_1 t + \delta_1) - \dfrac{A_2}{\sqrt{2}} \cos(\omega_2 t + \delta_2)$$

Amb l'expressió final simplificada com:

$$\begin{pmatrix} x_1(t) \\ x_2(t) \end{pmatrix} = \begin{pmatrix} \dfrac{1}{\sqrt{2}} & \dfrac{1}{\sqrt{2}} \\ \dfrac{1}{\sqrt{2}} & -\dfrac{1}{\sqrt{2}} \end{pmatrix} \begin{pmatrix} A_1 \cos(\omega_1 t + \delta_1) \\ A_2 \cos(\omega_2 t + \delta_2) \end{pmatrix}$$

O encara més simple: $\boxed{\vec{x}(t) = \hat{a} \cdot \vec{\eta}}$. Per tant, finalment tenim:

$$m(\ddot{x}_1 + \ddot{x}_2) + k(x_1 + x_2) = 0$$
$$\ddot{\eta}_1 + \dfrac{k}{m}\eta = 0$$

Mecànica Clàssica

Una altra manera en què us podeu trobar la *solució general de dos oscil·ladors acoblats* és:

$$x_1 = A_1 \cos(\omega_1 t + \delta_1) + A_2 \cos(\omega_2 t + \delta_2)$$
$$x_2 = \frac{A_1 m_1 (\Delta \omega_1^2)}{2 k_{12}} \cos(\omega_1 t + \delta_1) + \frac{A_2 2 k_{12}}{m_2 (\Delta \omega_1^2)} \cos(\omega_2 t + \delta_2)$$

Un altre mètode per trobar una notació més simple, és fer-ho per energies. Si realitzem la suma de les energies de cada oscil·lador, obtenim:

$$E = \frac{1}{2} m \dot{x}_1^2 + \frac{1}{2} m \dot{x}_2^2 + \frac{1}{2} k x_1^2 + \frac{1}{2} k (x_2 - x_1)^2 + \frac{1}{2} k x_2^2$$

En forma matricial, la podem expressar com:

$$E = \frac{m}{2} (\dot{x}_1 \quad \dot{x}_2) \begin{pmatrix} 1 & 0 \\ 1 & 0 \end{pmatrix} \begin{pmatrix} \dot{x}_1 \\ \dot{x}_2 \end{pmatrix} + \frac{1}{2} (x_1 \quad x_2) (\hat{K}) \begin{pmatrix} x_1 \\ x_2 \end{pmatrix}$$

i amb una forma final com:

$$E = \frac{1}{2} \dot{\vec{x}} \, \mathrm{I} \, \dot{\vec{x}} \, m + \frac{1}{2} \vec{x} \, \hat{K} \, \vec{x}$$

en què **I** és la identitat.

Abans de continuar al següent apartat, farem un estudi de l'energia potencial.

L'energia potencial, serà l'energia potencial de cada oscil·lador; per tant, la molla que hi ha entre els dos sistemes, també s'ha de considerar:

$$U = \frac{1}{2} k x_1^2 + \frac{1}{2} k_{12} (x_1 - x_2)^2 + \frac{1}{2} k x_2^2$$

Expressat de manera matricial ens anirà millor per a calcular valors. Substituïnt

Mecànica Clàssica

els valors de **k** per la matriu $\hat{K}$:

$$U(x_1, x_2) = \frac{1}{2} \begin{pmatrix} x_1 & x_2 \end{pmatrix} \begin{pmatrix} k+k_{12} & -k_{12} \\ -k_{12} & k+k_{12} \end{pmatrix} \begin{pmatrix} x_1 \\ x_2 \end{pmatrix}$$

A partir d'aquí, trobem els valors propis i els vectors propis. Per deixar la notació més semblant a l'energia potencial que no és en forma matricial, obtenim finalment:

$$\boxed{U = \frac{1}{2}\left[x_1^2(k+k_{12}) + x_2^2(k+k_{12}) - 2x_1 x_2 k_{12} \right]}$$

Aleshores, encara podríem treballar més a fons, plantejant les solucions genèriques següents:

$$K_0 = \begin{pmatrix} k & 0 \\ 0 & k+2k_{12} \end{pmatrix} \quad ; \quad \omega_1^2 = \frac{k}{m} \quad ; \quad \omega_2^2 = \frac{k+2k_{12}}{m}$$

Si seguim amb l'exemple del principi, podem trobar els valors propis i la solució final.

Els valors propis vindran determinats per $\hat{a} = \frac{1}{\sqrt{2}} \begin{pmatrix} 1 & 1 \\ 1 & -1 \end{pmatrix}$ amb els valors de $\vec{a}_1$; $\vec{a}_2$ que havíem vist amb anterioritat.

Aleshores, podem definir $\hat{a}^T = \hat{a}^{-1}$; ja què $\hat{a}^T \hat{a}^{-1} = I$.

La solució final de *x* és $\vec{x} = \hat{a}\vec{\eta}$ amb $\begin{pmatrix} x_1 \\ x_2 \end{pmatrix} = \frac{1}{\sqrt{2}} \begin{pmatrix} 1 & 1 \\ 1 & -1 \end{pmatrix} \begin{pmatrix} \eta_1 \\ \eta_2 \end{pmatrix}$; de tal manera que podem definir $\vec{\eta} = \hat{a}^T \vec{x}$ i :

$$\boxed{\begin{aligned} \eta_1 &= \frac{x_1 + x_2}{\sqrt{2}} \\ \eta_2 &= \frac{x_1 - x_2}{\sqrt{2}} \end{aligned}}$$

Mecànica Clàssica

7.2. Solució general d'oscil·ladors acoblats

Ara treballarem amb el cas general de N osci l·ladors acoblats. Primer de tot considerarem un sistema amb masses iguals i, després, un de general amb masses diferents.

7.2.1. Solució general amb masses iguals

Treballem ara amb un sistema d'oscil·ladors acoblats en què tots els subsistemes tenen la mateixa massa, aleshores $m = m_i$. La constant de la molla de cada un dels sistemes ve determinada per la parcial al quadrat de l'energia potencial:

$$k_{ij} = \frac{\partial^2 U}{\partial x_i \partial x_j} \quad ; \text{per tant:}$$

$$\hat{K}_D = \begin{pmatrix} \tilde{k}_1 & . & . & . \\ . & \tilde{k}_2 & . & . \\ . & . & \tilde{k}_3 & . \\ . & . & . & . \\ . & . & . & . \end{pmatrix}$$

aleshores, la pulsació serà:

$$\omega_i^2 = \frac{\tilde{k}_i}{m} \quad \text{amb} \quad \vec{a}_i - \vec{a}_j = \delta_{ij} \ .$$

Per energies tenim:

$$E = \frac{1}{2}\vec{\dot{x}} I \vec{\dot{x}} m + \frac{1}{2}\vec{x} \hat{K}_D \vec{x} = \frac{1}{2}\dot{x}_1^2 m + \frac{1}{2}\dot{x}_2^2 m + ... + \frac{1}{2}\sum_{ij} x_i k_{ij} x_2$$

163

Mecànica Clàssica

Per a resoldre les equacions de la posició, hem de recórrer al producte entre matrius:

$$\begin{pmatrix} x_1(t) \\ x_2(t) \\ \cdot \\ \cdot \\ \cdot \\ x_n(t) \end{pmatrix} = \frac{1}{n} \begin{pmatrix} a_{11} & a_{12} & \cdots & \cdot \\ \cdot & \cdot & \cdot & \cdot \\ \cdot & \cdot & \cdot & \cdot \\ \cdot & \cdot & \cdot & \cdot \\ a_{1n} & \cdot & \cdot & a_{nn} \end{pmatrix} \begin{pmatrix} \eta_1(t) \\ \eta_2(t) \\ \cdot \\ \cdot \\ \cdot \\ \eta_n(t) \end{pmatrix}$$

Definint $\eta_1 = A_1 \cos(\omega_1 t + \delta_1)$; ... ; $\eta_n = A_n \cos(\omega_n t + \delta_n)$ i en definitiva obtenim:

$$y_1 = a_{11} A_1 \cos(\omega_1 t + \delta_1) + a_{12} A_2 \cos(\omega_1 t + \delta_1) + \ldots$$
$$y_2 = a_{21} A_1 \cos(\omega_2 t + \delta_2) + a_{22} A_2 \cos(\omega_2 t + \delta_2) + \ldots$$
$$\cdot$$
$$\cdot$$
$$y_n = a_{n1} A_1 \cos(\omega_n t + \delta_n) + a_{n2} A_2 \cos(\omega_n t + \delta_n) + \ldots$$

i per tant, l'expressió final per l'energia és $\boxed{E = \frac{1}{2} \vec{x}^T \hat{M} \vec{\dot{x}} + \frac{1}{2} \vec{x}^T \hat{K} \vec{x}}$ i, per tant, tenim un problema de valors pròpis generalitzats:

$$\boxed{(\hat{K} - \hat{M} \omega^2) \vec{a} = 0 \quad \rightarrow \quad \begin{array}{c} \hat{K} \vec{a} = \hat{M} \omega^2 \vec{a} \\ \det(\hat{K} - \hat{M} \omega^2) = 0 \end{array}}$$

Per resoldre el problema com un de valors pròpis, podem fer, sempre que existeixi $\hat{M}^{-1}$;:

$\hat{M}^{-1} \hat{K} \vec{a} = \omega^2 \vec{a}$; amb $\hat{M}^{-1} \hat{K} \equiv \hat{W} \quad \vec{a} = \omega^2 \vec{a}$.

Aquests sistemes, però, no solen ser simètrics en general, per tant, quasi bé sempre tindrem $\hat{W}_{ij} \neq \hat{W}_{ji}$; però sabem que són **ortogonals respecte la**

Mecànica Clàssica

massa:

$$\vec{a}_j^T \hat{K} \vec{a}_i = \omega_i^2 \vec{a}_j^T \hat{M} \vec{a}_i$$

$$\vec{a}_i^T \hat{K} \vec{a}_j = \omega_j^2 \vec{a}_i^T \hat{M} \vec{a}_j$$

$$\overline{0 = (\omega_i^2 - \omega_j^2) \vec{a}_i^T \hat{M} \vec{a}_j}$$

A continuació, farem un estudi més a fons en què treballarem amb més deteniment i amb expressions més analítiques, aquests tipus d'oscil·lacions acoblades. Abans, però, presentem una representació gràfica d'aquest cas:

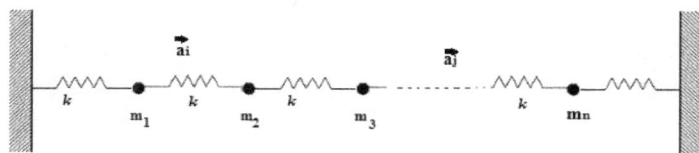

Com podem observar, les constants elàstiques de les molles són les mateixes. Si ara realitzem un estudi de les energies, obtenim:

$$\boxed{T = \frac{1}{2} m \sum_{j=1}^{N} \dot{a}_j^2} \qquad \boxed{U = \frac{1}{2} k \sum_{j=1}^{N} (a_{j+1} - a_j)^2}$$

Si ara treballem amb la partícula:

$$\boxed{q_0 = q_{N+j} = 0} \; ; \; \text{aleshores:} \; \boxed{\hat{K} \vec{a} = m \omega^2 \vec{a}}$$

La matriu té un valor de: $\hat{K} = k \begin{pmatrix} 2 & -1 & 0 & 0 & \ldots & 0 \\ -1 & 2 & -1 & 0 & \ldots & 0 \\ 0 & -1 & 2 & -1 & \ldots & 0 \\ \cdot & \cdot & \cdot & \cdot & \ldots & \cdot \\ 0 & \cdot & \cdot & \cdot & \ldots & \cdot \end{pmatrix}$

de l'expressió pels valors pròpis tenim: $\boxed{a_{j+1} - 2 a_j + a_{j-1} = \dfrac{-m \omega^2}{k} a_j}$

Mecànica Clàssica

Si definim $\mu = 1 - \dfrac{m\omega^2}{k}$ tenim: $\boxed{a_{j+1} - 2\mu a_j + a_{j-1} = 0}$.

Si tenim en compte les propietats trigonomètriques $1 - \cos\theta \rightarrow \sin^2\theta$
$1 + \cos\theta \rightarrow \cos^2\theta$.

Definint ara $a_j = A\sin(j\theta)$ tenim:

$A\sin[(j+1)\theta] - 2\mu A\sin(j\theta) + A\sin[(j-1)\theta] = 0 \qquad 2\sin(j\theta)\cos\theta = 2\mu\sin(j\theta)$

i finalment $\rightarrow \quad \boxed{\mu = \cos\theta}$.

Aleshores, això ens diu que $\sin(N+1)\theta = 0$ per tant:

$$\boxed{\theta_r = \dfrac{\pi}{N+1} r}$$

tal què $r = 1, ..., N$

i per tant: $\mu_r = \cos\theta_r = 1 - \dfrac{m\omega_r^2}{k}$.

$$\dfrac{m\omega_r^2}{k} = 1 - \cos\theta_r \quad \rightarrow \quad \omega_r^2 = \dfrac{4k}{m}\dfrac{(1-\cos\theta)}{2} = \omega_r^2 = \dfrac{4k}{m}\dfrac{\sin^2\theta}{2}$$

En què finalment, obtenim la pulsació dels oscil·ladors des de *1* fins a *N:*

$$\boxed{\omega_r^2 = 2\sqrt{\dfrac{k}{m}}\sin\left(\dfrac{\pi}{2m}r_j\right)} \quad \text{i amb} \quad \boxed{\vec{a}_{j,r} = A_r \sin\left(\dfrac{\pi}{2(N+1)}r_j\right)}$$

Aquest darrer cas que hem treballat és una bona aproximació de la ***corda discreta,*** però força més simple. Aquest cas, el veurem més endavant, al final del tema.

Mecànica Clàssica

7.2.2. Cas general: N graus de llibertat

Ara estudiarem el cas general. Un sistema qualsevol format per N oscil·ladors linials. Les equacions que tindríem serien de l'estil:

$$\frac{d^2 x_1}{dt^2} = -a_{11}x_1 + \ldots \ldots \quad \ldots -a_{1N}x_N$$

$$\frac{d^2 x_2}{dt^2} = -a_{21}x_1 + \ldots \ldots \quad \ldots -a_{2N}x_N$$

$$\vdots$$

$$\frac{d^2 x_N}{dt^2} = -a_{N1}x_1 + \ldots \ldots \quad \ldots -a_{NN}x_N$$

Aleshores, existeixen solucions $x_n = A_n \cos(\omega t + \varphi)$ amb $n = (1, \ldots, N)$ i amb $\frac{d^2 x_n}{dt^2} = -\omega^2 x_n$. Si es compleixen les N equacions homogènies en $x_1, \ldots, x_n$

Aleshores, aquestes equacions només es compliran si:

$$\boxed{\det(a - \omega^2 I) = 0}$$

Equació característica

és a dir, exisiteixen solucions pels N valors de ω^2 arrels d'aquesta equació i, aleshores, existeixen N **modes normals de vibració**.[7]

L'equació característica ja l'havíem vist al primer apartat, quan fèiem l'exemple. Anem a veure una comprovació pel cas $N = 2$:

$$m_1 \ddot{x}_1 = -k'_1 x_1 + k_{12} x_2$$
$$m_2 \ddot{x}_2 = -k'_2 x_2 + k_{12} x_1$$

$$\rightarrow \quad a_{11} = \frac{k'_1}{m_1} \; ; \quad a_{12} = \frac{-k_{12}}{m_1}$$
$$a_{21} = \frac{-k_{12}}{m_2} \; ; \quad a_{22} = \frac{k'_2}{m_2}$$

---

7 Que ho veurem d'aquí dos apartats.

Mecànica Clàssica

El determinant vindrà donat per:

$$\begin{vmatrix} \dfrac{k_1'}{m_1} - \omega^2 & \dfrac{-k_{12}}{m_1} \\ \dfrac{-k_{12}}{m_1} & \dfrac{k_2'}{m_2} - \omega^2 \end{vmatrix} = 0$$

que, fent el determinant, trobarem els valors pels què les pulsacions són compatibles i correctes amb el sistema.

7.3. Conservació de l'energia

En un sistema d'oscil·ladors acoblats, es conserva l'energia del *sistema*, però **no** la de les masses individualment. Aquests sistemes *intercanvien periòdicament la seva energia*. Això és per tots els casos de dos oscil·ladors harmònics modulats.[8]

Per avaluar la conservació de l'energia tenim:

$$E = \frac{m_1}{2}\dot{x}_1^2 + \frac{m_2}{2}\dot{x}_2^2 \frac{k_1}{2}x_1^2 + \frac{k_2}{2}x_2^2 + \frac{k_{12}}{2}(x_1 - x_2)^2$$

Derivant aquesta expressió per veure si al variar amb el temps és zero (és a dir, constant i es conserva):

$$\frac{dE}{dt} = \begin{array}{l} m_1 \dot{x}_1 \ddot{x}_1 + k_1 x_1 \dot{x}_1 + k_{12}(x_1 - x_2)\dot{x}_1 \\ m_2 \dot{x}_2 \ddot{x}_2 + k_2 x_2 \dot{x}_2 + k_{12}(x_1 - x_2)\dot{x}_2 \end{array}$$

en què es veu que la primera línia s'anul·la per la primera equació i la segona per la segona equació.

---

8   Ho veurem al següent apartat de *Modes de vibració*

Mecànica Clàssica

7.4. Modes de vibració

Quan parlem dels *modes de vibració*, parlem d'una superposició de dues vibracions harmòniques amb pulsacións (o freqüència angular) ω_1 ; ω_2. Aleshores, podem definir coordenades normals, tal què, cada una depengui només de la vibració del mode.

En el mode de freqüència alta; m_1 i m_2 vibren en <u>oposició de fase</u>. Per contra, si la freqüència és baixa, m_1 i m_2 vibren en <u>fase</u>.

7.4.1. Cas particular: Dos oscil·ladors idèntics

Siguin $m_1 = m_2 = m$; $k_1 = k_2 = k$; tenim : $\Delta\omega^2 = \dfrac{2k_{12}}{m}$ per tant:

$$\omega_1^2 = \frac{k'}{m} + \frac{k_{12}}{m} = \frac{k}{m} + \frac{2k_{12}}{m} \quad ; \quad \omega_2^2 = \frac{k'}{m} \pm \frac{k_{12}}{m} = \frac{k}{m}$$

i amb solucions:

$$\boxed{\begin{array}{l} x_1(t) = A_1 \cos(\omega_1 t + \delta_1) + A_2 \cos(\omega_2 t + \delta_2) \\ x_2(t) = -A_1 \cos(\omega_1 t + \delta_1) + A_2 \cos(\omega_2 t + \delta_2) \end{array}}$$

i $x_1 + x_2$; $x_1 - x_2$ o qualsevol múltiple d'elles, són les *coordenades normals*.

EX:

A aquest exemple treballarem el moviment de dos oscil·ladors idèntics.

m_1, està desplaçada una distància **L**, m_2 està en equilibri i, ambdues, inicialment en repòs.

Tenim que $\delta_1 = \delta_2 = 0$ i $A_1 = A_2 = \dfrac{L}{2}$ per tant:

$$\boxed{\begin{array}{l} x_1(t) = \dfrac{L}{2} \cos(\omega_1 t) + \dfrac{L}{2} \cos(\omega_2 t) \\ x_2(t) = -\dfrac{L}{2} \cos(\omega_1 t) + \dfrac{L}{2} \cos(\omega_2 t) \end{array}}$$

o bé, fent servir les propietats trigonomètriques:

$$\cos(\alpha+\beta)+\cos(\alpha-\beta)=2\cos(\alpha)\cos(\beta) \ ; \ \cos(\alpha+\beta)-\cos(\alpha-\beta)=2\sin(\alpha)\sin(\beta)$$

$$\boxed{\begin{array}{l} x_1(t)=L\ \cos\left(\dfrac{\omega_1-\omega_2}{2}t\right)\cos\left(\dfrac{\omega_1+\omega_2}{2}t\right) \\ x_2(t)=L\ \sin\left(\dfrac{\omega_1-\omega_2}{2}t\right)\sin\left(\dfrac{\omega_1+\omega_2}{2}t\right) \end{array}}$$

amb $\omega_1-\omega_2<\omega_1+\omega_2$.

Si $k_{12}\ll k$ (acoblament dèbil) $\omega_1-\omega_2\ll\omega_1+\omega_2$.

El moviment consisteix en oscil·lacions ràpides $\left(\text{freqüència angular}\dfrac{\omega_1+\omega_2}{2}\right)$ amb variació lenta d'amplitud $\left(\text{freqüència angular}\dfrac{\omega_1-\omega_2}{2}\right)$

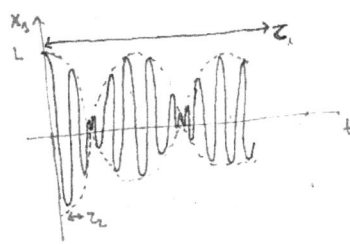
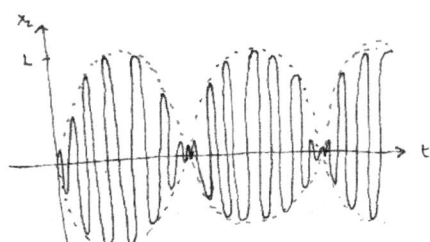

Observant les dues representacions, tenen el mateix periode:

$$\boxed{\tau_1=\dfrac{4\pi}{(\omega_1-\omega_2)}} \quad ; \quad \boxed{\tau_2=\dfrac{4\pi}{(\omega_1-\omega_2)}}$$

L'amplitud variable o **amplitud modular**, varia com $L\cos\left[\dfrac{\omega_1-\omega_2}{2}\left(t-\dfrac{\tau}{4}\right)\right]$

doncs $\sin(\alpha)=\cos\left(\dfrac{\pi}{2}-\alpha\right)=\cos\left(\alpha-\dfrac{\pi}{2}\right)$.

Aquests sistemes, com hem vist a l'apartat anterior, només conserven l'energia del sistema total, ja que els subsistemes intercanvien la seva energia periòdicament.

Mecànica Clàssica

7.5. Petites oscil·lacions del pèndol doble

A continuació, farem un exercici de les oscil·lacions d'un pèndol acoblat a un altre pèndol (*pèndol doble*) en l'aproximació de petites oscil·lacions.

Quan un pèndol simple oscil·la de manera que aquestes oscil·lacions són petites, l'equació que descriu aquest moviment ve determinada per:

$$ml\ddot{\theta} = -mg\theta$$

Si fem una representació del què seria el pèndol doble:

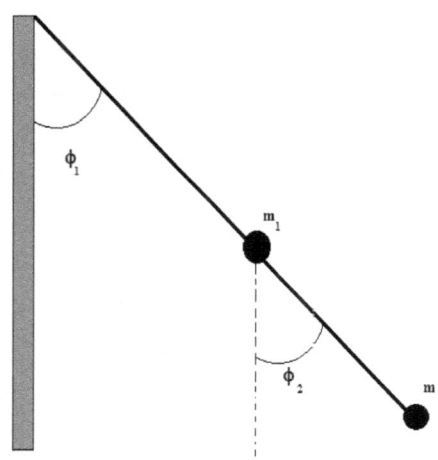

Per tant, les equacions que descriuran aques moviment seran:

$$m_1 l_1 \ddot{\phi}_1 = -m_1 g \phi_1 - m_2 g(\phi_1 - \phi_2)$$

$$m_2 l_2 \ddot{\phi}_1 + m_2 l_2 \ddot{\phi}_2 = -m_2 g \phi_2$$

Aleshores, definim:

$$\ddot{\phi}_1 = -\omega^2 \phi_1 \quad ; \quad \ddot{\phi}_2 = -\omega^2 \phi_2$$

tenim si les relacionem entre elles:

$$\frac{-\phi_2}{\phi_1} = \frac{m_1 l_1 \omega^2 - (m_1 + m_2)}{m_2 g} = \frac{l_1 \omega^2}{l_2 \omega^2 - g}$$

que, si volem trobar les arrels tenim:

$$m_1 l_1 \omega^4 - g(m_1 + m_2)(l_1 + l_2)\omega^2 + g^2(m_1 + m_2) = 0$$

Tenim dues arrels positives per ω^2, doncs la suma i el producte són positius.

Mecànica Clàssica

7.6. Mètode tradicional

Abans d'acabar amb aquest breu tema, realitzarem un petit estudi general amb el mètode tradicional de resolució d'aquests sistemes. Treballarem o enunciarem polinomis i equacions diferencials per a trobar valors i presentarem uns resultats generals per quan es considera una interacció entre partícules.

Partint de l'equació fonamental de diagonalització, *l'equació característica* del sistema: $\det\left(\hat{K}-\dfrac{m\omega^2}{k}I\right)=0$; tenim:

$$\det\begin{pmatrix} 2-\dfrac{m\omega^2}{2} & -1 & 0 & 0 & \ldots & \cdot \\ -1 & 2-\dfrac{m\omega^2}{2} & -1 & \cdot & \ldots & \cdot \\ \cdot & \cdot & \cdot & \cdot & \ldots & \cdot \\ \cdot & \cdot & \cdot & \cdot & \ldots & \cdot \\ \cdot & \cdot & \cdot & \cdot & \ldots & \cdot \end{pmatrix}=0 \quad ; \text{substituïnt} \quad 2-\dfrac{m\omega^2}{2}=2x \quad :$$

$$\det\begin{pmatrix} 2x & -1 & 0 & 0 & \ldots & 0 \\ -1 & 2x & -1 & 0 & \ldots & 0 \\ \cdot & \cdot & \cdot & \cdot & \ldots & 0 \\ \cdot & \cdot & \cdot & \cdot & 2x & -1 \\ 0 & \cdot & \cdot & \cdot & -1 & 2x \end{pmatrix}=P_N(x)=2xP_{N-1}(x)-P_{N-2}(x)$$

També tindrem: $P_{N+1}(x)=2xP_N(x)-P_{N-1}(x)$.

Amb el determinant, tindríem:

$P_0(x)=1$; $P_1(x)=2x$; $P_2(x)=\begin{vmatrix} 2x & -1 \\ -1 & 2x \end{vmatrix}=4x^2-1$ ... i així fins a P_N en què faríem servir l'expressió polinòmica anterior.

Els valors propis són zero i els $P_N(x)=0$. Aleshores, finalment $P_N(x)$ canviant $x=\cos\theta$; per tant:

$$\boxed{P_N(\cos\theta)=\dfrac{\sin(N+1)\theta}{\sin\theta}}$$

Polinomis de *Chebychev*

Mecànica Clàssica

Un mètode encara millor, és considerar una **interacció de partícules**, cadascuna amb la del seu costat. Per tant:

$$\left.\begin{array}{c} a_{j+1}=2\mu a_j - a_{j-1} \\ a_j = a_j \end{array}\right\} \quad \begin{pmatrix} a_{j+1} \\ a_j \end{pmatrix} = \begin{pmatrix} 2\mu & -1 \\ 1 & 0 \end{pmatrix} \begin{pmatrix} a_j \\ a_{j-1} \end{pmatrix} = M^j \begin{pmatrix} a_1 \\ a_0 \end{pmatrix}$$

Aleshores, per exemple:

$$M^2 = \begin{pmatrix} 4\mu^2 - 1 & -2\mu \\ 2\mu & -1 \end{pmatrix} \simeq \begin{pmatrix} P_N(\mu) & -P_{N-1}(\mu) \\ P_{N-1}(\mu) & -P_{N-2}(\mu) \end{pmatrix}$$

Aquest mètode és per actuar localment.

Mecànica Clàssica

Mecànica Clàssica

Mecànica Clàssica

Tema 8.- Ones

Una *ona* consisteix en la propagació d'una pertorbació d'alguna propietat del medi. Aquestes propietats poden ser molt diverses i determinants en camps de la física; com per exemple *densitat, camp elèctric, camp magnètic, pressió...*

Les ones transporten energia sense transportar matèria i es propaguen en medis com l'aigua, l'aire, materials diversos i el buit.

Existeixen molts tipus d'ones; les electromagnètiques per exemple, les podem treballar al llibre de *Electromagnetisme. Teoria clàssica*. En aquest tema, només veurem les *Ones mecàniques*.

Farem unes definicions prèvies de les característiques que puguin tenir les ones.

8.1. Conceptes bàsics

A continuació presentarem alguns dels conceptes bàsics que hem de conèixer de les ones.

Primer de tot presentarem la *vibració*. La **vibració** pot definir les característiques necessàries i suficients que caracteritza el fenòmen de l'ona. És dedueix com el transport de pertorbacions a l'espai (medi). En una ona, l'energia d'una vibració es va allunyant del punt (o font) en què es produeix la pertorbació. Això però, no serveix per a les *ones estacionàries* que l'energia es transfereix a totes les direccions per igual.

És per això que a física existeix la teoria d'ones, que estudia els fenòmens de l'ona sense preocupar-se de l'orígen físic.

Els elements d'una ona són els següents:

Cresta: La cresta és el punt de màxima elongació o amplitud de l'ona; el punt de l'ona més separat de la posició de repòs.

Periode: El periode d'una funció, ve definit pel temps que triga l'ona d'anar a un punt màxim a un altre punt màxim.

Mecànica Clàssica

Freqüència: La freqüència és el nombre de cicles per segon.

La relació entre la freqüència i el periode ve determinat per $\tau=\frac{1}{\upsilon}$ tal i com havíem definit al tema 3.

Amplitud: L'amplitud és la distància vertical entre una cresta i un punt mig de l'ona. Aquesta magnitud no és absoluta, doncs als oscil·ladors linials, en el cas dels harmònics esmorteïts, hi havien casos que decreixia exponencialment amb el temps.

Vall: La vall és el punt més baix de l'ona.

Longitud d'ona: La longitud d'ona és la distància que hi ha entre el mateix punt de dues ondulacions consecutives (distància entre dues crestes). Aquesta, s'assigna amb λ i s'expressa com $\lambda=\frac{v}{\upsilon}=\frac{2l}{n}$.

Node: El node és el punt en què l'ona creua la línia d'equilibri.

Elongació: L'elongació és la distància perpendicular entre un punt de l'ona i la seva línia d'equilibri.

Cicle: Anomenem cicle a una oscil·lació.

A més a més, totes les ones poden tenir les característiques següents, experimentant-les a la propagació:

Difracció: Quan una ona impacta amb un obstacle, deixa d'anar en línia recta per rodejar-lo.

Interferència: Succeeix quan dues ones es combinen al trobar-se en un mateix punt de l'espai.

Reflexió: Si una ona es troba amb un nou medi que no pot travessar, canvia la direcció. Aquest fenòmen l'anomenem reflexió.

Refracció: Quan una ona canvia la direcció al incidir a un nou medi i viatja a una velocitat diferent, experimenta la refracció.

També podríem parlar de *l'efecte Doppler*, però el deixarem de banda fins al Tema 15 per fer les comparacions adecuades.

Mecànica Clàssica

8.2. Oscil·lacions transversals d'una corda. Equacions d'ona

Començarem treballant l'ona transversal. Una ona transversal es defineix com l'ona en què les vibracions són perpendiculars en la direcció de propagació.

Considerem una oscil·lació transversal d'una corda:

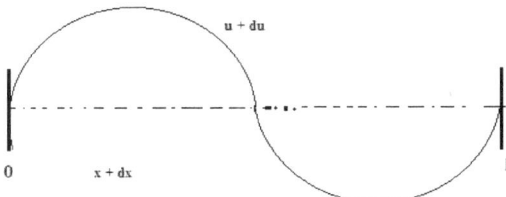

Aquesta corda té longitud determinada que la seva oscil·lació és periòdica cada longitud *l* i la massa està uniformament distribuïda per unitat de longitud. L'equació que descriu el comportament d'una corda pel què fa a les seves oscil·lacions s'anomena **Equació d'ones**.

Anem a trobar aquesta expressió.

Tenim que **T** és la tensió horitzontal i aquesta, per tot el sistema és constant. Si *u* és la longitud de la corda i *x* l'eix transversal en què l'estudiem.

$$T_u = T\frac{\partial u}{\partial x} \; , \; dF = T_u(x+dx) - T_u(x) = \frac{\partial}{\partial x}(T_u)dx = T\frac{\partial^2 u}{\partial x^2}dx$$

La massa de l'element diferencial de la corda és μdx (amb μ com la **densitat linial de la corda**). Al tema anterior, aquesta magnitud l'havíem assignat el paràmetre λ ; però com estem parlant d'oscil·lacions, és convenient fer servir μ per no confondre amb la **longitud d'ona**.

Aleshores tindrem:

$$\mu dx \frac{\partial^2 u}{\partial t^2} = T\frac{\partial^2 u}{\partial t^2}dx \;\rightarrow\; \boxed{\frac{\partial^2 u}{\partial t^2} = \frac{T}{\mu}\frac{\partial^2 u}{\partial x^2}}$$

Equació d'ones clàssica

observem que $\sqrt{\frac{T}{\mu}}$ té unitats de velocitat.

Al resoldre l'equació d'ones, poden aplicar-se condicions inicials $u(x,0)$; $\frac{\partial u}{\partial t}|_{t=0}$ i, a més a més, hem d'aplicar les condicions de contorn, amb dos extrems fixes tenim: $u(0,t)=u(l,t)=0$.

Per separació de variables: $u(x,t)=f(x)g(t)$ → $\frac{1}{g}\frac{\partial^2 g}{\partial t^2}=\frac{T}{\mu}\frac{1}{f}\frac{\partial^2 f}{\partial x^2}=-\omega^2$ // és una constant negativa ja que l'acceleració respecte u és oposada al moviment.//

Finalment tindrem:

$$g=A\cos(\omega t)+B\sin(\omega t) \; ; \; f=C\cos\left(\frac{\omega x}{v}\right)+D\sin\left(\frac{\omega x}{v}\right)$$

8.3. Modes normals de vibració. Ones estacionàries

A les ones estacionàries, els nodes resten immòvils. Aquestes es formen per la interferència de dues ones de la mateixa naturalesa (mateixa amplitud, longitud d'ona o freqüència) i que avancen oposades en un medi. Una de les característiques d'aquestes ones és que estan limitades per un espai, en el nostre cas una corda.

Si continuem amb l'exemple de la corda, aplicant la condició de contorn d'extrems fixes:

$f(0)=0$ → $C=0$; $f(l)=0$ → $\frac{\omega l}{v}=n\pi$ amb n = 1, 2, 3,... N.

A més a més $D\neq 0$ ja què si $D=0$ no tindríem vibració i, com volem estudiar les vibracions, ha de ser diferent de zero.

Aleshores, les solucions per cada valor de la pulsació serà:

$$\boxed{u(x,t)=\sin\frac{\omega x}{v}[A\cos(\omega t)+B\sin(\omega t)]} \quad (8.1)$$

A cada valor de n li correspon un valor ω , que aquests, són els *modes*

Mecànica Clàssica

normals. N'hi han infinites, el què no significa que qualsevol freqüència de vibració sigui possible. Només seran possibles aquelles freqüències que compleixin:

$$\boxed{\omega = \frac{n\pi v}{l}}$$

amb ***n*** = 1, 2, ...

La solució general d'ones estacionàries (harmòniques) es pot expressar com:

$$\boxed{u(x,t) = \frac{C}{2}\sin(kx + \omega t - \delta) + \frac{C}{2}\sin(kx - \omega t + \delta)}$$

amb C i δ constants i $k = \frac{\omega}{v}$.

Això es pot comprovar que és correcta per trigonometria, ja què:

$$u(x,t) = C\sin(kx)\cos(\omega t - \delta) = C\sin(kx)\cos(\omega t)\cos(\delta) + C\sin(kx)\sin(\omega t)\sin(\delta)$$

Definint llavors: $\boxed{C\cos(\delta) = A}$ i $\boxed{C\sin(\delta) = B}$.

Aleshores, observem que una ona estacionària és la suma de dues ones de propagació amb velocitats + ***v*** , - ***v***.

Tornant a l'expressió **(1)**, si representem la funció, obtenim que l'amplitud serà de $\sin\left(\frac{\omega x}{v}\right)$ i com $\omega = \frac{n\pi v}{l}$, l'***amplitud*** valdrà $\boxed{\sin\left(\frac{n\pi x}{l}\right)}$. Aleshores, la funció tindrà diferents formes segons en quin valor de ***n*** es trobi:

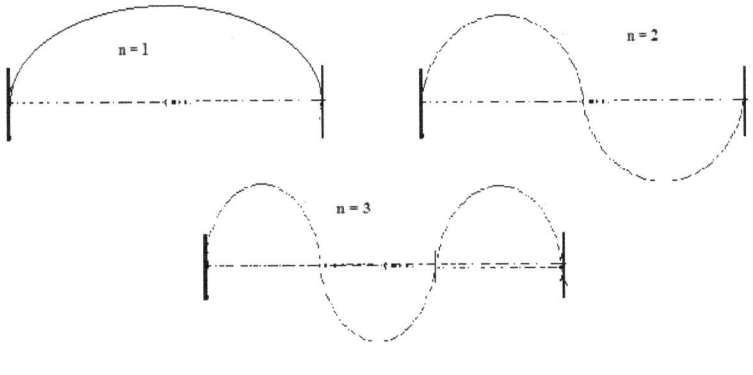

180

Mecànica Clàssica

Aleshores, observem que la *n* ens determina els harmònics de l'ona (*1r harmònic, 2n harmònic...*)[9]

Cadascuna d'aquestes ones de propagació és una solució de l'equació d'ones, ja que $k = \dfrac{\omega}{v}$.

Les solucions, tret de les harmòniques, podem tenir solucions *no harmòniques* de l'equació d'ones. Aquestes equacions són de l'estil:

$$\boxed{u(x,t) = f(x+vt) + g(x-vt)}$$

en què *f* i *g* són funcions arbitràries, no necessàriament periòdiques i amb velocitat: $v = \sqrt{\dfrac{T}{\mu}}$.

8.4. Energia transmesa per una ona de propagació

Com havíem dit a l'inici, les ones de propagació transporten energia sense necessitat de transportar matèria.

- Si la **propagació és cap a la dreta**, tenim $P = F \cdot v$ que és la potència. Aleshores, la potència transmessa a un punt de la corda serà:

$$P = -T \frac{\partial u}{\partial x} \frac{\partial u}{\partial t}$$

amb $-T \dfrac{\partial u}{\partial x}$ com la *força vertical* a causa de la part esquerra de la corda. $\dfrac{\partial u}{\partial t}$ Correspon a la velocitat.

Si la corda en el punt és creixent (decreixent), $\dfrac{\partial u}{\partial x} > 0 \left(\dfrac{\partial u}{\partial x} < 0 \right)$ i la

---

9   No ens endinsarem gens, però aquí seria un bon moment per parlar de les sèries de *Fourier*

Mecànica Clàssica

força vertical és oposada a $\frac{\partial u}{\partial x}$ i per això el símbol és negatiu.

$$P = vT\left[\frac{\partial u}{\partial (x-vt)}\right]^2 \quad \text{ja què} \quad u(x,t) = g(x-vt)$$

- Si la **propagació és cap a l'esquerra**, en aquest cas, la corda també és creixent (decreixent) en $\frac{\partial u}{\partial x} > 0 \left(\frac{\partial u}{\partial x} < 0\right)$, però la força vertical té el mateix símbol, per tant:

$$P = -T\frac{\partial u}{\partial x}\frac{\partial u}{\partial t} = vT\left[\frac{\partial u}{\partial (x+vt)}\right]^2 \quad \text{ja què} \quad u(x,t) = f(x+vt)$$

Aleshores, observem que la potència transmessa per ambdós casos és ***positiva***. Aquesta potència, és l'energia transmessa per unitat de temps.

8.4.1. Energia transmessa per una ona harmònica

Anem a estudiar l'energia transmessa per una ona harmònica:

$$u(x,t) = D\sin(kx - \omega t + \delta) = D\sin[k(x-vt) + \delta]$$

Aleshores, la potència instantània vindrà donada per:

$$\boxed{P = vTD^2k^2\cos^2[k(x-vt) + \delta]}$$
Potència instantània

Si fem el valor mig de la potència instantània, obtindrem la potència del sistema:

$\boxed{\langle P \rangle = \frac{1}{2}vTD^2k^2}$ que si substituïm els valors $T = \mu v^2$; $k = \frac{\omega}{v}$ i la **D** com l'amplitud d'oscil·lació, obtenim:

$$\boxed{\langle P \rangle = \frac{1}{2}v\mu\omega^2 D^2}$$

Les ones estacionàries no transmeten energia, ja què s'oposen en sentit amb les dues funcions que componen **u** (x , t). Però si que podem calcular l'energia cinètica.

Mecànica Clàssica

L'energia cinètica d'una corda de longitud *l*, que vibra en l'harmònic *n* i d'extrems fixes, per *dx* és:

$$dE_{cin} = \frac{1}{2}\mu\, dx \left(\frac{\partial u}{\partial t}\right)^2$$

en què anotem d'aquesta manera l'energia cinètica ja que la **T** l'hem feta servir per la tensió.

Utilitzant

$$u(x,t) = C\sin\left(\frac{\omega x}{v}\right)\cos(\omega t + \delta) \to \omega = \frac{\pi n v}{l} \to \frac{\partial u}{\partial t} = -C\omega \sin\left(\frac{\omega x}{v}\right)\sin(\omega t + \delta)$$

Ara, per tota la corda: $\boxed{E_{cin} = \frac{1}{2}\mu C^2 \omega^2 \sin^2(\omega t + \delta)\frac{l}{2}}$

El valor màxim de l'energia cinètica és en la **posició d'equilibri** i les $E_{cin}^{màx}$ dels diferents harmònics, són proporcionals a ω^2 (és a dir a n^2).

Mecànica Clàssica

Mecànica Clàssica

III

Sòlid rígid i Mecànica de fluids

Mecànica Clàssica

En els següents temes treballarem la mecànica del sòlid rígid i la mecànica de fluids. Tots dos els estudiarem d'una manera força introductòria, però enunciant els principis més bàsics i importants de cada tema. És per això que, encara que no ens endinsem del tot en cada camp, ja què hi podríem dedicar tot un llibre a la descripció total d'aquests sistemes; presentarem una avaluació rigurosa i detallada dels casos més habituals i introduïrem els conceptes més essencials per si el lector decideix ampliar els coneixements dels sòlids rígids i dels fluids.

En el sòlid rígid definirem els continguts bàsics per a la comprenssió de la dinàmica dels mateixos, juntament amb els sistemes de referència (inercials i no inercials) en què treballarem. Treballarem amb les acceleracions més importants d'un moviment en rotació com són la centrífuga i la de *Coriolis* per entendre el pèndol de *Foucault* i l'acció de la gravetat de la Terra (ja què és un sistema en rotació).

En la segona part del sòlid rígid avaluarem les energies i els moments d'inèrcia amb més detall i presentarem els cossos en revolució més habituals en la mecànica clàssica. Per acabar, definirem els angles i les equacions d'*Euler*, que són les expressions que ens defineixen els 6 graus de llibertat que té un cos en revolució.

Pel que fa a la mecànica de fluids, treballarem amb els fluids estàtics per entrar en la idea de fluids, presentant principis tan bàsics com el de *Pascal* o *Arquímides*. Continuarem amb la dinàmica de fluids (o fluids en moviment) en que començarem amb fluids incompressibles per presentar el teorema o equació de *Bernoulli* d'una manera més simple i, a continuació, presentarem l'equació general del teorema de *Bernoulli* per a tot tipus de fluids.

Per acabar, treballarem amb la viscositat i el teorema de *Poiseuille*, per avaluar les diferències de pressions en situacions en què tinguem un fluid viscós i el número de *Reynolds*, per avaluar quant de vàlida és l'expressió i determinar a quin tipus de flux fa referència.

Finalment, farem una breu introducció teòrica fent referència als fluids no newtonians

Mecànica Clàssica

Tema 9.- Dinàmica d'un sistema rígid I

La **def**inició d'un sistema rígid ve determinada per tots els conjunts de partícules obligades a restar a distàncies relatives absolutament fixes. En altres paraules, és un sistema de partícules amb distàncies mútues constants. No obstant això, un sistema rígid està format, microscòpicament, per àtoms i, aquests, estan en constant moviment relatiu. És per aquest motiu, que aquests tipus de sistemes els treballarem macroscòpicament i, així, negligir aquest moviment dels àtoms. Si no tenim en compte aquest ínfim moviment ni les deformacions elàstiques que es poden produir macroscòpicament, obtenim aproximacions dels resultats amb les equacions que observarem durant el tema amb alt grau de precisó.

Per això, **def**inirem el *sistema rígid ideal* com un conjunt discret de partícules o una distribució contínua de matèria, substituïnt sumatoris per integrals. La representació del moviment, ens la determinaran sis quantitats a definir (*6 graus de llibertat*); tres quantitats referents a les coordenades de posició per un punt del sòlid i tres més per definir els tres angles independents que ens donaran la orientació. Aquests angles, són a vegades, els anomenats **angles d'Euler**.

També farem un petit estudi dels sistemes de referència no inercials, sistemes amb més d'una acceleració (o rotació) com són els casos de l'acceleració de *Coriolis* (un element important d'acceleració en aquests sistemes) o els moviments que descriuen el nostre planeta Terra.

9.1. Notació i definició

Abans de començar amb sistemes de sòlid rígids, cal fer una notació i definir els paràmetres que ens caldran per entendre la rotació d'un cos.

Si comencem amb el cas més senzill, per a definir les variables bàsiques, hem de considerar el cas de la *rotació amb l'eix fixe*.

Mecànica Clàssica

Utilitzant la figura següent tenim:

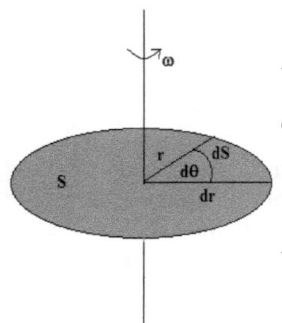

Amb $\vec{r}$ com el vector posició.

dS com el desplaçament o *secció de desplaçament*.

$d\theta$ Com el desplaçament angular.

Aleshores, definim:

$$dS = r\, d\theta \rightarrow d\theta = \frac{dS}{dr} \rightarrow \Delta\theta = \frac{\Delta S}{r}$$

que per fer <u>revolucions</u> tenim: $\Delta\theta = \frac{2\pi r}{r}$ i, per tant:

$\boxed{2\pi \text{ rad} = 360° = 1 \text{ rev}}$.

Aleshores, definim les següents magnituds:

- **Velocitat angular (o instantània):** $\boxed{\omega = \frac{d\theta}{dt} = \dot\theta}$

- **Acceleració angular:** $\boxed{\alpha = \frac{d^2\theta}{dt} = \ddot\theta}$

Les equacions del moviment, venen definides com a la cinemàtica clàssica. Si l'acceleració és constant ($\alpha = \text{cnt}$); aleshores:

$$\left.\begin{array}{l}\omega = \omega_0 + \alpha t \\ \theta = \theta_0 + \omega_0 t + \frac{1}{2}\alpha t^2\end{array}\right\} \quad \boxed{\omega^2 = \omega_0^2 + 2\alpha(\theta - \theta_0)}$$

A més a més, com hem vist al *tema 6*, també tenim:

$$\boxed{M\ddot{\vec{R}} = \sum \vec{F}_{ext}} \quad ; \quad \boxed{\frac{d\vec{L}_0}{dt} = \sum \vec{N}_{0(ext)} = \sum \vec{r} \wedge \vec{F}_{ext}}$$

Mecànica Clàssica

Amb aquestes equacions també podem definir els punts fixes que pot tenir un sòlid en rotació:

- (Si hi ha un punt fixe)   →   s'agafa origen a aquest punt *O*

- (Cap punt fixe)   →   s'agafa origen al *CM*

- (Eix fixe)   ↔   (dos punts fixes)   →   **només un grau de llibertat**

Aquest darrer, és el que més utilitzarem, ja què és e
l més fàcil per a realitzar un estudi detallat del sòlid rígid.

També podem definir, amb **r** constant:

- **Velocitat tangencial:** $v_t = \dfrac{dS}{dt} = r \dfrac{d\theta}{dt}$ → $\boxed{v_t = \omega \cdot r}$

- **Acceleració tangencial:** $a_t = \dfrac{dv_t}{dt} = r \dfrac{d\omega}{dt}$ → $\boxed{a_t = \alpha \cdot r}$

- **Acceleració centrípeta:** $a_c = \dfrac{v_t^2}{r}$ → $\boxed{a_c = \omega^2 \cdot r}$

9.2. Energia cinètica de rotació. Moment d'inèrcia

A l'energia cinètica de rotació, només hem de considerar els paràmetres que produeixen la rotació, és a dir, utilitzar les velocitats definides a l'apartat *9.1.* com les velocitats tangencials:

$$T = \sum_{i=1}^{N} \frac{1}{2} m_i v_i^2 = \frac{1}{2} \sum_{i=1}^{N} m_i r_i^2 \omega^2 = \frac{1}{2} I \omega^2$$

L'energia cinètica de rotació ens serveix per a definir els paràmetres més importants d'un sistema rígid, el *moment d'inèrcia I*.

Mecànica Clàssica

9.2.1. Moment d'inèrcia

El moment d'inèrcia d'un sistema rígid té certes propietats que les definim a continuació o, simplement les presentem ja que les veurem als apartats que veurem a continuació:

<u>*Propietats*</u>:

    i)   Els moments d'inèrcia són aditius

    ii)   Teorema de ***l'eix paral·lel*** o ***Teorema d'Steiner*** (9.3)

    iii)   Teorema de ***l'eix perpendicular*** (9.4)

El moment d'inèrcia I, el podem trobar de dues maneres diferents segons com sigui el sistema. Les dues opcions són les següents:

i) **Sistemes <u>discrets</u> de partícules:** $\boxed{I = \sum_{i=1}^{N} m_i r_i^2}$

ii) **Sistemes amb distribucions <u>contínues</u> de partícules:** $\boxed{I = \int r_i^2 \, dm}$

❗ *Hem de tenir en compte que la **r** és la distància, en un sistema continüu, que va des de <u>l'eix</u>* (no des del punt d'origen).

<u>EX</u>: Rotació d'un sòlid rígid al voltant d'un eix fixe.

Si realitzem un exemple, agafant l'origen O en un punt qualsevol del l'eix i agafant $\vec{L}$ respecte l'origen O: $\vec{L} = \int \rho \, dV \, (\vec{r} \wedge \vec{v})$.
Tenim un grau de llibertat θ i si fem fixe l'eix z (amb r' com la projecció del vector posició al pla x-y), tenim:

$$L_z = \int \rho \, dV \, r'^2 \, \dot{\theta} = I_z \dot{\theta}$$

Mecànica Clàssica

Amb $I_z = \int \rho \, dV \, r'^2$ és el **moment d'inèrcia respecte l'eix z**.

Aleshores, l'única equació del moviment és: $\boxed{N_z = \dfrac{dL_z}{dt} = I_z \ddot{\theta}}$

9.3. Teorema d'eixos paral·lels (Teorema d'*Steiner*)

Quan tenim un cos amb massa **m** i un eix en el què es manté en rotació, podem trobar el seu moment d'inèrcia. Si ara volem trobar un eix paral·lel al què tenim, per trobar el valor del moment d'inèrcia hem d'aplicar el teorema d'eixos paral·lels o el ***teorema d'Steiner***.

El teorema d'*Steiner* agafa com a referència l'eix que es situa al centre de masses **CM** del sistema sòlid i després es troba la **I** que busquem amb la massa de l'objecte i la distància que hi ha entre l'eix de **CM** i el de la nostra **I**. La recíproca també és molt utilitzada.

Si observem la representació següent ho veurem més clar:

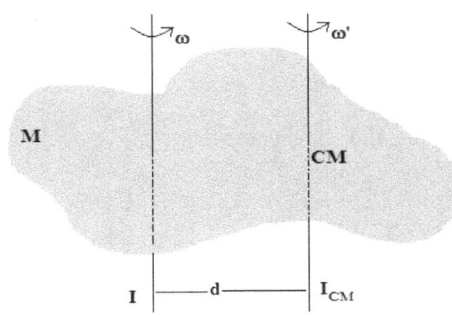

$$\boxed{I = I_{CM} + M \, d^2}$$
Teorema d'Steiner

Demostrar aquesta expressió és fàcil de veure fent servir l'energia cinètica i coordenades relatives vistes al *tema 6*.

$$T = \sum_{i=1}^{N} \frac{1}{2} m_i v_i^2 = // \vec{v} = \vec{V} + \vec{v}\,' ; \sum_{i=1}^{N} m_i \vec{v}_i{}' = 0 // = \frac{1}{2} M V^2 + \sum_{i=1}^{N} \frac{1}{2} m_i \vec{v}_i{}'^2 = T_{CM} + T'$$

Del T_{CM} tenim: $= \sum_{i=1}^{N} \frac{1}{2} m_i v_i^2 \omega^2 = \frac{1}{2} M d^2 \omega^2$. Aquesta expressió s'ha afegit el concepte de rotació de *velocitat angular* per a trobar el moment d'inèrcia.

Del T' tenim: $= \sum_{i=1}^{N} \frac{1}{2} m_i r_i^2{}' \omega^2$

Mecànica Clàssica

que ajuntant les dues expressions i cancel·lant termes, amb els sumatòris que ens presenten moments d'inèrcia, tenim què:

$$I_{CM} = \sum_{i=1}^{N} \frac{1}{2} m_i r_i^2 \text{'} \quad \text{i de l'expressió del} \quad T_{CM} : M \, d^2 \quad ; \text{finalment:}$$

$$\boxed{I = I_{CM} + M \, d^2}$$
q.v.d

9.4. Teorema de l'eix perpendicular. Teorema de làmines planes.

El teorema de l'eix perpendicular (també anomenat el **teorema de làmines planes**) s'utilitza per determinar el moment d'inèrcia d'un objecte rígid situat completament en un pla, sobre un eix perpendicular al pla, considerant els moments d'inèrcia de l'objecte sobre els eixos que formen aquest pla.

Aquests eixos han de passar per un únic punt del pla. Aleshores, el moment d'inèrcia de l'eix perpendicular, és el mateix que la suma dels dos moments d'inèrcia dels eixos que formen el pla.

$$\boxed{I_k = I_i + I_j}$$
Teorema de làmines planes

La demostració, és encara molt més fàcil que el d'eixos paral·lels:

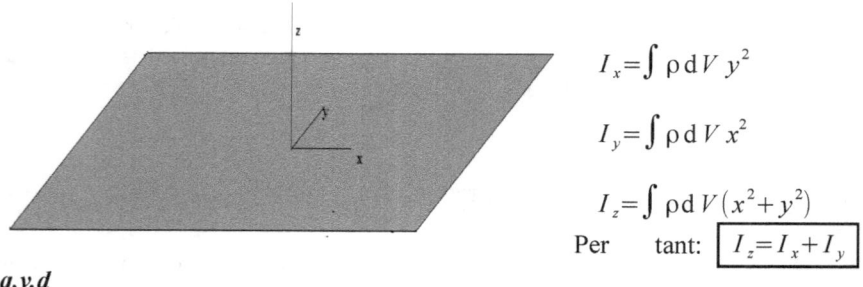

$$I_x = \int \rho \, dV \, y^2$$

$$I_y = \int \rho \, dV \, x^2$$

$$I_z = \int \rho \, dV \, (x^2 + y^2)$$

Per tant: $\boxed{I_z = I_x + I_y}$

q.v.d

Mecànica Clàssica

9.5. Exemples de moments d'inèrcia

A continuació, veurem un seguit d'exemples en què treballarem tot el que hem anat definint del moment d'inèrcia i dels teoremes respecte els eixos.

1. *Considerem un quadrat de costat "2a" i en els seus vèrtex una massa, tal què totes les quatre masses són iguals. Si l'eix de rotació es troba a la meitat del quadrat, a la distàcia "a"; quin és el seu valor de moment d'inèrcia?*

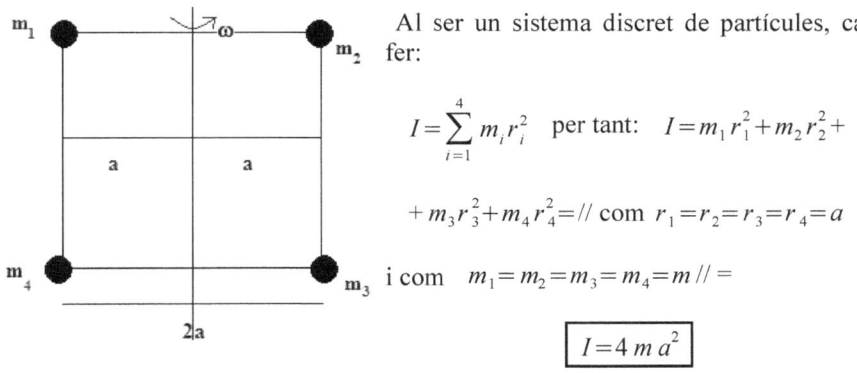

Al ser un sistema discret de partícules, cal fer:

$$I=\sum_{i=1}^{4} m_i r_i^2 \quad \text{per tant:} \quad I=m_1 r_1^2 + m_2 r_2^2 + m_3 r_3^2 + m_4 r_4^2 = // \text{ com } r_1=r_2=r_3=r_4=a$$

i com $m_1=m_2=m_3=m_4=m // =$

$$\boxed{I = 4\, m\, a^2}$$

2. *Una barra de longitud L està situada sobre l'eix de les x i l'eix de rotació està situat en un dels seus extrems. Si a una distància x de l'eix de rotació tenim un diferencial de massa dm, quin és el moment d'inèrcia?*

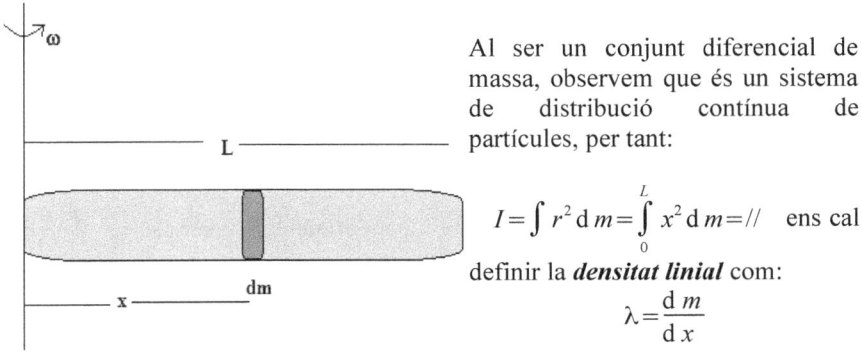

Al ser un conjunt diferencial de massa, observem que és un sistema de distribució contínua de partícules, per tant:

$$I=\int r^2\, dm = \int_0^L x^2\, dm = // \text{ ens cal}$$

definir la ***densitat linial*** com:

$$\lambda = \frac{dm}{dx}$$

Mecànica Clàssica

Si λ és constant; $\lambda = \dfrac{M}{L}$ // $= \displaystyle\int_0^L x^2 \lambda \, dx = \lambda \dfrac{x^3}{3}\Big|_0^L = \dfrac{1}{3}\lambda L^3 =$

$$\boxed{I = \dfrac{1}{3} M L^2}$$

Si ara té rotació respecte el **CM**, el valor del moment d'inèrcia, l'obtindrem utilitzant el teorema d'*Steiner:*

$$I = \dfrac{1}{3} M L^2 \qquad I = I_{CM} + M d^2 \quad ; \text{aleshores:} \quad \boxed{I = \dfrac{1}{12} M L^2}$$

3. Trobar el moment d'inèrcia d'un anell que rota sobre l'eix de la z que passa pel seu centre i de radi R.

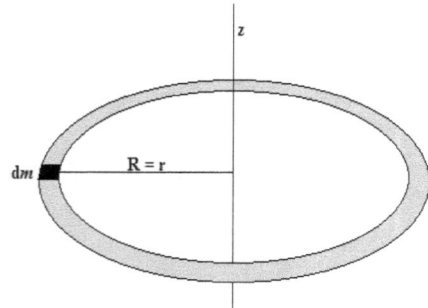

$I = \displaystyle\int r^2 \, dm = R^2 \int dm = //$ I com la densitat en aquest cas és constant:

$$\boxed{I = M R^2}$$

4. Trobar el moment d'inèrcia d'un disc que té rotació sobre l'eix de la z i que passa a través del seu centre.

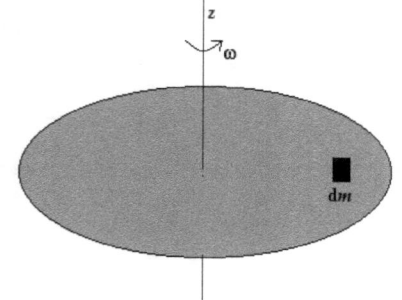

Primer de tot, definirem la **densitat superficial de massa** com:

$$\sigma = \dfrac{dm}{dA} \;\to\; dm = \sigma \, dA$$

i, per definició geomètrica:

$$dA = r \, dr \, d\theta$$

Aleshores:

$$I=\int r^2\,dm=\sigma\int r^2 r\,dm\,d\theta=\sigma\int_0^R r^3\,dr\int_0^{2\pi} d\theta=\int_0^{2\pi} d\theta=\sigma\,2\pi\frac{r^4}{4}\Big|_0^R=2\pi\sigma\frac{R^2}{4}R^2=$$

Aleshores, com σ és constant: $\dfrac{M}{\pi R^2}$, finalment tenim:

$$\boxed{I=\frac{1}{2}MR^2}$$

A més a més, per un disc circular, pel teorema de l'eix perpendicular, tenim:

$$\boxed{I_{\text{diàmetre}}=\frac{MR^2}{4}}$$

5. Trobar el moment d'inèrcia d'un cilindre en un diferencial de massa situat dins del volum i a distància r de l'eix, situat al centre dels centres de les "tapes" i en la seva vertical.

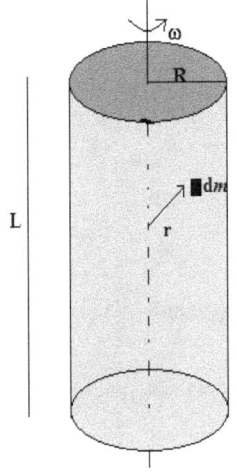

$I=\int r^2\,dm=\int r^2\rho\,dV$ Aquí hem fet servir la **densitat volúmica de massa** que ve determinada per:

$$\rho=\frac{dm}{dV}$$

i el diferencial de volum és:

$$dV=dA\,dz=r\,dr\,d\theta\,dz$$

Per tant, ressolent la integral tríple, obtenim:

$$\boxed{I=\frac{1}{2}MR^2}$$

Mecànica Clàssica

6. Una esfera massissa gira al voltant de l'eix z, amb un radi R i una massa uniforma M. Trobeu el moment d'inèrcia d'aquesta esfera.

La densitat volúmica de massa uniforma serà: $M = \dfrac{4}{3}\pi R^3 \rho$

L'esfera és una superposició de discs, cadascun de radi $\sqrt{R^2-z^2}$, alçada dz i massa $\rho\pi(R^2-z^2)\mathrm{d}z$.

El moment d'inèrcia de tota l'esfera és:

$$I = \int_{-R}^{+R} \frac{M R^2}{2} = \int_{-R}^{+R} \frac{\rho\pi(R^2-z^2)^2}{2}\mathrm{d}z =$$

$$= \frac{\pi\rho}{2}\left[R^4 z - \frac{2}{3}R^2 z^3 + \frac{z^5}{5}\right]_{-R}^{+R} =$$

$$\frac{\pi\rho}{2}\left(2R^5 - \frac{4}{3}R^5 + \frac{2}{5}R^5\right) = \frac{8\pi\rho}{15}R^5 \rightarrow$$

$$\boxed{I = \frac{2}{5}M R^2}$$

Respecte la tangent, pel teorema d'Steiner, serà: $\boxed{I = \dfrac{7}{5}M R^2}$.

7. Calcular el moment d'inèrcia d'un quadrat qualsevol (o una cara d'un cub).

Treballarem amb densitat superficial $\sigma = \dfrac{M}{a^2}$

Per tant:

$$I = \int_{-\frac{a}{2}}^{\frac{a}{2}} \int_{-\frac{a}{2}}^{\frac{a}{2}} \sigma(x^2 + y^2)\mathrm{d}x\,\mathrm{d}y =$$

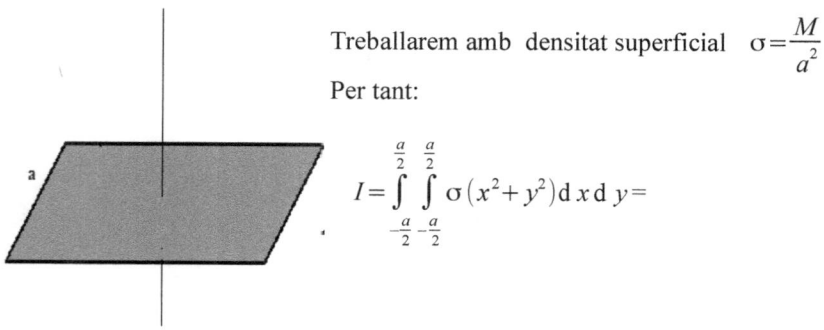

$$= \sigma \int_{-\frac{a}{2}}^{\frac{a}{2}} \frac{x^3}{3} + y^2 x \Big|_{-\frac{a}{2}}^{\frac{a}{2}} dy = \sigma \int_{-\frac{a}{2}}^{\frac{a}{2}} dy \left(\frac{a^3}{12} + y^2 a \right) =$$

$$= \sigma \left(\frac{a^4}{12} + a \frac{y^3}{3} \Big|_{-\frac{a}{2}}^{\frac{a}{2}} \right) = I = \sigma \left(\frac{a^4}{12} + \frac{a^4}{12} \right) \rightarrow \boxed{I = \frac{M}{6} a^2}$$

8. Tenim 3 masses iguals formant un triangle equilàter de costat "a" i alçada "h".

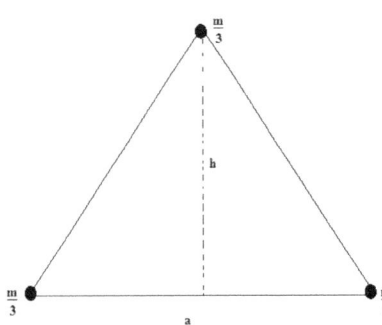

El centre de masses es troba a distància $\frac{2h}{3}$ de cada massa, amb una alçada de $h = \frac{a\sqrt{3}}{2}$.

Respecte un eix que passa pel **CM** perpendicular al triangle, tenim un moment d'inèrcia:

$$I = 3 \left(\frac{m}{3} \right) \left(\frac{4}{9} \right) \frac{3a^2}{4} \rightarrow \boxed{I = \frac{ma^2}{3}}$$

9. Tenim tres barres de costat a formant un triangle equilàter.

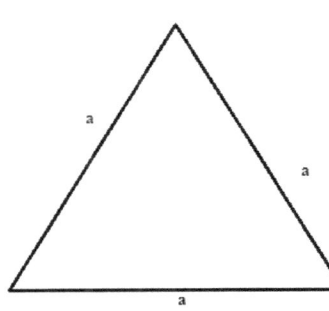

Cada costat té $I = \frac{m}{3} \frac{a^2}{12}$ respecte un eix que passa pel centre del costat perpendicular al pla.

Respecte un eix que passa pel **CM** del triangle (a distància $\frac{h}{3}$ del centre del costat).

198

Mecànica Clàssica

Aleshores, pel teorema d'*Steiner* tenim: $I = \dfrac{ma^2}{36} + \dfrac{m}{3}\dfrac{1}{9}\dfrac{3a^2}{4} = \dfrac{ma^2}{18}$ cada costat.

Per tant, finalment tenim: $\boxed{I = \dfrac{ma^2}{6}}$

10. Tenim una superfície uniforme en forma de triangle equilàter de costat "a". Trobar el moment d'inèrcia.

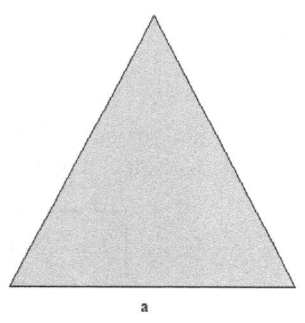

Considerem que aquesta superfície està formada per un conjunt de triangles de barres tal i com hem treballat a l'exemple 9.

Siguin dos triangles equilàters de costat x, $x + dx$ amb $0 \leq x \leq a$. Les seves alçades són $\dfrac{x\sqrt{3}}{2}$; $\dfrac{(x+dx)\sqrt{3}}{2}$; les seves àrees són $\dfrac{x^2\sqrt{3}}{4}$; $\dfrac{(x+dx)^2\sqrt{3}}{4}$. La superfície entre els dos serà:

$dS = x\, dx\, \dfrac{\sqrt{3}}{2}$.

Aquesta superfície contribueix $dI = \dfrac{x^2}{6}\sigma\, dS$; per l'exemple anterior, com

$\sigma = \dfrac{4m}{a^2\sqrt{3}} \rightarrow dI = \dfrac{x^2}{6}\dfrac{4m}{a^2\sqrt{3}}x\, dx\, \dfrac{\sqrt{3}}{2} \rightarrow dI = \dfrac{m x^3\, dx}{3a^2} \rightarrow I = \int_0^a dI = \dfrac{m}{3a^2}\left[\dfrac{x^4}{4}\right]_0^a \rightarrow$

$\boxed{I = \dfrac{ma^2}{12}}$

Mecànica Clàssica

9.6. Segona llei de *Newton* per a rotacions

En aquest apartat treballarem la segona llei de *Newton* utilitzant l'expressió de l'acceleració tangencial; d'aquesta manera, podem fer servir la segona llei en sistemes en rotació.

Treballant la fórmula tenim:

$$\vec{F}=m\vec{a}=m\,a_t=m\,r\,\alpha \;\rightarrow\; F\cdot r=m\,r^2\,\alpha=\vec{N} \;\rightarrow\; \boxed{\vec{N}=I\vec{\alpha}}$$

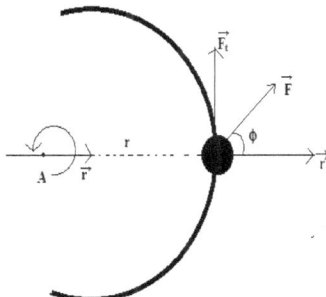

Si fem el càlcul:

$$F_t=F\sin\phi=m\,a_t=m\,r\,\alpha$$

$$\rightarrow r\cdot F\sin\phi=m\,r^2\,\alpha \;\rightarrow\; N_t=I\,\alpha$$

Aleshores, podem definir $\vec{N}$ com el **moment de forces**, amb expressió $\boxed{\vec{N}=\vec{r}\wedge\vec{F}}$ i d'una manera més general:

$$\boxed{|\vec{N}|=|\vec{r}|\cdot|\vec{F}|\sin\phi}$$

i per a *sistemes de partícules*:

$$\vec{N}=\sum_{i=1}^{N}\vec{N}_i=\sum_{i=1}^{N}m_i r_i^2\,\alpha \quad;\quad \vec{r}_{CM}=\frac{\sum_{i=1}^{N}m_i\vec{r}_i}{\sum_{i=1}^{N}m_i}=\frac{\sum_{i=1}^{N}m_i\vec{r}_i}{M}$$

Un cop presentat el concepte de moment de forces, podem presentar els termes en la rotació de *centre de gravetat* i *centre de masses*.

Si treballem amb la figura de la pàgina següent podem treballar amb la segona llei.

Mecànica Clàssica

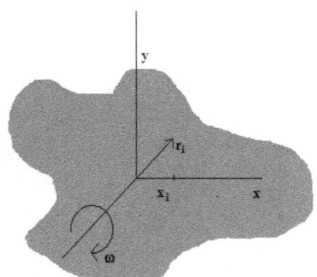

Com $F_i = m_i g$ tenim:

$$N_i = r_i F \sin\phi = // r_i \sin\phi = x_i // = m_i g x_i$$

aleshores:

$$N = \sum_{i=1}^{N} m_i g x_i \quad ; \text{si } g \text{ és uniforme:}$$

$$N = g \sum_{i=1}^{N} m_i x_i = M x_{CM}$$

En conclusió, $\boxed{x_{cg} = x_{CM}}$ per a camps de <u>gravitació uniforme</u>.

Abans de finalitzar amb aquest apartat, cal fer esment de la rotació d'un objecte **sense lliscament**. En aquests casos, cal trobar l'**energia cinètica total** de la partícula o sistema. Per fer-ho, hem de treballar amb les dues energies cinètiques, la clàssica i la de rotació. Amb $v_{CM} = R \cdot \omega$ i $a_{CM} = R \cdot \alpha$, podem presentar l'expressió final:

$$\boxed{T = \frac{1}{2} M V_{CM}^2 + \frac{1}{2} I_{CM} \omega^2}$$

<u>*Energia cinètica total*</u>

Finalment, podem presentar l'analogia de les equacions del moviment de la rotació amb una massa en una dimensió:

$$\boxed{\begin{array}{ccccccc} x & ; & v=\dot{x} & ; & a=\ddot{x} & ; & F & ; & m & ; & p=m\dot{x} & ; & T=\dfrac{m}{2}\dot{x}^2 \\ \theta & ; & \omega=\dot{\theta} & ; & \alpha=\ddot{\theta} & ; & N_i & ; & I_i & ; & L_i=I_i\dot{\theta} & ; & T=\dfrac{I_i}{2}\dot{\theta}^2 \end{array}}$$

Per acabar, farem dos exemples. Un es basarà amb el pèndol simple i l'altre amb el pèndol compost.

Mecànica Clàssica

EX:

*Tenim un pèndol simple subjectat a una paret en un eix fixe (O) i de longitud **l**:*

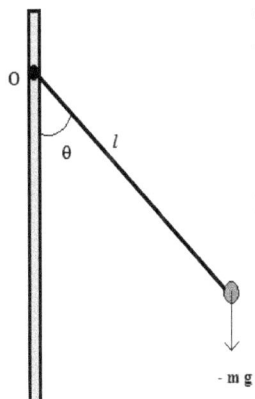

Com ja sabem $I_z = ml^2$; $N_z = -ml\sin\theta$ amb una equació de moviment:

$$\ddot{\theta} = \frac{N_z}{I_z} = -\frac{g}{l}\sin\theta \quad \rightarrow \quad l\ddot{\theta} + g\sin\theta = 0$$

Havíem trobat el període d'oscil·lació en el cas d'oscil·lacions petites; anem a trobar-lo pel cas general:

$$E = \frac{m}{2}l^2\dot{\theta}^2 + mgl(1-\cos\theta) = mgl(1-\cos\theta_0) \quad \text{amb}$$

θ_0 com l'amplitud màcima d'oscil·lació.

Per tant: $\frac{m}{2}l^2\dot{\theta}^2 = 2mgl\left[\sin^2\left(\frac{\theta_0}{2}\right) - \sin^2\left(\frac{\theta}{2}\right)\right]$. Si aïllem l'angle per fer a continuació una integral tenim:

$$\dot{\theta}^2 = 2\sqrt{\frac{g}{l}}\left[\sin^2\left(\frac{\theta_0}{2}\right) - \sin^2\left(\frac{\theta}{2}\right)\right]^{\frac{1}{2}} \quad \rightarrow \quad dt = \frac{1}{2}\sqrt{\frac{l}{g}}\left[\sin^2\left(\frac{\theta_0}{2}\right) - \sin^2\left(\frac{\theta}{2}\right)\right]^{-\frac{1}{2}}d\theta$$

El període d'oscil·lació, si considerem des del punt d'equilibri fins al punt d'oscil·lació màxima, per angles obtenim que serà 4 vegades el valor de la integral, per tant:

$$\tau = 2\sqrt{\frac{l}{g}}\int_0^{\theta_0}\left[\sin^2\left(\frac{\theta_0}{2}\right) - \sin^2\left(\frac{\theta}{2}\right)\right]^{-\frac{1}{2}}d\theta$$

Ens seria adient però, realitzar un canvi de variables:

$$z = \frac{\sin\left(\frac{\theta}{2}\right)}{\sin\left(\frac{\theta_0}{2}\right)} \quad ; \quad k = \sin\left(\frac{\theta_0}{2}\right) < 1 \quad ; \quad dz = \frac{\cos\left(\frac{\theta}{2}\right)}{\sin^2\left(\frac{\theta_0}{2}\right)}d\theta = \frac{\sqrt{1-k^2z^2}}{2k}d\theta$$

Mecànica Clàssica

per tant: $\tau = 4\sqrt{\dfrac{l}{g}} \displaystyle\int_0^1 \left[(1-z^2)(1-k^2z^2)\right]^{-\frac{1}{2}} dz$ que correspon a una integral el·líptica definida entre 0 i 1.

Aquesta integral la podem expandir en sèrie de la següent manera:

$$\tau = 4\sqrt{\dfrac{l}{g}}\ \dfrac{\pi}{2}\left[1+\left(\dfrac{1}{2}\right)^2 k^2 + \left(\dfrac{1\cdot 3}{2\cdot 4}\right)^2 k^4 + \left(\dfrac{1\cdot 3\cdot 5}{2\cdot 4\cdot 6}\right)^2 k^6 + \ldots\right]$$ simplificant:

$$\boxed{\tau = 4\sqrt{\dfrac{l}{g}}\ \dfrac{\pi}{2}\left[1+\left(\dfrac{k^2}{4}\right)+\left(\dfrac{9k^4}{64}\right)+\left(\dfrac{25k^6}{256}\right)+\ldots\right]}$$

Si donem el resultat en funció de l'amplitud màxima d'oscil·lació, cal desenvolupar una serie de potències de **k**: $k=\sin\left(\dfrac{\theta_0}{2}\right)\simeq \dfrac{\theta_0}{2}-\dfrac{\theta_0^3}{48}+\ldots$ que si fem la combinació amb el període obtenim:

$$\boxed{\tau = 2\pi\sqrt{\dfrac{l}{g}}\ \left[1+\left(\dfrac{\theta_0^2}{16}\right)+\left(\dfrac{11\theta_0^4}{3072}\right)+\ldots\right]}$$

Fem un exemple numèric.

Si l'amplitud màxima d'oscil·lació és $\theta_0=\dfrac{1}{2}$ (quasi bé 30°) ; la sèrie de potències corresponent al període serà:

$$\boxed{1+\left(\dfrac{1}{64}\right)+\dfrac{11}{49\,152}+\ldots}$$

EX:

Tenim un pèndol compost de massa uniforme M subjectat en un eix fixe (O) de la seva propia superfície.

Mecànica Clàssica

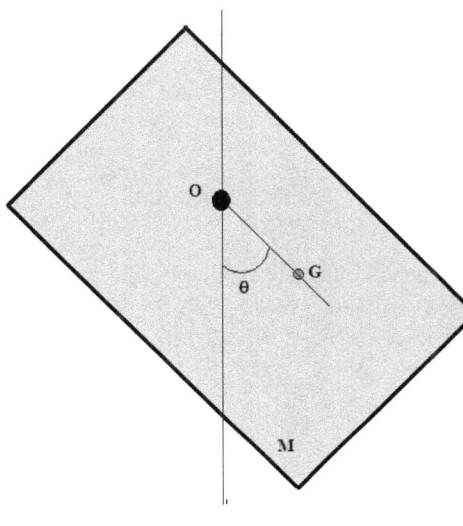

Sigui $I = M k_0^2$ amb k_o com el **radi de gir**. Aleshores:

$$M k_0^2 \ddot{\theta} = -M g h \sin\theta$$

Per tant, aquest cas és igual que el del pèndol simple si $l = \dfrac{k_0^2}{h}$, és a dir, si $l = \dfrac{I}{Mh}$ i, per tant:

$$\boxed{\tau = 2\pi\sqrt{\dfrac{I}{Mgh}}}$$ en petites oscil·lacions. Sinó el raonament és el mateix que pel simple.

No obstant això, no és una massa puntual, sinó una distribució de massa o un sistema continu. Això esdevindrà que hi hauran alguns aspectes importants a destacar que no teníem al pèndol simple.

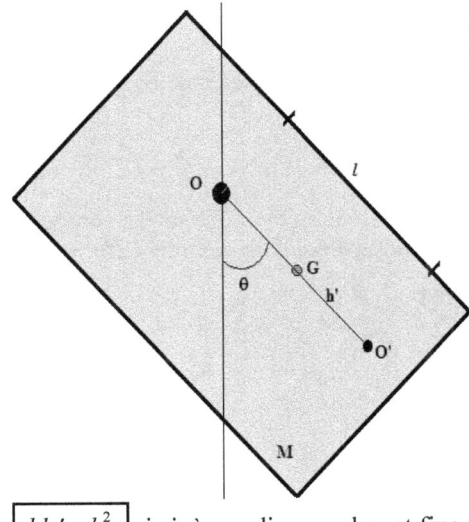

Anomenem *centre d'oscil·lació* O' al punt tal què $OO' = l$.

Pel teorema d'*Steiner*:

$$\dfrac{k_0^2}{M} = \dfrac{k_G^2}{M} + \dfrac{h^2}{M} \rightarrow k_0^2 = k_G^2 + h^2$$ per tant, $k_0 > h$. Això és fàcil demostrar-ho: $\dfrac{k_0}{h} > 1 \ ; \ \dfrac{k_0^2}{h} > k_0 \rightarrow$

$$\rightarrow l > k_0 > h$$

Aleshores, sigui h' la distància GO', aleshores $l = h + h' \rightarrow hh' = lh - h^2$
$\rightarrow hh' = k_0^2 - h^2 = k_G^2 \rightarrow$

$\boxed{hh' = k_G^2}$ i això ens diu que el punt fixe és O' i el centre d'oscil·lació és O.

Això s'anomena *centre de percusió* perquè una força aplicada a O' no desplaça el punt O.

Aleshores sigui F' la força aplicada en un punt qualsevol de l'eix OG a distància d de O; sigui F la força que manté inmòvil O. Tenim considerant moments:

$$\frac{dp}{dt} = M h \ddot{\theta} = F + F' \quad ; \quad \frac{dL_0}{dt} = N_0 = F' d = M k_0^2 \ddot{\theta}$$

Apliquem la força F' en direcció perpendicular a l'eix OO' i veiem que

$$F = M h \ddot{\theta} - F' \rightarrow F = M h \ddot{\theta} - \frac{M k_0^2 \ddot{\theta}}{d} \rightarrow \boxed{F = M \ddot{\theta} \left(h - \frac{k_0^2}{d} \right)}$$

tal què si $d = l$; $F = 0$

Un exemple típic i clàssic d'un pèndol compost, seria el cop d'una raqueta de tennis o un esport similar a una pilota:

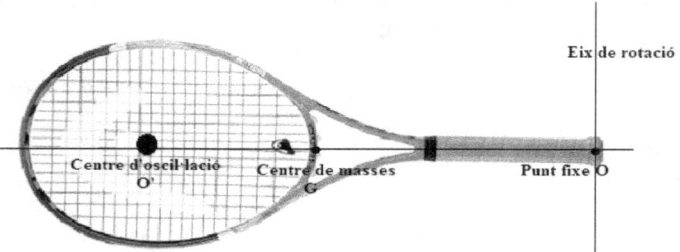

Observem que si el cop és al centre d'oscil·lació O' no s'ha de compensar l'energia cinètica de la pilota i es colpeja aquesta sense la necessitat de fer esforç i força amb el braç.

Mecànica Clàssica

9.7. Moviments de sistemes de referència

En un sistema de rotació, tenim un sistema inercial i un no inercial. Un sistema no inercial, per **def**inició, és un sistema de referència accelerat respecte el sistema inercial.

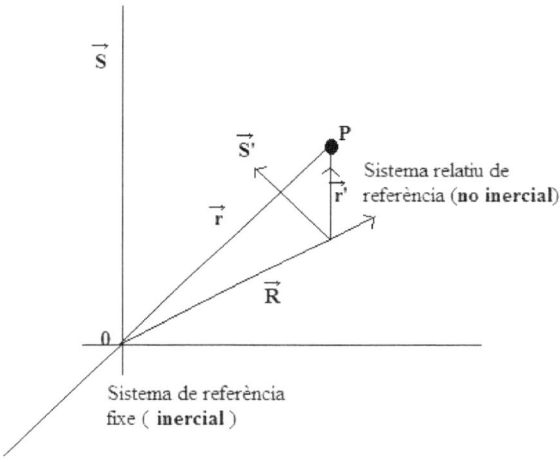

$$\vec{r} = \vec{R} + \vec{r}\,'$$

Al voltant del punt *P* té direcció *S'* i al voltant de *S'* té tendència a anar a la rotació de referència al voltant dels eixos instantanis de rotació.

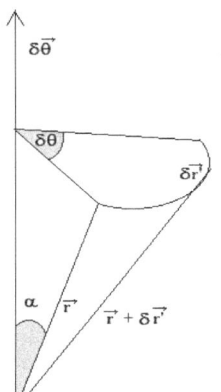

Aleshores: $|\delta\vec{r}| = |\vec{r}\,'| \sin\alpha \cdot \delta\theta$

$\delta\vec{r}$ és perpendicular al pla de $\vec{r}\,'$ i de $\delta\vec{\theta}$ per tant:

$$\boxed{\delta\vec{r} = \delta\vec{\theta} \wedge \delta\vec{r}\,'}$$

$$\left(\frac{d\vec{r}}{dt}\right)_{fixe} = \frac{d\vec{\theta}}{dr} \wedge \vec{r} \;;\; \frac{d\vec{\theta}}{dr} = \vec{\omega} \;\;;$$

la darrera expressió correspon a la velocitat angular del sistema de referència de rotació respecte al sistema fixe.

Mecànica Clàssica

Si, a més a més, **P** es mou respecte **S'**; aleshores:

$$\boxed{\left(\frac{d\vec{r}}{dt}\right)_{fixe(S)} = \left(\frac{d\vec{r}\,'}{dt}\right)_{rotatiu(S')} + \vec{\omega} \wedge \vec{r}}$$

Demostració:

$\left(\dfrac{d\vec{r}}{dt}\right)_{fixe} = // \vec{r}\,' = \sum x_i'\vec{e}_i\,' // = \sum\limits_{i=1}^{3}\dfrac{dx_i}{dt}\vec{e}_i - \sum\limits_{i=1}^{3} x_i'\dfrac{d\vec{e}_i\,'}{dt} =$ tenint en compte que

$\sum\limits_{i=1}^{3} x_i\dfrac{d\vec{e}_i\,'}{dt} = \sum\limits_{i=1}^{3} x_i' \cdot \vec{\omega} \wedge \vec{e}_i$; tenim: $\left(\dfrac{d\vec{r}}{dt}\right)_{fixe} = \left(\dfrac{d\vec{r}\,'}{dt}\right)_{rotatiu} + \vec{\omega} \wedge \vec{r}$.

La mateixa expressió és vàlida per qualssevol vectors. Si considerem un vector **Q**:

$$\left(\frac{d\vec{Q}}{dt}\right)_{fix} = \left(\frac{d\vec{Q}\,'}{dt}\right)_{rot} + \vec{\omega} \wedge \vec{Q}$$

El cas particular d'aquesta generalització, és quan $\vec{Q} = \vec{\omega}$; aleshores:

$$\left(\frac{d\vec{\omega}}{dt}\right)_{fix} = \left(\frac{d\vec{\omega}\,'}{dt}\right)_{rot} + \vec{\omega} \wedge \vec{\omega} = \left(\frac{d\vec{\omega}\,'}{dt}\right)_{rot}$$

$\left(\dfrac{d\vec{\omega}}{dt}\right)_{fix} :=$ és *l'acceleració angular que es veu des del sistema de referència que està.*

" *L'acceleració angular es veu de la mateixa manera en la conjunció dels dos sistemes* "

Mecànica Clàssica

9.8. Força de *Coriolis* i força centrífuga

A continuació treballarem la força de *Coriolis* i la força centrífuga, en què els casos més famosos és el pèndol de *Foucault*, la rotació lliure de la Terra i l'episodi dels *Simpsons* que en Bart experimenta amb la rotació de l'aigua del *WC* i truca a Austràlia per veure en quin sentit girava.

Abans d'iniciar l'estudi d'aquestes forces, definirem la ***velocitat relativa al sistema de referència fixe*** v_f .

Si partim de l'expressió de la posició relativa $\vec{r} = \vec{R} + \vec{r}\,'$ només ens caldrà derivar respecte el temps per trobar v_f :

$$\left(\frac{d\vec{r}}{dt}\right)_{fix} = \left(\frac{d\vec{R}}{dt}\right)_{fix} + \left(\frac{d\vec{r}\,'}{dt}\right)_{fix} = \left(\frac{d\vec{R}}{dt}\right)_{fix} + \left(\frac{d\vec{r}\,'}{dt}\right)_{rot} + \vec{\omega} \wedge \vec{r}$$

amb $\vec{\omega}$ com a velocitat del sistema en rotació i $\vec{\omega} \wedge \vec{r}$ com la velocitat del sistema en rotació respecte al fixat. Per tant:

$$\boxed{\vec{v}_f = \vec{V} + \vec{v}_r + \vec{\omega} \wedge \vec{r}}$$

Seguint la definició del què comporta el subíndez *f* i amb **F** com la força total excercida per la partícula al punt *P*, tenim $\vec{F} = m\vec{a}_f$; si trobem el valor de $\vec{a}_f$ respecte $\vec{v}_f$:

$$\vec{a}_f = \left(\frac{d\vec{v}_f}{dt}\right)_{fix} = \left(\frac{d\vec{V}}{dt}\right)_{fix} + \left(\frac{d\vec{v}_r}{dt}\right)_{fix} + \frac{d}{dt}(\vec{\omega} \wedge \vec{r}) = \ddot{\vec{R}}_f + \left(\frac{d\vec{v}_r}{dt}\right)_{rot} + \vec{\omega} \wedge \vec{r} +$$

$$+ \frac{d}{dt}(\vec{\omega} \wedge \vec{r}) = \vec{a}_f = \ddot{\vec{R}}_f + \left(\frac{d\vec{v}_r}{dt}\right)_{rot} + \vec{\omega} \wedge \vec{v}_r + \dot{\vec{\omega}} \wedge \vec{r} + \vec{\omega} \wedge \left(\frac{d\vec{r}\,'}{dt}\right)_{rot} + \vec{\omega} \wedge \vec{\omega} \wedge \vec{r}$$

Definint:

$\ddot{\vec{R}}_f$: *acceleració connectada a l'orien*; $\vec{\omega} \wedge \left(\frac{d\vec{r}\,'}{dt}\right)_{rot} = \vec{v}_r$

$\left(\frac{d\vec{v}_r}{dt}\right)_{rot} = \vec{a}_r$: *acceleració relativa al sistema en rotació*

Mecànica Clàssica

Finalment, l'expressió agafa la forma de:

$$\vec{a}_f = \ddot{\vec{R}}_f + \vec{a}_r + \dot{\vec{\omega}} \wedge \vec{r} + 2\vec{\omega} \wedge \vec{v}_r + \vec{\omega} \wedge \vec{\omega} \wedge \vec{r}$$

Si ara substituïm a la segona llei de *Newton*, tenim:

$$\vec{F} = m\vec{a}_f = m\ddot{\vec{R}}_f + m\vec{a}_r + m(\dot{\vec{\omega}} \wedge \vec{r}\,') + 2m(\vec{\omega} \wedge \vec{v}_r) + m(\vec{\omega} \wedge \vec{\omega} \wedge \vec{r}\,')$$

Definint de l'expressió:

- $2m(\vec{\omega} \wedge \vec{v}_r)$ com la *força de Coriolis*

- $m(\vec{\omega} \wedge \vec{\omega} \wedge \vec{r})$ com la *força centrípeta o bé* $-m(\vec{\omega} \wedge \vec{\omega} \wedge \vec{r})$ **com a força centrífuga**

Cal recordar, que la força de *Coriolis* i la força centrífuga, no són forces en el sentit corrent de la paraula, sinó que les hem introduït de tal manera perquè el concepte de la segona llei de *Newton* en sistemes de coordenades en rotació que presenten condicions no inercials, tinguin sentit en la plenitud conceptual. Així doncs, els dos conceptes presentats són els termes no inercials de la segona llei. Això ens permet comprendre millor el moviment d'una partícula en rotació i les presentem com a **forces fictícies** que ens expliquen millor el moviment respecte la partícula des del camp de visió d'un observador.

A més a més, com hem pogut veure en el procés de deducció de la força de *Coriolis*, aquest terme prové del moviment de la partícula del sistema de coordenades en rotació, per tant; si no hi ha moviment, no existeix aquesta força.

A continuació, farem un estudi de la força efectiva total:

$$\vec{F}_{eff} = m\vec{a}_r = \vec{F} - 2m(\vec{\omega} \wedge \vec{v}_r) + m(\vec{\omega} \wedge \vec{\omega} \wedge \vec{r})$$

en què els termes de *Coriolis* i centrífuga són en negatiu i expressem les dues forces fictícies.

Mecànica Clàssica

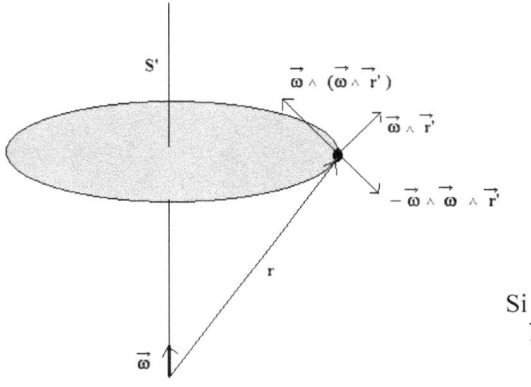

Si $\vec{\omega}$ és perpendicular amb $\vec{r}\,'$, aleshores $-m\omega^2 \vec{r}\,'$.

$$\ddot{\vec{R}} = \frac{d}{dt}\Big|_f \frac{d\vec{R}}{dt}\Big|_f = // \text{ aplicant } \frac{d\vec{R}}{dt}\Big|_r + \vec{\omega}\wedge\vec{R} // = \frac{d}{dt}\Big|_f \left(\frac{d\vec{R}}{dt}\Big|_r + \vec{\omega}\wedge\vec{R}\right) =$$

$$\frac{d}{dt}\Big|_r \frac{d\vec{R}}{dt}\Big|_r + \vec{\omega}\wedge\frac{d\vec{R}}{dt}\Big|_r + \frac{d}{dt}\Big|_r(\vec{\omega}\wedge\vec{R}) + \vec{\omega}\wedge(\vec{\omega}\wedge\vec{R}) = \ddot{\vec{R}}_r + \vec{\omega}\wedge\dot{\vec{R}}_r + \dot{\vec{\omega}}\wedge\vec{R}_r +$$

$$+ \vec{\omega}\wedge\dot{\vec{R}}_r + \vec{\omega}\wedge(\vec{\omega}\wedge\vec{R}) = \boxed{\ddot{\vec{R}}_f = \ddot{\vec{R}}_r + \dot{\vec{\omega}}\wedge\vec{R}_r + 2\vec{\omega}\wedge\dot{\vec{R}}_r + \vec{\omega}\wedge(\vec{\omega}\wedge\vec{R})}$$

9.8.1. Caiguda lliure en la Terra en rotació

A continuació, estudiarem la caiguda lliure d'un objecte per la Terra tenint en compte la rotació. Per fer-ho, presentem un esquema de coordenades i unes definicions prèvies de les variables.

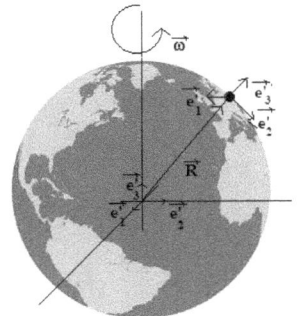

i) $\vec{\omega} = \text{cnt} \rightarrow \dot{\vec{\omega}} = 0$

ii) $\vec{R}_r$ és un vector independent del temps $\dot{\vec{R}}_r = \ddot{\vec{R}}_r = 0$

Ajuntant *i)* i *ii)*:

$$\ddot{\vec{R}}_f = \vec{\omega}\wedge\vec{\omega}\wedge\vec{R} \rightarrow F_{\text{eff}} = m\,\vec{a}_r = \vec{F} - m\vec{\omega}\wedge\vec{\omega}\wedge\vec{R} -$$

210

Mecànica Clàssica

$-2m\vec{\omega}\wedge\dot{\vec{r}}\,'-m\vec{\omega}\wedge(\vec{\omega}\wedge\vec{r}\,')$.

Si només actúa la gravetat, tenim $\vec{F}=-G\dfrac{Mm}{r^3}\vec{r}$ i si $\vec{R}\gg\vec{r}\,'$, aleshores $\vec{r}=\vec{R}+\vec{r}\,'\simeq\vec{R}$ tenim amb les dues expressions:

$$\vec{F}=-G\frac{Mm}{R^3}\vec{R} \quad ; \quad \vec{g}=-G\frac{M\vec{R}}{R^3}\simeq 9.81\ldots$$

L'experiment mesura el valor de **g** en $\vec{g}=-G\dfrac{M\vec{R}}{R^3}-m\vec{\omega}\wedge\vec{\omega}\wedge\vec{R}$ i $\omega=\dfrac{2\pi/\text{dia}}{86400\,s/\text{dia}}=7.3\cdot 10^{-5}\,\text{rad}/s$.

La força centrífuga la podem negligir, ja que és proporcional a ω^2. Per tant:

$m\ddot{\vec{r}}\,'=m\vec{g}-2m\vec{\omega}\wedge\dot{\vec{r}}\,' \quad\rightarrow\quad$ simplificant: $\boxed{\ddot{\vec{r}}\,'=\vec{g}-2\vec{\omega}\wedge\dot{\vec{r}}\,'}$

Resolem el problema

Si la velocitat angular del sistema no inercial té direcció de l'eix de les z de l'eix inercial:

$\vec{\omega}_f=(0,0,\omega)\rightarrow\vec{\omega}_r=(-\omega\cos\lambda,0,\omega\sin\lambda) \quad \dot{\vec{r}}\,'=(\dot{x}\,',\dot{y}\,',\dot{z}\,') \,;\, \vec{g}=(0,0,-g)$

Aleshores:

$\vec{\omega}\wedge\dot{\vec{r}}\,'=\begin{vmatrix}\vec{e}_1' & \vec{e}_2' & \vec{e}_3' \\ -\omega\cos\lambda & 0 & \omega\sin\lambda \\ \dot{x}\,' & \dot{y}\,' & \dot{z}\,'\end{vmatrix}=-\omega\cos\lambda\,\dot{y}\,'\vec{e}_3'+\omega\sin\lambda\,\dot{x}\,'\vec{e}_2'+\omega\cos\lambda\,\dot{z}\,'\vec{e}_2'$

$-\omega\sin\lambda\,\dot{y}\,'\vec{e}_1'$:

$$\boxed{\begin{array}{l}\ddot{x}\,'=-2\omega\sin\lambda\,\dot{y}\,' \\ \ddot{y}\,'=2\omega\cos\lambda\,\dot{z}\,'+2\omega\sin\lambda\,\dot{x}\,' \\ \ddot{z}\,'=-g-2\omega\cos\lambda\,\dot{y}\,'\end{array}}$$

Mecànica Clàssica

Si mirem la fórmula de $\ddot{\vec{r}}' = \vec{g} - 2\vec{\omega}\wedge\dot{\vec{r}}'$; $\dot{x}', \dot{y}' \ll \dot{z}'$ les negligim!!

Si $\omega = 0$ aleshores $\ddot{x}' = \ddot{y}' = 0$; $\ddot{z}' = -g \rightarrow \dot{z}' = gt$ (amb $\dot{z}'(0) = 0$)

$\rightarrow \ddot{y}' = -2\omega\cos\lambda(-gt) = 2\omega\cos\lambda\, gt$ (*acceleració neta en la direcció de la Terra*)

Finalment: $\boxed{y(t) = \omega\cos\lambda\, g\dfrac{t^3}{3}}$; $\dot{y}'(0) = y'(0) = 0$

Un exemple clàssic i senzill seria:

$y\left(t \simeq \sqrt{\dfrac{2h}{g}}\right) = \omega\cos\lambda\, g\dfrac{1}{3}\dfrac{8h^3}{g^3}$ amb **h** com l'alçada. Simplificant els càlculs, finalment obtindríem:

$$\boxed{y\left(t \simeq \sqrt{\dfrac{2h}{g}}\right) = \dfrac{2}{3}\omega\cos\lambda\, h\dfrac{2h}{g}}$$

Si **h** = 100 m ; **λ** = 45° tenim, **d** = 1.55 cm ; amb **d**: *desviació* entre dos punts en presència de velocitat angular.

Si no despreciem el terme de la acceleració centrífuga, la acceleració del sistema ens vindrà determinada per:

$$\ddot{\vec{r}}' = \vec{g} - 2\vec{\omega}\wedge\dot{\vec{r}} - \omega\wedge(\vec{\omega}\wedge\vec{r})$$

Treballem dos casos:

a) *Gravetat efectiva*

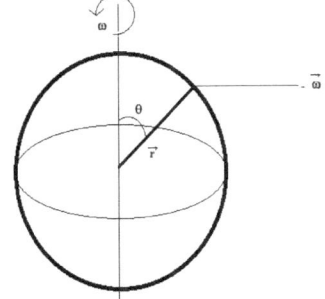

Per un objecte en repòs:

$$\boxed{\vec{g}_e = \vec{g} - \omega\wedge(\vec{\omega}\wedge\vec{r})}$$

en què la acceleració centrífuga la podem expressar com:

$-\omega\wedge(\vec{\omega}\wedge\vec{r}) = -(\vec{\omega}\cdot\vec{r})\vec{\omega} + \omega^2\vec{r}$

Aleshores $|\omega\wedge(\vec{\omega}\wedge\vec{r})| = \omega^2 r\sin\theta$.

Mecànica Clàssica

Amb això podem avaluar que en els pols aquesta acceleració serà nul·la i a l'equador màxima. El valor màxim de l'acceleració centrífuga és $0.033 \, m/s^2$ que és un factor de correcció petit en comparació amb el valor de la **g**.

En el vector $\vec{g}$, l'acceleració centrífuga ens modifica la direcció. El terme $\omega^2 \vec{r}$ ens redueix la $\vec{g}$ i $-(\vec{\omega} \cdot \vec{r})\vec{\omega}$ el desplaça.

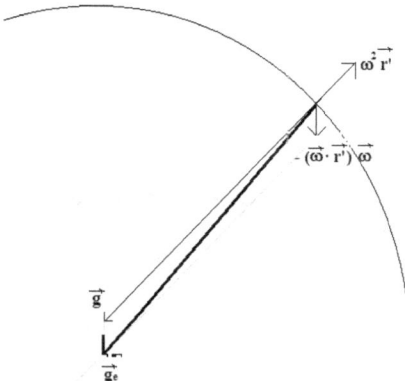

$\vec{g}$ Va en direcció al centre de la Terra.

$\vec{g}_e$ Es troba aproximadament perpendicular a la superfície de la Terra perquè aquesta està aplanada pels pols.

b) Acceleració relativa total: força de Coriolis

$$\ddot{\vec{r}}' = \vec{g}_e - 2\vec{\omega} \wedge \dot{\vec{r}}'$$

Observem numèricament que si $\dot{\vec{r}}' \sim 300 \, m/s$; $2\omega \dot{r}' \simeq 0.04 \, m/s^2$

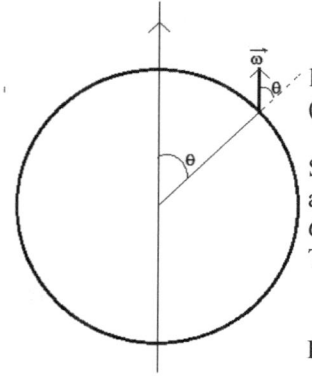

$\vec{\omega}$ té una component $\omega \cos\theta$ sobre la vertical local i $\omega \sin\theta$ sobre la superfície de la Terra (direcció nord).

Segons la direcció de la velocitat de l'objecte que avaluem, podem experimentar una acceleració de *Coriolis* determinada a causa de la rotació de la Terra.

És aquí en què es veu reflexat lo dels *Simpsons*.

Mecànica Clàssica

- **Si $\vec{r}'$ és vertical:**

  La component horitzontal de $\omega \sin\theta$ **implica:**

  i) $\vec{r}'$ *cap amunt*: Acceleració de *Coriolis* **cap a l'oest**.

  ii) $\vec{r}'$ *cap avall*: Acceleració de *Coriolis* **cap a l'est**

  En ambdós casos, $\omega \dot{r}' \sin\theta$

- **Si $\vec{r}'$ és horitzontal:**

  La component horitzontal de $\omega \sin\theta$ **implica:**

  i) $\vec{r}'$ *cap a est/oest*: Acceleració de *Coriolis* **vertical (amunt / avall)** amb $\omega \dot{r}' \sin\theta$.

  ii) $\vec{r}'$ *cap a nord/sud*: Acceleració de *Coriolis* sempre serà ***zero***.

- **Si $\vec{r}'$ és horitzontal:**

  La component verticalal de $\omega \cos\theta$ **implica:**

  Acceleració de *Coriolis* horitzontal perpendicular a $\vec{r}'$ (*desviació lateral*) amb $\omega \dot{r}' \cos\theta$.

Hemisferi nord ($\cos\theta > 0$)

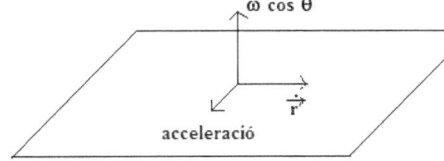

El moviment sempre cap a la dreta.

Est a sud; sud a oest; ...

Mecànica Clàssica

Hemisferi sud ($\cos\theta < 0$)

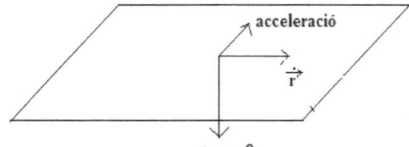

El moviment sempre va cap a l'esquerra.

Est a nord; sud a est; ...

A més a més, sempre zero a l'equador $\cos\theta = 0 \to \omega \vec{r} \cos\theta = 0$.

- **Casos en què es manifesta l'acceleració de *Coriolis***

    i) En el moviment dels avions, projectils, míssils... (*situacions amb velocitats elevades*).

    ii) Masses d'aire que originen ciclons. Els ciclons es creen per zones de baixes pressions envoltat de zones d'altes pressions:

    Un cicló a l'hemisferi nord seria esquemàticament:

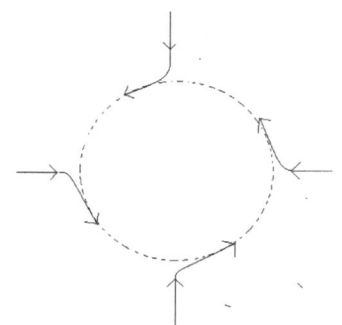

No s'aproximen a la zona de baixes pressions de manera radial, sinó que tracen un moviment circular.

- ***Una imatge d'un cicló vist des d'un satèl·lit***

215

Mecànica Clàssica

9.8.2. Pèndol de *Foucault*

Def: Definim el **pèndol de Foucault** com un pèndol simple, precís i de gran massa (*pesat, ja que així segueix oscil·lant bé tot i la resistència de l'aire*) i llarg (*una bona aproximació del seu desplaçament en petites oscil·lacions és que el seu moviment és sempre horitzontal*).

La força de *Coriolis* té un efecte sobre el moviment d'un pèndol a través del temps del pla d'oscil·lació que origina la precessió o rotació en aquest pla. Si tenim un pla tridimensional que, en el cas de la Terra, com hem vist amb anterioritat, és $\dot{x}', \dot{y}' \ll \dot{z}'$; estudiem el cas del pèndol, sent $\dot{x}', \dot{y}' \gg \dot{z}'$, podent despreciar $\dot{z}'$; tenim:

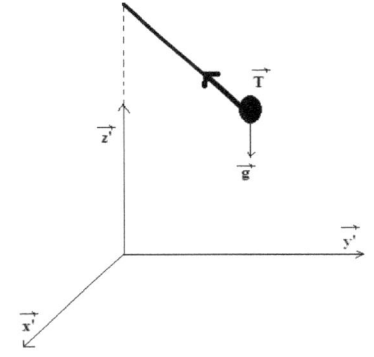

$$\ddot{\vec{r}}' = \vec{g} + \frac{\vec{T}}{m} - 2\vec{\omega} \wedge \dot{\vec{r}}' \quad ; \quad \vec{g} = (0, 0, -g)$$

$$\vec{\omega} = (-\omega \cos\lambda, 0, \omega \sin\lambda) \quad ;$$

$$\dot{\vec{r}}' = (\dot{x}', \dot{y}', \dot{z}') \rightarrow \dot{z}' \sim 0 \rightarrow (\dot{x}', \dot{y}', 0)$$

Si treballem amb les dues darreres expressions:

$$\vec{\omega} \wedge \dot{\vec{r}}' \simeq -\dot{y}' \omega \sin\lambda \, \vec{e}_x' + \dot{x}' \omega \sin\lambda \, \vec{e}_y' - \dot{y}' \omega \cos\lambda \, \vec{e}_y'$$

$$\vec{T} = (T_x, T_y, T_z) \simeq \left(-T\frac{x'}{l}, -T\frac{y'}{l}, +mg \right)$$

Ajuntant $\vec{T}$ i $\vec{\omega} \wedge \dot{\vec{r}}'$; tenim:

$$\boxed{\begin{aligned} \ddot{x}' &\simeq -\frac{T}{m}\frac{x'}{l} + 2\dot{y}'\omega\sin\lambda \simeq \frac{-g}{l}x' + 2\dot{y}'\omega\sin\lambda \\ \ddot{y}' &\simeq -\frac{T}{m}\frac{y'}{l} - 2\dot{x}'\omega\sin\lambda \simeq \frac{-g}{l}y' - 2\dot{x}'\omega\sin\lambda \end{aligned}}$$

Mecànica Clàssica

Per simplificar l'expressió, definim $\alpha^2 \equiv \dfrac{T}{ml} \simeq \dfrac{g}{l}$ i $\omega_z = \omega \sin\lambda$; per tant:

$$\boxed{\begin{array}{l} \ddot{x}' + \alpha^2 x' \simeq 2\omega_z \dot{y}' \\ \ddot{y}' + \alpha^2 y' \simeq -2\omega_z \dot{x}' \end{array}}$$

Observem que l'equació $\ddot{x}'$ té un factor $\dot{y}'$ i la $\ddot{y}'$ un factor $\dot{x}'$. Això ens implica una oscil·lació acoblada pel què hem de definir un terme $\boxed{q = x' + i\, y'}$.

Aleshores,

$$\boxed{\ddot{q} = \ddot{x}' + i\ddot{y}' \simeq -\alpha^2 q - 2i\omega_z \dot{q}} \quad ; \quad \boxed{\ddot{q} + 2i\omega_z \dot{q} + \alpha^2 q \simeq 0}$$

Que correspont a un oscil·lador esmorteït amb un factor d'esmorteïment que decau imaginari.

Per tant, tenim:

$q(t) \simeq e^{-i\omega_z t}\left(A\, e^{\sqrt{-\omega_z^2 - \alpha^2}\, t} + B\, e^{-\sqrt{-\omega_z^2 - \alpha^2}\, t}\right) =$ // si $\omega = 0$; aleshores $\ddot{q} + \alpha^2 q = 0$
aleshores, α^2 podria ser la freqüència d'oscil·lació ($\alpha \gg \omega_z$ (o ω) seria la freqüència d'oscil·lació si la Terra no rotés.

Per tant $q'(t) A e^{i\alpha t} + B e^{-i\alpha t}$ // $q(t) \simeq e^{-i\omega_z t}\left(A e^{i\alpha t} + B e^{-i\alpha t}\right) \equiv q'(t) e^{-i\omega_z t}$

Aleshores, l'expressió per x i per y serà:

$$\boxed{\begin{pmatrix} x(t) \\ y(t) \end{pmatrix} = \begin{pmatrix} \cos(\omega_z t) & \sin(\omega_z t) \\ -\sin(\omega_z t) & \cos(\omega_z t) \end{pmatrix} \begin{pmatrix} x'(t) \\ y'(t) \end{pmatrix}}$$

La primera matriu és amb la solució de $\omega \neq 0$, la segona amb el pla x-y i la tercera amb $\omega = 0$.

A més a més, $(\omega_z t) = \theta(t)$ amb $\omega_z t$ com la velocitat angular de rotació en el pla x-y i $\omega_z = \omega \sin(\lambda)$.

Mecànica Clàssica

Treballem ara sense l'aproximació de negligir la força centrífuga.

En el sistema de referència fixe, la força vindrà determinada per: $\boxed{\ddot{\vec{r}} = \vec{g} + \dfrac{\vec{T}}{m}}$.

En el sistema d'un observador lligat a la Terra, observa una força:
$$\boxed{\ddot{\vec{r}} = \ddot{\vec{r}}\,' + 2\vec{\omega} \wedge \dot{\vec{r}}\,' + \vec{\omega} \wedge (\vec{\omega} \wedge \vec{r}\,')}$$

Aleshores: $\vec{g} + \dfrac{\vec{T}}{m} = \ddot{\vec{r}}\,' + 2\vec{\omega} \wedge \dot{\vec{r}}\,' + \vec{\omega} \wedge (\vec{\omega} \wedge \vec{r}\,')$ i finalment, utilitzant definicions anteriors:

$$\boxed{\ddot{\vec{r}}\,' = \vec{g}_e + \dfrac{\vec{T}}{m} - 2\vec{\omega} \wedge \dot{\vec{r}}\,'}$$

$-2\vec{\omega} \wedge \dot{\vec{r}}\,'$ si que produeix un canvi important:

- **La component horitzontal de** $\vec{\omega}$; $(\omega \sin\theta)$ implica una acceleració vertical, que serà despreciable davant la resta d'acceleracions.

- **La component vertical de** $\vec{\omega}$; $(\omega \cos\theta)$ implica una acceleració horitzontal perpendicular al pla d'oscil·lació, que és important ja què és l'única en aquesta direcció.

Aleshores, finalment tenim:

$$\boxed{\ddot{\vec{r}}\,' = \vec{g}_e + \dfrac{\vec{T}}{m} - 2\omega\cos\theta(\vec{e}_z \wedge \dot{\vec{r}}\,')}$$

que ens modifica el moviment, fent que el pla d'oscil·lació giri lentament a **velocitat angular de precessió** $\boxed{\vec{\omega}\,' = -\omega\cos\theta\,\vec{e}_z}$.

Mecànica Clàssica

La precessió del pla d'oscil·lació en diversos casos la podem determinar de la següent manera:

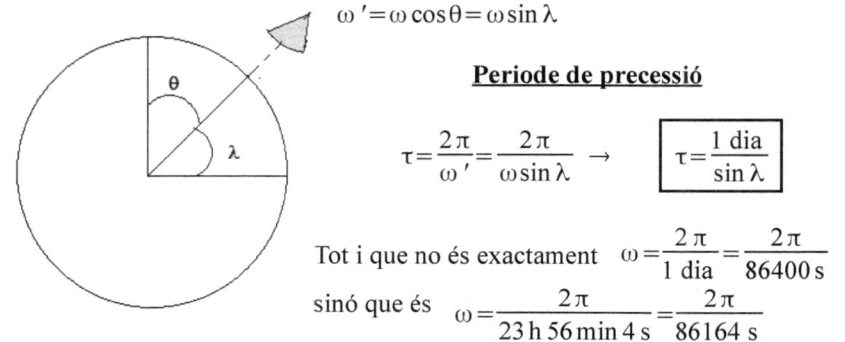

$$\omega' = \omega \cos\theta = \omega \sin\lambda$$

Periode de precessió

$$\tau = \frac{2\pi}{\omega'} = \frac{2\pi}{\omega \sin\lambda} \quad \rightarrow \quad \boxed{\tau = \frac{1 \text{ dia}}{\sin\lambda}}$$

Tot i que no és exactament $\omega = \dfrac{2\pi}{1 \text{ dia}} = \dfrac{2\pi}{86400 \text{ s}}$;

sinó que és $\omega = \dfrac{2\pi}{23 \text{ h } 56 \text{ min } 4 \text{ s}} = \dfrac{2\pi}{86164 \text{ s}}$

Si fem el qüocient per veure la relació entre ells i avaluar la diferència:

$$\frac{86400 \text{ s}}{86164 \text{ s}} = \frac{366.247}{365.247} \approx 1.003$$

Que com podem observar, l'aproximació sense la precessió és prou bona, però tot i així veiem que si la tenim en compte canvien els resultats.

Si situem el pèndol al pol nord o pol sud, coincidirà el periode amb el d'un dia, ja que $\sin\dfrac{\pi}{2} = 1$

Observem alguns valors del periode d'un pèndol de *Foucault*.

- **1851, París** va ser on *Foucault* va presentar el pèndol:

$$\left(\lambda = 47° \rightarrow \tau = 32 \text{ h } 45 \text{ min}\right)$$

- **Barcelona**: $\left(\lambda = 41° \rightarrow \tau = 36 \text{ h } 30 \text{ min}\right)$

- **Equador**: $\left(\lambda = 0° \rightarrow \tau = \infty\right)$ *el què ens indica que no hi ha precessió!!*

El pèndol de *Foucault*, té un comportament molt característic que és fàcil de veure en exposicions de física i de ciències en general.

Mecànica Clàssica

La majoria de vegades, el trobem envoltat d'objectes, normalment varetes, que ens prediuen aquesta oscil·lació amb precessió. Observar-ho és difícil si no tenim cap mena de detector per saber que no passa mai per un mateix punt, demostrant així que la Terra és un cos rígid en rotació.

Podem veure a continuació i de manera molt esquemàtica, el comportament d'un pèndol de *Foucault* vist des de dalt a l'hemisferi nord que, com hem dit, el sentit d'oscil·lació serà el sentit de les agulles del rellotge:

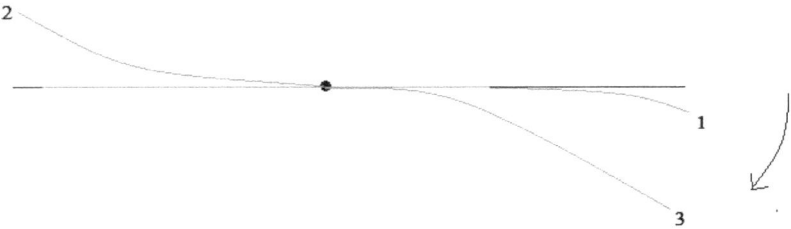

en què els números ens indiquen la posició per ordre en el temps.

Mecànica Clàssica

Mecànica Clàssica

Tema 10.- Dinàmica d'un sistema rígid II (Sòlid rígid)

Per acabar l'apartat de sòlids rígids, he preferit dedicar un tema sencer a l'estudi d'un cos rígid en rotació i, també, per presentar amb més detall els **eixos principals d'inèrcia** i els **angles d'*Euler*.** Tot i així, és com una ampliació o continuació del *Tema 9*.

10.1. Moment angular i tensor d'inèrcia

Abans de començar amb el moment angular (o cinètic) i de descriure i estudiar un sistema rígid en rotació; presentarem el concepte de tensor d'inèrcia.

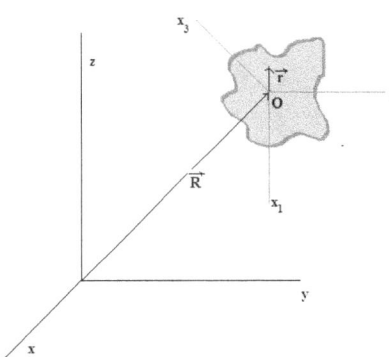

Observem que $\vec{R}$, juntament amb la orientació (x_1, x_2, x_3); (*3* angles) tenim **6** coordenades i, per tant; **6** graus de llibertat. Això ja ho havíem previst a l'inici del tema anterior.

Si tenim un sistema rígid composat per *n* partícules de masses m_i amb $i = 1, 2, 3, ..., n$; aquest sistema gira a una velocitat angular instantània de ω al voltant d'un punt fixe respecte el sistema de coordenades del cos, que aquest es mou a velocitat *V*. Aleshores, la velocitat instantània de la i-èssima partícula, sabent que és un sistema rígid, tenim:

$$\vec{v}_r = \left(\frac{d\vec{r}}{dt}\right)_{rot} = 0$$

Aleshores, la velocitat d'un punt del sòlid al sistema fixe és:

$$\boxed{\vec{v}_i = \vec{V}_O + \vec{\omega} \wedge \vec{r}_i}$$

Aquesta expressió ens indica que el moviment del sòlid és igual a la translació del punt *O* més la *rotació* en el punt *O*.

Mecànica Clàssica

La velocitat angular ω **no depèn** de l'origen del sistema que hem escollit que es mou i és, per tant, la *velocitat angular del sòlid*.

Això és fàcil de demostrar:

Demostració

Si agafem un altre origen qualsevol O', tal què $\vec{OO}' = \vec{a}_i$ ($\vec{r}_i = \vec{a}_i + \vec{r}'_i$) aleshores:

$$\vec{v}_i = \vec{V}_0 + \vec{\omega} \wedge \vec{a}_i + \vec{\omega} \wedge \vec{r}'_i = \vec{V}_{O'} + \vec{\omega}' \wedge \vec{r}'_i$$

això s'ha de complir per tot $\vec{r}'$.

Aleshores: $\vec{V}_0 + \vec{\omega} \wedge \vec{a}_i = \vec{V}_{O'}$; per tant, si observem les comparacions, obtenim que $\vec{\omega} \wedge \vec{r}'_i = \vec{\omega}' \wedge \vec{r}'_i$ i, per tant, per separació de termes tenim:

$$\boxed{\vec{\omega} = \vec{\omega}'}$$

En particular, podem utilitzar l'origen del sòlid que es mou com el punt del centre de masses CM, ja què la condició es compleix per tot vector posició $\vec{r}'$:

$$\boxed{\vec{v} = \vec{V}_{CM} + \vec{\omega} \wedge \vec{r}_{CM}}$$

Un aspecte important d'aquesta velocitat és trobar l'energia cinètica total del sistema (la de translació i la de rotació). Com sabem, totes les velocitats estan mesurades en un sistema fixe i les velocitats respecte el sistema en rotació s'anul·len ja que el sistema és fixe.

Per tant, l'energia i-èssima de la partícula ve determinada per $T_i = \frac{1}{2} m v_i^2$; per tant, l'energia cinètica total serà:

$$\boxed{T = \frac{1}{2} \sum_i m_i (\vec{V} + \vec{\omega} \wedge \vec{r}_i)^2}$$

que si desenvolupem el quadrat el què obtenim:

$$T = \frac{1}{2} \sum_i m_i V^2 + \sum_i \vec{V} \vec{\omega} \wedge \vec{r}_i + \frac{1}{2} \sum_i m_i (\vec{\omega} \wedge \vec{r}_i)^2$$

Aquesta és l'energia cinètica total, sigui quin sigui l'origen o des d'on es mesurin els vectors $\vec{r}_i$. Si ara considerem o situem l'origen de coordenades en

Mecànica Clàssica

coincidència amb el centre de masses, tal i com ja havíem esmentat; obtenim l'energia cinètica total:

$$T = T_{rot} + T_{trans}$$

amb:

- $T_{trans} = \frac{1}{2} \sum_i m_i V^2 = \frac{1}{2} M V^2$ (*Energia cinètica de translació*)

- $T_{rot} = \frac{1}{2} \sum_i m_i (\vec{\omega} \wedge \vec{r}_i)^2$ (*Energia cinètica de rotació*)

Si treballem una mica l'energia cinètica de rotació, podem observar el resultat obtingut al tema anterior. Per arribar a aquesta expressió final, hem de fer servir i, per tant, presentar i definir el concepte de tensor.

10.1.1. Tensor

Definim *tensor* com una certa classe d'entitat algebraica de diverses components, que generalitza els conceptes d'escalar, vector i matriu d'una manera que sigui idependent de qualsevol sistema de coordenades escollit. Pot ser representats per una matriu de components en alguns casos.

Definirem el tensor utilitzant tècniques vectorials definides al *tema 1*.

Primer de tot ens cal treballar amb $\vec{a} \cdot \vec{b} = \sum_{i=1}^{3} a_i b_i = \sum_{i=1}^{3} \sum_{j=1}^{3} \delta_{ij} a_i b_j$ definint el terme δ_{ij} com la **delta de Kronecker**, tal què si $i \neq j \rightarrow \delta_{ij} = 0$ i $i = j \rightarrow \delta_{ij} = 1$.

Aleshores: $\vec{a} \wedge \vec{b} = \vec{c}$; $\vec{a} \cdot \vec{b} = \sum_{i=1}^{3} a_i b_i = \sum_{i=1}^{3} \sum_{j=1}^{3} \delta_{ij} a_i b_j$ amb *i* = {1, 2, 3}.

Per tant, **def**inim ε_{ijk} com el *tensor*, tenint les propietats de:

$$\varepsilon_{ijk} = \begin{bmatrix} 0 \text{ si dos de les components són iguals} \\ +1 \text{ si les tres són iguals} \\ -1 \text{ si són diferents i no ordenades} \end{bmatrix}$$

Mecànica Clàssica

és a dir: $\varepsilon_{123}=1$; $\varepsilon_{213}=-1$; $\varepsilon_{312}=1$; $\varepsilon_{121}=0$

Per acabar estudiarem el cas del triple producte vectorial, és a dir $\vec{A}\wedge\vec{B}\wedge\vec{C}$
aleshores, $(\vec{A}\wedge\vec{B}\wedge\vec{C})_i = \sum_{j,k=1}^{3} \varepsilon_{ijk} A_j (\vec{B}\wedge\vec{C})_k = // \sum_{l,m=1}^{3} \varepsilon_{klm} B_l C_m // =$

$= \sum_{j,k,l,m=1}^{3} \varepsilon_{ijk}\varepsilon_{klm} A_j B_l C_m$. Si, per una banda $\delta_{il}\delta_{jm} A_j B_l C_m = A_j B_i C_j$ i
per l'altra tenim $\delta_{im}\delta_{jl} A_j B_l C_m = A_j B_j C_i$; avaluem:

$$\sum_{k=1}^{3} \varepsilon_{ijk}\varepsilon_{klm} = \sum_{k=1}^{3} \varepsilon_{kij}\varepsilon_{klm} = \delta_{il}\delta_{jm}-\delta_{im}\delta_{jl} = \sum_{j,l,m=1}^{3} (\delta_{il}\delta_{jm}-\delta_{im}\delta_{jl}) A_j B_l C_m =$$

$$B_i \sum_{j=1}^{3} A_j C_j - C_i \sum_{j=1}^{3} A_j B_j = B_i(\vec{A}\cdot\vec{C}) - C_i(\vec{A}\cdot\vec{B})$$

Aleshores, si treballem el terme de l'energia cinètica de rotació, el mètode és molt més fàcil que tot el càlcul de vectors. L'energia cinètica d'un sòlid rígid amb una distribució contínua de massa és: $T = \frac{1}{2}\iiint \rho dV\, \vec{v}^2$ amb $\vec{v} = \vec{V} + \vec{\omega}\wedge\vec{r}$. Fent servir aquesta notació com el *CM* ja que sempre ho treballarem així. Aleshores:

$$T = \frac{1}{2} M \vec{V}^2 + (\vec{V}\wedge\vec{\omega})\iiint \rho\,\vec{r}\,dV + \frac{1}{2}\iiint \rho\, dV\left[\omega^2 r^2 - (\vec{\omega}\vec{r})^2\right]$$

en què el segon i el tercer terme de l'energia cinètica, hem fet servir les propietats vectorials $\vec{V}\cdot(\vec{\omega}\wedge\vec{r}) = (\vec{V}\wedge\vec{\omega})\vec{r}$ i $(\vec{\omega}\wedge\vec{r})^2 = \omega^2 r^2 - (\vec{\omega}\cdot\vec{r})^2$ respectivament.

El segon terme és zero per propietats de centre de masses. Finalment:

$$\boxed{T = \frac{1}{2} M \vec{V}^2 + \frac{1}{2}\vec{\omega}\cdot\mathbf{I}\vec{\omega}}$$

en què **I** és una matriu simètrica 3x3 anomenada ***tensor d'inèrcia***.

Treballarem aquesta matriu d'una manera simple, tot i què després la treballarem amb el moment angular d'una manera més elaborada utilitzant la notació de tensor que hem descrit anteriorment. De moment treballem-la senzillament, però no més precisa o estricta.

Mecànica Clàssica

Els elements del tensor d'inèrcia són:

$I_{ij} = \iiint \rho \, dV (r^2 \delta_{ij} - x_i x_j)$ en què $\vec{x}_1, \vec{x}_2, \vec{x}_3$ són tres eixos d'origen al *CM* i x_1, x_2, x_3 són les tres components de $\vec{r}$ segons aquests eixos.

En efecte, $\vec{\omega} \cdot I \vec{\omega} = \sum_{i,j=1}^{3} \omega_i I_{ij} \omega_j \rightarrow \vec{\omega} I \vec{\omega} = \sum_{i,j=1}^{3} \iiint \rho \, dV (r^2 \omega_i \omega_j \delta_{ij} - x_i x_j \omega_i \omega_j) =$

$= \iiint \rho \, dV [\omega^2 r^2 - (\vec{r} \vec{\omega})^2]$ i per tant, veiem que:

$$I_{ij} = \iiint \rho \, dV \begin{bmatrix} (x_2^2 + x_3^2) & -x_1 x_2 & -x_1 x_3 \\ -x_1 x_2 & (x_1^2 + x_3^2) & -x_2 x_3 \\ -x_1 x_3 & -x_2 x_3 & (x_1^2 + x_2^2) \end{bmatrix}$$

en què tenim que $(x_2^2 + x_3^2)$ és el moment d'inèrcia respecte l'eix x_1 juntament amb $\iiint \rho \, dV$. El mateix per les altres components respecte les coordenades i les components que no es troben a la diagonal, són el *producte d'inèrcia* que ens determinen, des del punt de vista físic, la asimetria del nostre sòlid i, a més a més, ens dona una informació extra de la distribució de massa respecte els moments d'inèrcia.

I_{ij} ens informa de com està distribuïda la massa d'un sòlid.

10.1.2. Moment angular (o cinètic)

Treballarem el moment angular d'un sòlid presentant l'expressió general en funció del tensor d'inèrcia de manera simple i d'una manera més explícita i elaborada mitjançant les definicions de tensor, tot i que arribarem al mateix resultat.

Comencem amb la simple, tractant-lo com un sistema de distribució de massa contínua.

El moment angular respecte el *CM* ve determinat per: $\vec{L} = \iiint \rho \, dV (\vec{r} \wedge \vec{v})$; per tant, la velocitat, al estar respecte el centre de masses, serà: $\vec{v} = \vec{\omega} \wedge \vec{r}$ i, per tant:

$$\vec{L} = \iiint \rho \, dV [r^2 \omega - (\vec{r} \vec{\omega}) \vec{r}]$$

Mecànica Clàssica

Per cadascuna de les components de $\vec{L}$, segons x_1, x_2, x_3 tenim:

$$L_i = \iiint \rho \, dV \left[r^2 \omega_i - x_i \sum_{j=1}^{3} x_j \omega_j \right] = L_i = \sum_{j=1}^{3} I_{ij} \omega_j \rightarrow \boxed{\vec{L} = I \vec{\omega}}$$

No obstant això, el moment angular no és necessàriament paral·lel a la velocitat angular (*només ho són si la velocitat angular és paral·lela a un eix principal d'inèrcia, aleshores, es produeix una rotació sobre l'eix principal*).

Avaluem ara el moment angular en distribucions discretes.

El moment angular o cinètic del cos respecte un punt O, fixe del sistema de coordenades és: $\vec{L} = \sum_i \vec{r}_i \wedge \vec{p}_i$; tenint en compte l'ímpetu total que és $\vec{p}_i = m_i \vec{\omega} \wedge \vec{r}_i$; el moment cinètic serà: $\vec{L} = \sum_i \vec{r}_i \wedge (\vec{\omega} \wedge \vec{r}_i)$.

Si l'estudiem des d'un sistema de referència tenim $\vec{L} = \vec{L}_f + \vec{L}'_{CM}$ amb:

- $\vec{L}_f$ és la **rotació angular del centre de masses respecte el sistema fixe.**

- $\vec{L}_{CM}'$ és la **rotació angular respecte el centre de masses.**

Aleshores l'expressió serà: $\boxed{\vec{L} = \vec{R} \wedge \vec{P} + \sum_{i=1}^{N} \vec{r}\,'_i \wedge \vec{p}\,'_i}$

Si treballem només amb el moment angular respecte el centre de masses, tenim:

$$\vec{L} = \sum_{i=1}^{N} \vec{r}\,'_i \wedge \vec{p}\,'_i \rightarrow \text{ en rotació } \rightarrow \vec{L} = \sum_{\alpha=1}^{N} \vec{r}_\alpha \wedge \vec{p}_\alpha = \sum_{\alpha=1}^{N} \vec{r}_\alpha \wedge m_\alpha (\vec{\omega} \wedge \vec{r}_\alpha) =$$

$$= \sum_{\alpha=1}^{N} m_\alpha (\vec{r}_\alpha \wedge \vec{\omega} \wedge \vec{r}_\alpha)$$ aplicant la propietat del tensor pel triple producte vectorial tenim, després de tot el procés: $(\vec{r}_\alpha \wedge \vec{\omega} \wedge \vec{r}_\alpha) = \omega_i(\vec{r}_\alpha^2) - \chi_{\alpha,i}(\vec{\omega} \cdot \vec{r}_\alpha)$; finalment obtenim:

$$\vec{L}_i = \sum_{\alpha=1}^{N} m_\alpha \left[\omega_i \sum_{k=1}^{3} \chi_{\alpha,k}^2 - \chi_{\alpha,i} \sum_{j=1}^{3} \omega_j \chi_{\alpha,j} \right] = \sum_{j=1}^{3} \sum_{\alpha=1}^{N} m_\alpha \left(\delta_{ij} \sum_{k=1}^{3} \chi_{\alpha,k}^2 - \chi_{\alpha,i} \chi_{\alpha,j} \right) \omega_j$$

Mecànica Clàssica

Aleshores tenim què $I_{ij}=\sum_{\alpha=1}^{N} m_\alpha \left(\delta_{ij}\sum_{k=1}^{3}\chi_{\alpha,k}^2-\chi_{\alpha,i}\chi_{\alpha,j}\right)$; per tant:

$$\boxed{L_i=\sum_{j=1}^{3} I_{ij}\omega_j \;\rightarrow\; \vec{L}=\mathbf{I}\,\vec{\omega}}$$

- Propietats del tensor d'inèrcia:

- δ_{ij} és simètric quan $M_{ij}=M_{ji}$
- $\chi_{\alpha i}$ és simètric quan $\chi_{\alpha j}=\chi_{j\alpha}$

Aleshores I_{ij} és simètric respecte I_{ji}

Aleshores **I** és un tensor d'inèrcia que podem definir per components en una matriu 3x3, tal com ja l'havíem definit, però ara per una distribució discreta de masses:

$$I=\begin{pmatrix} \sum_\alpha m_\alpha(\chi_{\alpha,2}^2+\chi_{\alpha,3}^2) & -\sum_\alpha m_\alpha \chi_{\alpha,1}\chi_{\alpha,2} & -\sum_\alpha m_\alpha \chi_{\alpha,1}\chi_{\alpha,3} \\ -\sum_\alpha m_\alpha \chi_{\alpha,2}\chi_{\alpha,1} & \sum_\alpha m_\alpha(\chi_{\alpha,1}^2+\chi_{\alpha,3}^2) & -\sum_\alpha m_\alpha \chi_{\alpha,2}\chi_{\alpha,3} \\ -\sum_\alpha m_\alpha \chi_{\alpha,3}\chi_{\alpha,1} & -\sum_\alpha m_\alpha \chi_{\alpha,3}\chi_{\alpha,2} & \sum_\alpha m_\alpha(\chi_{\alpha,1}^2+\chi_{\alpha,2}^2) \end{pmatrix}$$

Finalment, podem determinar facilment dues expressions molt útils:

$$\boxed{T_{rot}=\frac{1}{2}\vec{\omega}\cdot\vec{L}=\frac{1}{2}\vec{\omega}\cdot\mathbf{I}\,\vec{\omega}}$$

10.2. Eixos principals d'inèrcia

Segons hem vist a l'apartat anterior, el moment angular, el podem definir com

$\vec{L} = \sum_{j=1}^{3} I_{ij} \omega_j = I \vec{\omega}$ i l'energia cinètica en rotació és $T_{rot} = \frac{1}{2} \sum_{j=1}^{3} I_{ij} \omega_i \omega_j = \frac{1}{2} \vec{\omega} \vec{L}$.

Euler, al *1750*, va definir els **eixos principals d'inèrcia** com $I_{ij} = I_i \delta_{ij}$ tal què:

$I = \begin{pmatrix} I_1 & 0 & 0 \\ 0 & I_2 & 0 \\ 0 & 0 & I_3 \end{pmatrix}$ i, per tant, $L = I \omega$.

Això ho aconseguim amb una elecció apropiada dels eixos $(\vec{x}_1, \vec{x}_2, \vec{x}_3)$. Si escollim correctament i la matriu té forma diagonal, aleshores $\vec{x}_1, \vec{x}_2, \vec{x}_3$ són els eixos principals d'inèrcia.
Si un sòlid té un eix de simetria, serà un eix principal d'inèrcia. Hem de tenir en compte la recíproca, perquè no és certa; ja què no tots els sòlids tenen un eix de simetria, però si eixos principals.

Aleshores, I_1, I_2, I_3 són els **moments principals d'inèrcia**. Observem que podem tenir casos de $I_1 \leq I_2 + I_3$, *etc* treballant les combinacions entre elles.

També tenim que l'energia cinètica en rotació serà: $T_{rot} = \frac{1}{2} (I_1 \omega_1^2 + I_2 \omega_2^2 + I_3 \omega_3^2)$.

Si estudiem el moment cinètic de cada **L**, podem trobar aquests moments principals d'inèrcia.

$$L_1 = I \omega_1 = I_{11} \omega_1 + I_{12} \omega_2 + I_{13} \omega_3$$

$$L_2 = I \omega_2 = I_{21} \omega_1 + I_{22} \omega_2 + I_{23} \omega_3$$

$$L_3 = I \omega_3 = I_{31} \omega_1 + I_{32} \omega_2 + I_{33} \omega_3$$

Si ara igualem les expressions a zero, tenim:

$$(I_{11} - I) \omega_1 + I_{12} \omega_2 + I_{13} \omega_3 = 0$$

$$I_{21} \omega_1 + (I_{22} - I) \omega_2 + I_{23} \omega_3 = 0$$

$$I_{31} \omega_1 + I_{32} \omega_2 + (I_{33} - I) \omega_3 = 0$$

Si ara diagonalitzem les expressions que componen la matriu I_{ij} obtenim una

Mecànica Clàssica

equació cúbica en *I*, que les seves solucions s'anomenen **moments principals d'inèrcia**:

$$\begin{vmatrix} (I_{11}-I) & I_{12} & I_{13} \\ I_{21} & (I_{22}-I) & I_{23} \\ I_{31} & I_{32} & (I_{33}-I) \end{vmatrix} = 0$$

Tenim diferents tipus de rígids en rotació segons els seus moments principals d'inèrcia:

- **Baldufa asimètrica**: Es produeix si els tres moments principals d'inèrcia són diferents.

- **Baldufa simètrica**: Es produeix quan dos moments principals d'inèrcia són iguals. Si $I_1 = I_2$, de $\vec{x}_1$ i $\vec{x}_2$ un és arbitrari, doncs la resta seran perpendiculars.

- **Baldufa esfèrica**: Es produeix quan els tres moments principals d'inèrcia són iguals. Si $I_1 = I_2 = I_3$, de $\vec{x}_1$, $\vec{x}_2$ i $\vec{x}_3$ dos són arbitraris. En aquest cas, el moment angular **L** és paral·lel a la velocitat angular $\vec{\omega}$ (per totes direccions de $\vec{\omega}$ en un eix principal d'inèrcia.

Com trobem els moments principals d'inèrcia λ i els eixos principals d'inèrcia $\vec{a}$?

Primer partim de l'equació $\boxed{I\vec{a} = \lambda \vec{a}}$ amb **I** no diagonalitzada. Aleshores $(I - \lambda I_d)\vec{a} = 0$ amb I_d és la matriu identitat.

Les equacions són compatibles si i només si $\det(I - \lambda I_d) = 0$. Per tant, per la teoria de la diagonalització de matrius, tenim que I_1, I_2, I_3 s'obtenen com les arrels λ d'aquesta equació (*valors pròpis*). Una vegada trobades tres equacions de valors pròpis $I\vec{a} = I_1\vec{a}$; $I\vec{a} = I_2\vec{a}$; $I\vec{a} = I_3\vec{a}$ ens permetran trobar $\vec{a}_1$, $\vec{a}_2$, $\vec{a}_3$ com a *vectors pròpis*, sent els eixos principals d'inèrcia.

Sempre es troben eixos perpendiculars entre ells. Agafant aquests eixos com eixos de coordenades, la matriu té forma diagonal. Si les tres arrels I_1, I_2, I_3, són totes diferents, totes les equacions de vectors pròpis tindran solució única.

Si hi ha arrel doble o triple, hi ha infinites solucions, per tant, en el cas de una o dues seleccions arbitràries.

Mecànica Clàssica

10.3. Rotació lliure d'un sòlid rígid

La rotació lliure d'un sòlid rígid es basa quan el sistema d'aquest és lliure de forces exteriors (no hi ha força exterior), per tant, el moment angular és <u>constant</u> ($\vec{L}$=cnt) en el sistema fixe.

Anem a treballar alguns casos de la rotació lliure:

a) Rotació lliure d'una baldufa esfèrica

$\vec{L}$=cnt ; pot agafar-se $\vec{x}_3$ paral·lel a $\vec{L}$; aleshores $L_3 = L$; $L_1 = L_2 = 0$, per tant $\omega_3 = \dfrac{L}{I_3} = \omega =$ cnt ; $\omega_1 = \omega_2 = 0$.

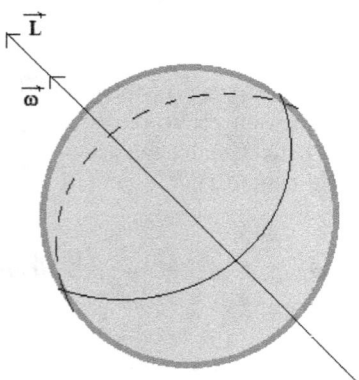

Per tant, la baldufa esfèrica en una rotació lliure, és una rotació uniforme al voltant d'un eix constant.

b) Rotació lliure d'una baldufa simètrica

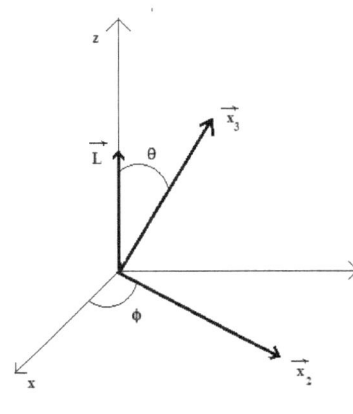

El moment angular és constant en el sistema fixe, per exemple, considerem que $L_x = L_y = 0$; $L_z = L$.

El moment angular del sistema fixe, generalment ens vindrà determinat per $\vec{L} = (L_x, L_y, L_z)$ i el moment cinètic del sistema en rotació, serà la projecció de $\vec{L}$ amb unes components no necessàriament constants L_1, L_2, L_3 .

A més a més, tenim que $I_1 = I_2 \neq I_3$ per tant, $\vec{x}_3$ és obligat i marcat per un angle θ en la direcció z.

Com $\vec{x}_2$ és arbitrari, en tal de ser perpendicular a $\vec{x}_3$, podem agafar $\vec{x}_2$ al pla (x, y); per tant, $\vec{x}_2$ és perpendicular a $\vec{L}$, així que $\vec{x}_2$ és perpendicular al pla $(\vec{x}_3, \vec{L})$.

Aleshores, en aquest instant d'avaluació, $L_2 = 0$ ja què $\vec{L}$ és perpendicular a $\vec{x}_2$ i $\omega_2 = \dfrac{L_2}{I_2}$; aleshores, $\vec{\omega}$ <u>està al pla</u> $(\vec{x}_3, \vec{L})$.

Per exemple, un cas molt utilitzat per a la baldufa simètrica, és el cilindre:

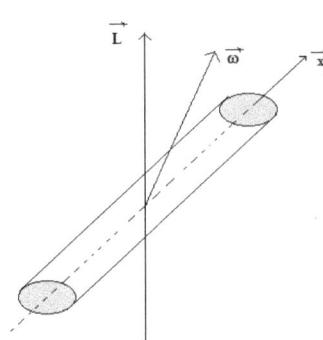

El moment angular $\vec{L}$ és fixe; però la velocitat angular $\vec{\omega}$ i $\vec{x}_3$ variables, però varien de manera que $(\vec{L}, \vec{\omega}, \vec{x}_3)$ i, per tant, estan per tot instant en un mateix pla (però no un pla fixe).

Per tant, per un punt de l'eix de la baldufa:

$\vec{v} = \vec{\omega} \wedge \vec{r}$ → $\vec{v}$ és perpendicular al pla i, per tant, també al moment angular $\vec{L}$.

Amb això demostrem que l'eix del cos en revolució $\vec{x}_3$, gira al voltant de la direcció fixe $\vec{L}$ descrivint un con circular (***precessió regular***); és a dir, que l'angle θ

és constant! Demostrem-ho.

En efecte, $\dfrac{d\vec{L}}{dt}=0$; $\vec{L}\cdot\vec{v}=0$ → $\vec{L}\cdot\vec{v}+\vec{r}\dfrac{d\vec{L}}{dt}=0$ → $\vec{L}\cdot\vec{r}=\text{cnt}$; per tant, és fàcil veure que $\cos\theta=\text{cnt}$ → $\theta=\text{cnt}$, ja què **L** i **r** són constants en mòdul

A més a més, demostrem que aquest gir és uniforme (a velocitat angular constant $\vec{\omega}=\text{cnt}$) en el pla $(\vec{x}_3,\vec{L})$ que conté $\vec{x}_1$.

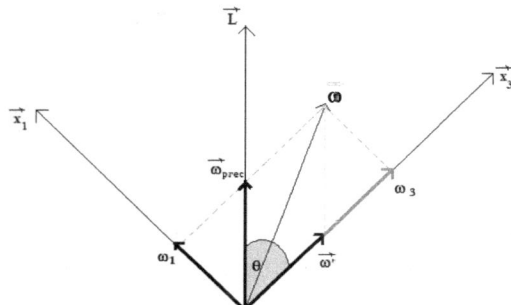

En què definim:

$\vec{\omega}'$ com la velocitat angular amb la què gira el cos rígid sobre el seu propi eix.

$\vec{\omega}_{prec}$ Com la velocitat angular de precessió.

$\vec{\omega}$ És la suma vectorial de ω_1 i ω_3 ja què $\omega_2=0$. A més a més, $\vec{\omega}$ també és la suma vectorial de $\vec{\omega}_{prec}$ (segons $\vec{L}$) i de $\vec{\omega}'$ (segons $\vec{x}_3$).

Aleshores:

$$\vec{\omega}_{prec}=\dfrac{\omega_1}{\sin\theta}=\dfrac{L_1}{I_1\sin\theta}=\dfrac{L\sin\theta}{I_1\sin\theta}= \boxed{\vec{\omega}_{prec}=\dfrac{L}{I_1}}$$ que, efectivament, és constant.

A més a més, el cos en revolució gira al voltant del seu propi eix amb velocitat angular:

$$\vec{\omega}'=\omega_3-\omega_{prec}\cos\theta=\dfrac{L_3}{I_3}-\dfrac{L}{I_1}\cos\theta=\dfrac{L\cos\theta}{I_3}-\dfrac{L}{I_1}\cos\theta$$; així doncs, $\vec{\omega}'$ també és constant:

$$\vec{\omega}'=\omega_3-\dfrac{L_3}{I_1}=\omega_3-\dfrac{I_3\omega_3}{I_1}=\omega_3\dfrac{(I_1-I_3)}{I_1}$$

Mecànica Clàssica

La rotació intrínseca $\vec{\omega}'$, té el mateix sentit de gir que la precessió, si $I_1 > I_3$ (que és el cas de la nostra figura) i té el sentit de gir oposat a la precessió, si $I_1 < I_3$.

Això, ho veiem a través de la fórmula $\vec{\omega}' = \omega_3 \dfrac{(I_1 - I_3)}{I_1}$.

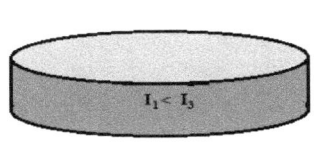

- **_Relació entre_** α, β, θ.

La suma vectorial de les components perpendiculars a $\vec{\omega}$, han de ser zero i, per tant: $\omega_{prec} \sin\beta = \omega' \sin\alpha$.

Descripció del moviment $I_1 > I_3$ "*Imatge dels dos cons*"

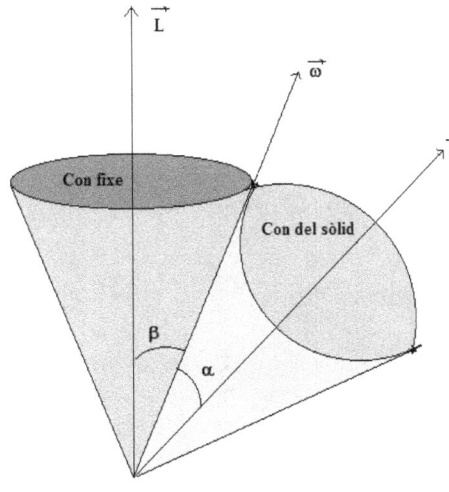

El con del sòlid roda, sense lliscar, sobre el con fixe.

Si $I_1 < I_3$, tindríem un con dins un altre.

En el punt de contacte entre els dos cons, tenim una velocitat linial marcada per un vector **_d_** situat en la direcció de $\vec{\omega}$ amb valor de:

$$\omega' d \sin\alpha = \omega_{prec} d \sin\beta$$

234

Mecànica Clàssica

En conclusió, la rotació lliure d'una baldufa simètrica, és:

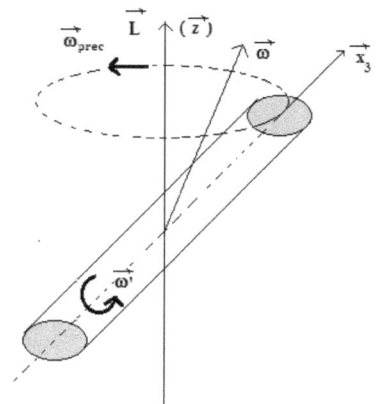

Vist des de dalt tindríem:

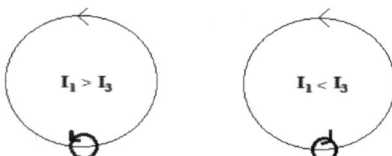

Precessió + rotació intrínseca

En altres casos, tenim un tercer tipus de rotació (***La Nutació***) que és la variació de l'angle θ entre $(\vec{x}_3, \vec{L})$.

Alguns exemples d'aquesta situació de nutació poden ser:

- Rotació lliure d'un cos en revolució asimètric (*baldufa asimètrica*).
- Rotació d'un cos en revolució sota l'acció de la gravetat (*baldufa*
- *pesada*). En aquest cas es sol considerar que un punt de l'eix de simetria està fixe.

Qualsevol rotació a l'espai d'un sòlid, ens vindrà determinada per aquestes **tres rotacions elementals**: *Nutació, precessió i rotació intrínseca*; que ens determinen els tres graus de llibertat d'un sòlid en rotació en relació als angles i que són els anomenats **angles d'Euler**.

Mecànica Clàssica

10.4. Angles d'*Euler*

Des del punt de vista matemàtic, les solucions es descriuen en termes de classe particular en grups continus. Aquests grups són els anomenats **SO (N)** (*Grups ortogonals especials de N dimensions*). **SO (N)** ve definit per:

" $SO(N) = \{N \wedge N$ matrius reals que satisfan $O^{-1} = O^T$ (amb la condició d'ortogonalitat $OO^T = O^T O = I_d$) i que el **det O = 1** } ".

SO (N) en el punt de vista estadístic, és el nombre de generadors (també paràmetres) en què SO (N) és $\dfrac{N(N-1)}{2}$.

Visualitzem les condicions dels grups ortogonals especials de N dimensions en un exemple general:

$$O = \begin{pmatrix} a & b \\ c & d \end{pmatrix} \quad \text{det } O = 1, \text{ aleshores } ad - bc \quad (1a \text{ condició})$$

$$O^{-1} = \frac{1}{\det O} A_{ij} \, O = \frac{1}{ad-bc} \begin{pmatrix} d & -b \\ -c & a \end{pmatrix} = \begin{pmatrix} d & -b \\ -c & a \end{pmatrix}$$

$$O^T = \begin{pmatrix} a & c \\ b & d \end{pmatrix} = O^{-1} = \begin{pmatrix} d & -b \\ -c & a \end{pmatrix} \quad \text{i per la } \textit{segona condició} \quad \begin{matrix} d = a \\ c = -b \end{matrix} \, .$$

Aleshores, tota aquesta informació i procediment matemàtic, l'aplicarem a la mecànica de rotació de sòlids. Si per l'origen de coordenades O passa una recta $\vec{N}$, podem definir $\vec{ON}$ com la **línia nodal**; la recta que passa o que el pla $x_1 x_2$ talla el pla xy . Es troba en el sentit positiu de $\vec{z} \wedge \vec{x}_3$.

Aquí ho podem observar més clarament. Amb z projectat sobre (x_1, x_2) i perpendicular a la nodal i amb x_3 projectat sobre (x, y) va també perpendicular a la nodal.

La selecció i situació dels angles φ , θ i ψ és la més convenient, que són els anomenats **angles d'Euler.**

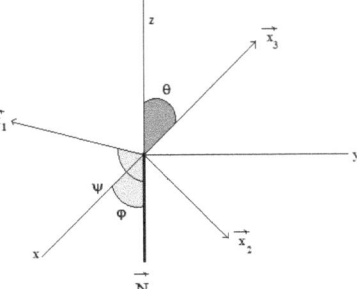

236

Mecànica Clàssica

Euler va presentar la seva teoria dels angles de gir al *1776*.

Def: Els *angles d'Euler*, són tres angles que caracteritzen l'orientació del sistema (x_1, x_2, x_3) respecte al (*x, y, z*). Expressen tres graus de llibertat de rotació del sòlid (els altres tres són de translació).

Així doncs, els angles d'*Euler* provenen d'una successió de girs que fan que el sistema *x y z* coincideixin amb el sistema $x_1 \ x_2 \ x_3$.

Aleshores, treballant en aquestes tres dimensions, podem definir la matriu de canvi de gir juntament amb el nom tècnic de cada angle (que els hem vist a l'apartat anterior).

1) Angle θ entre z i x_3 (de 0 a π) i quan varia és l'anomenat *Angle de Nutació* amb la matriu de canvi:

$$O_\theta = \begin{pmatrix} 1 & 0 & 0 \\ 0 & \cos\theta & \sin\theta \\ 0 & -\sin\theta & \cos\theta \end{pmatrix}$$

2) Angle φ entre x i ON (de 0 a 2π) **amb sentit positiu per la z, que quan varia és l'anomenat *Angle de precessió*** amb la matriu de canvi:

$$O_\varphi = \begin{pmatrix} \cos\varphi & \sin\varphi & 0 \\ -\sin\varphi & \cos\varphi & 0 \\ 0 & 0 & 1 \end{pmatrix}$$

3) Angle ψ entre x_1 i ON (de 0 a 2π) **amb sentit positiu per x_3 que la seva variació ve descrita per *Angle de rotació intrínseca*** amb la matriu de canvi:

$$O_\psi = \begin{pmatrix} \cos\psi & \sin\psi & 0 \\ -\sin\psi & \cos\psi & 0 \\ 0 & 0 & 1 \end{pmatrix}$$

Finalment, obtenim relacionant els angles amb les característiques, trobem les components de la **velocitat angular**:

$$\boxed{\vec{\omega} = \dot\theta\,\vec{n} + \dot\varphi\,\vec{z} + \dot\psi\,\vec{x}_3}$$

Mecànica Clàssica

Ara, per acabar, presentarem les coordenades de la velocitat angular, l'energia cinètica en aquest cas i la relació dels angles d'*Euler* amb les transformacions de coordenades.

- **Coordenades de la velocitat angular**:

$$\boxed{\omega_1 = \dot{\varphi}\sin\theta\sin\psi + \dot{\theta}\cos\psi}$$

$$\boxed{\omega_2 = \dot{\varphi}\sin\theta\cos\psi - \dot{\theta}\sin\psi}$$

$$\boxed{\omega_3 = \dot{\varphi}\cos\theta + \dot{\psi}}$$

Amb les relacions:

$$\omega^2 = \dot{\theta}^2 + \dot{\varphi}^2 + \dot{\psi}^2 + 2\dot{\varphi}\dot{\psi}\cos\theta \quad ; \quad \omega_1^2 + \omega_2^2 = \dot{\theta}^2 + \dot{\varphi}^2\sin^2\theta$$

- **Energia cinètica del sistema en rotació**:

$$\boxed{T_{rot} = \frac{1}{2}\left(I_1\omega_1^2 + I_2\omega_2^2 + I_3\omega_3^2\right)} \quad \underline{\textbf{No depén de l'angle}} \quad \varphi \ .$$

En el cas particular d'un cos en revolució (una baldufa) simètric, tenim que $I_1 = I_2$; aleshores $T_{rot} = \frac{I_1}{2}(\omega_1^2 + \omega_2^2) + \frac{I_3}{2}\omega_3^2 \rightarrow \frac{I_1}{2}(\dot{\varphi}^2\sin^2\theta + \dot{\theta}^2) +$

$+ \frac{I_3}{2}(\dot{\varphi}\cos\theta + \dot{\psi})^2$ que no depén ni de φ ni de ψ .

En el cas de la baldufa esfèrica, $I_1 = I_2 = I_3$; tindrem:

$$T_{rot} = \frac{I_1}{2}\left(\dot{\varphi}^2 + \dot{\theta}^2 + \dot{\psi}^2 + 2\dot{\varphi}\dot{\psi}\cos\theta\right) \quad \text{que no depén ni de} \quad \varphi \quad \text{ni de} \quad \psi \ .$$

- **Relació dels angles d'*Euler* amb les transformacions de coordenades**
Si tenim un pla:

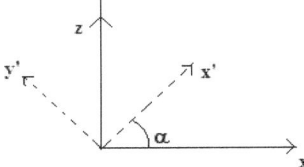

238

Mecànica Clàssica

- Tindrem la matriu de canvi de coordenades:

$$\begin{pmatrix} x' \\ y' \end{pmatrix} = \begin{pmatrix} \cos\alpha & \sin\alpha \\ -\sin\alpha & \cos\alpha \end{pmatrix} \begin{pmatrix} x \\ y \end{pmatrix}$$

A l'espai, amb els angles d'*Euler* com a la representació de la línia nodal, tenim esquemàticament:

$$\begin{pmatrix} x_1 \\ x_2 \\ x_3 \end{pmatrix} = \begin{pmatrix} \text{coordenades} \\ x_1, x_2, x_3 \end{pmatrix} \begin{pmatrix} \text{coordenades} \\ \vec{ON}, \vec{ON}'', x_3 \end{pmatrix} \begin{pmatrix} \text{coordenades} \\ \vec{ON}, \vec{ON}', z \end{pmatrix} \begin{pmatrix} x \\ y \\ z \end{pmatrix} =$$

$$= \begin{pmatrix} x_1 \\ x_2 \\ x_3 \end{pmatrix} = O_\psi O_\theta O_\varphi \begin{pmatrix} x \\ y \\ z \end{pmatrix}$$

La transformació de coordenades a l'espai, és producte de tres transformacions en tres plans, amb $\vec{ON}'$ a l'eix (x, y) perpendicular a N i $\vec{ON}''$ a l'eix (x_1, x_2) perpendicular a N

Si ho presentem amb les coordenades matricials, obtenim finalment:

$$\begin{pmatrix} x_1 \\ x_2 \\ x_3 \end{pmatrix} = \begin{pmatrix} \cos\psi & \sin\psi & 0 \\ -\sin\psi & \cos\psi & 0 \\ 0 & 0 & 1 \end{pmatrix} \begin{pmatrix} 1 & 0 & 0 \\ 0 & \cos\theta & \sin\theta \\ 0 & -\sin\theta & \cos\theta \end{pmatrix} \begin{pmatrix} \cos\varphi & \sin\varphi & 0 \\ -\sin\varphi & \cos\varphi & 0 \\ 0 & 0 & 1 \end{pmatrix} \begin{pmatrix} x \\ y \\ z \end{pmatrix}$$

Aleshores, si $\begin{pmatrix} x_1 \\ x_2 \\ x_3 \end{pmatrix} = A \begin{pmatrix} x \\ y \\ z \end{pmatrix} \rightarrow \begin{pmatrix} x \\ y \\ z \end{pmatrix} = A^{-1} \begin{pmatrix} x_1 \\ x_2 \\ x_3 \end{pmatrix}$. Però al ser *matrius ortogonals*,

tenim que $A^{-1} = A^T$

Mecànica Clàssica

10.4.1. Energia cinètica de rotació i moment angular amb els angles d'*Euler*

A continuació, farem un estudi de l'energia cinètica de rotació i moment angular en general, treballant amb els angles d'*Euler* i després especificarem amb el moviment d'una baldufa simètrica.

A partir de $\omega_3 = \dot\varphi\cos\theta + \dot\psi$; $\omega_1^2 + \omega_2^2 = \dot\varphi^2 \sin^2\theta + \dot\theta^2$, tenim, per una badufa simètrica: $T_{rot} = \dfrac{I_1}{2}(\omega_1^2 + \omega_2^2) + \dfrac{I_3}{2}\omega_3^2 \rightarrow$

$$\boxed{T_{rot} = \dfrac{I_1}{2}(\dot\varphi^2 \sin^2\theta + \dot\theta^2) + \dfrac{I_3}{2}(\dot\varphi\cos\theta + \dot\psi)^2}$$

Que no depèn ni de φ ni de ψ .

Per tota baldufa o cos en revolució, tenim:

$$L_z = L_1 \sin\theta\sin\psi + L_2 \sin\theta\cos\psi + L_3 \cos\theta$$

perquè θ és l'*angle que formen* $(\vec{x}_3, \vec{z})$. Les components de L_1 i L_2 en direcció perpendicular a la recta nodal són:

$$L_1 \cos(\dfrac{\pi}{2} - \psi) = L_1 \sin\psi \quad ; \quad L_2 \sin(\dfrac{\pi}{2} - \psi) = L_2 \cos\psi$$

Aleshores:
$$L_z = I_1 \omega_1 \sin\theta\sin\psi + I_2 \omega_2 \sin\theta\cos\psi + I_3 \omega_3 \cos\theta$$
desfent components:

$$L_z = I_1(\dot\varphi\sin\theta\sin\psi + \dot\theta\cos\psi)\sin\theta\sin\psi + I_2(\dot\varphi\sin\theta\cos\psi - \dot\theta\sin\psi)\sin\theta\cos\psi +$$

$$+ I_3(\dot\varphi\cos\theta + \dot\psi)\cos\theta$$

Si ara ho apliquem a la baldufa simètrica: $(I_1 = I_2 = I_{12} \neq I_3)$, tenim:

$$\boxed{L_z = I_{12}\dot\varphi\sin^2\theta + I_3(\dot\varphi\cos\theta + \dot\psi)\cos\theta}$$

o també: $\boxed{L_z = I_{12}\dot\varphi\sin^2\theta + L_3 \cos\theta}$

per tant, podem representar l'energia cinètica de rotació per a una baldufa

Mecànica Clàssica

simètrica, també, com:

$$T_{rot} = \frac{I_{12}}{2} \frac{(L_z - L_3 \cos\theta)^2}{I_{12}^2 \sin^2\theta} + \frac{I_{12}}{2} \dot\theta^2 + \frac{L_3^2}{2 I_3} \qquad (1)$$

A continuació, farem un estudi de la baldufa simètrica sota l'acció de la gravetat, cosa que veurem també a l'apartat següent però fent servir les equacions d'*Euler*.

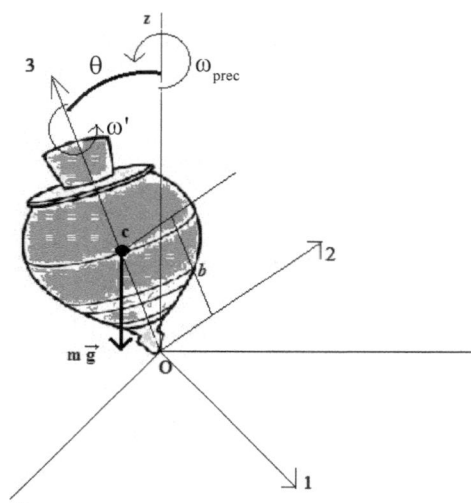

El moment de forces $\vec{N}$ és perpendicular a l'eix $\vec{x}_3$ i perpendicular a l'eix $\vec{z}$.
Aleshores, $\vec{L}_z = $ cnt i també $\vec{L}_3 = $ cnt.

Sigui $\vec{b}$ el vector posició de la posició del centre de masses respecte *O*. Aleshores, la força $m\vec{g}$ té moment $\vec{N} = \vec{b} \wedge m\vec{g}$ respecte el punt fixe *O*.

Per tot punt del sòlid tenim la relació $\vec{v} = \vec{\omega} \wedge \vec{r}$, sent el punt fixe l'origen de $\vec{r}$.

Tenint el punt fixe *O*; prescindim de la translació i per tant $\boxed{T = T_{rot} = \frac{1}{2} \vec{\omega} \cdot \mathbf{I} \vec{\omega}}$

Energia cinètica de rotació i energia total constant

Anem a utilitzar les constants *a* i *k* amb $L_3 = I_{12} a$; $L_z = I_{12} k$. Aleshores, utilitzant l'equació (1) tenim:

$$T_{rot} = \frac{I_{12}}{2} \frac{(k - a \cos\theta)^2}{I_{12}^2 \sin^2\theta} + \frac{I_{12}}{2} \dot\theta^2 + \frac{I_{12}^2 a^2}{2 I_3}$$

Aleshores, $E = T_{rot} + m g b \cos\theta = $ cnt

Mecànica Clàssica

Equació del moviment en θ a partir de la conservació d'energia

Si derivem l'energia respecte el temps $\left(\dfrac{dE}{dt}\right)$ i ho dividim tot per $\dot\theta$ obtenim:

$$I_{12}\ddot\theta + I_{12}\frac{\sin^2\theta(k-a\cos\theta)a\sin\theta-(k-a\cos\theta)^2\sin\theta\cos\theta}{\sin^4\theta} - mgb\sin\theta = 0$$

Simplificant termes:

$$\boxed{I_{12}\ddot\theta + I_{12}\frac{a\sin^3\theta(k-a\cos\theta)-(k-a\cos\theta)^2\sin\theta\cos\theta}{\sin^4\theta} - mgb\sin\theta = 0} \quad (2)$$

Una vegada resolta, s'obté tot, doncs:

$$\dot\varphi\sin^2\theta = \frac{L_z - L_3\cos\theta}{I_{12}} = k - a\cos\theta \rightarrow \dot\psi = \frac{L_3}{I_3} - \dot\varphi\cos\theta = \frac{I_{12}a}{I_3} - \dot\varphi\cos\theta$$

No obstant no resolem l'equació *2*; podem determinar, si hi ha moviments possibles amb θ constant i a continuació, amb el potencial efectiu; la forma dels moviments possibles moviments en general. Pel primer terme, reescriurem *2* d'aquesta manera:

$$I_{12}\ddot\theta + I_{12}a\sin\theta\,\dot\varphi - I_{12}\dot\varphi^2\sin\theta\cos\theta - mgb\sin\theta = 0 \quad \text{; és a dir:}$$

$$\boxed{I_{12}\ddot\theta = I_{12}\dot\varphi^2\sin\theta\cos\theta - L_3\dot\varphi\sin\theta + mgb\sin\theta}$$

- **Moviments possibles amb θ constants.**

Aquests moviments seran amb $\dot\varphi = $ cnt a causa de $\dot\varphi\sin^2\theta = k - a\cos\theta$; sent $\dot\varphi = \omega_{prec}$ tenim $I_1\omega_{prec}^2\cos\theta - L_3\omega_{prec} + mgb = 0$.
Anem a resoldre l'equació, presentant simplement les solucions, ja què és una equació de segon grau.

Les dues arrels, són $\dot\varphi = \omega_{prec} = \dfrac{L_3 \pm \sqrt{\Delta}}{2 I_1 \cos\theta}$ amb $\Delta = L_3^2 - 4 I_1 m g b \cos\theta$.

Si $L_3^2 \gg I_1 m g b$; si i només si $\dfrac{I_3}{2}\omega_3^2 \gg mgb$ si I_1 i I_3 són del mateix ordre de magnitud, per tant $T_{rot} \gg$ variació de l'energia potencial gravitatòria i, aleshores: $\sqrt{\Delta} \simeq L_3\left(1 - \dfrac{2 I_1 m g b \cos\theta}{L_3}\right)$

Així doncs, les dues arrels són:

$$\omega_{prec} = \dfrac{L_3}{I_1 \cos\theta} \quad ; \quad \omega_{prec} = \dfrac{m g b}{L_3}$$

La primera solució és una precessió ràpida que no depén de **m g**, la precessió lliure $\omega_{prec} = \dfrac{L}{I_1}$.

En canvi, la segona és una precessió lenta que es produeix quan la gravetat és significativa en el sistema $\left(\omega_{prec} \ll \omega_3\right)$, és a dir, mateixa $\dot\psi$

- **Determinació del moviment en θ mitjançant el potencial efectiu.**

Si fem servir el potencial efectiu $U_{eff}(\theta) = m g b \cos\theta + \dfrac{I_1}{2}\dfrac{(k - a\cos\theta)^2}{\sin^2\theta}$, observem que ens presenta dues assímptotes ∞ quan $\theta \to 0$; $\theta \to \pi$.

Tret dels casos en què $a = \pm k$ que s'han de tractar apart, podem representar el potencial efectiu respecte θ com:

Mecànica Clàssica

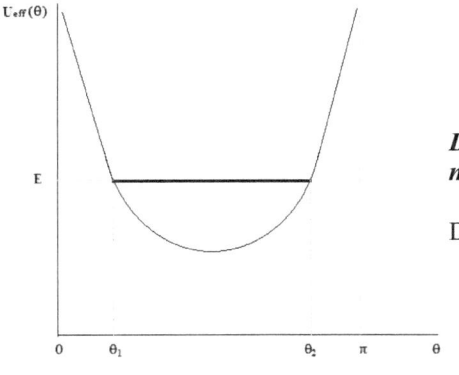

Demostrem que només hi ha un mínim.

Definim $c \equiv \cos\theta$, aleshores:

$E = U_{eff}(\theta)$ si i només si tenim:

$$(L_z - L_3 c)^2 - 2I_1(1-c^2)\left(E - mgbc - \frac{L_3^2}{2I_3}\right) = 0$$

Aquesta és una equació cúbica, però la part de l'esquerra de la igualtat és positiva, tant per $c = 1$ com per $c = -1$. Així que tenim dues arrels o cap entre aquests punts. Per cada valor de E li corresponen dos valors de θ tal que $U_{eff}(\theta) = E$. Per tant, només tenim un límit mínim en la nostra funció.

La nutació, o el *bamboleo* anomenat col·loquialment, entre θ_1, θ_2 com $\dot\varphi = \dfrac{L_z - L_3 \cos\theta}{I_1 \sin^2\theta}$; només hi haurà canvi de signe de $\dot\varphi$ si $L_z < L_3$ i, a més a més, l'angle θ que anul·la $\dot\varphi$ està entre θ_1 i θ_2.

1r cas: $k - a\cos\theta$ no s'anul·la i si ho fa, ho fa en un valor fora del rang de valors que es troben entre θ_1, θ_2.

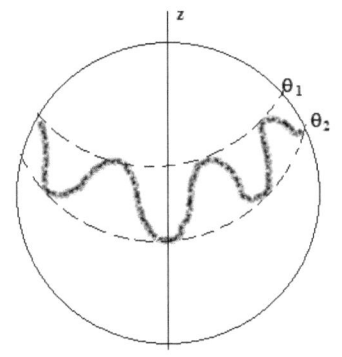

Si situem una esfera tal què l'eix de la z passa pel seu centre i l'eix $\vec{x}_3$ és el de les variacions de θ.

Aleshores $\dot\varphi$ no s'anul·la i el moviment que crea el sòlid, són **_ondulacions_**.

Mecànica Clàssica

2n cas: $k - a\cos\theta$ s'anul·la en un valor entre θ_1, θ_2 .

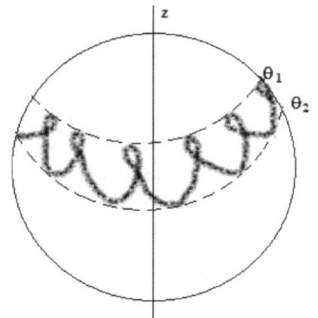

$\dot\varphi$ s'anul·la i canvia de sentit cada cop que es descriu l'interval (θ_1, θ_2) .

El moviment que crea el sòlid, en aquest cas, són **_bucles_**.

3r cas: $k - a\cos\theta$ s'anul·la a θ_1 .

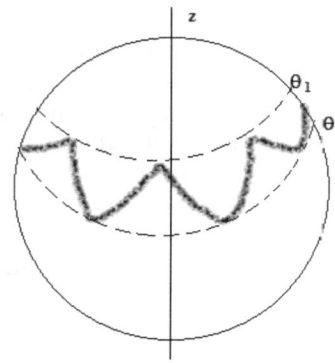

$\dot\varphi$ s'anul·la però no canvia de signe (de sentit) a θ_1 .

El moviment que crea el sòlid, en aquest cas, són **_cúspides_**.

- **_Cas límit_: L'angle que anul·la $\dot\varphi$ es troba a θ_1**

Aquest cas, però, no és tan excepcional. Succeeix si les condicions inicials són $\dot\varphi = 0$; $\theta = \theta_0$; $\dot\psi \neq 0$. Per tant, tenim $\theta_1 = \theta_0$, la resta de valors de θ seran superiors. Aleshores, per conseqüència directa, $\cos\theta$ haurà de ser menor.

EX:

Un exemple és la precessió dels equinoccis. Aquests tenen una precessió lenta de periode 26.000 anys. D'aquí a 13.000 anys, l'estrella polar estarà a 46° direcció nord (en total oposició d'ara!!).

Mecànica Clàssica

10.5. Equacions d'*Euler*

Les equacions d'*Euler* són equivalents a les equacions del moment $\vec{N} = \dfrac{d\vec{L}}{dt}\big|_{fixe}$ però ens caldría expressar-ho amb forma de relacions de les components de ω i $\vec{L}$ del sistema en rotació.

Per tant, de la fórmula de *Newton* del moment, obtenim, mitjançant les equacions d'un sistema de referència inercial:

$$\vec{N} = \frac{d\vec{L}}{dt}\big|_{fixe} = \frac{d\vec{L}}{dt}\big|_{cos} + \vec{\omega} \wedge \vec{L}$$

*en què el subíndex **cos** fa referència al cos en revolució.*

Aleshores, tenim:

$$N_i = \frac{dL_i}{dt} + \sum_{j,k=1}^{3} \varepsilon_{ijk}\omega_j L_k \quad \text{i} \quad L_i = \sum_{j=1}^{3} I_{ij}\omega_j = \sum_{j=1}^{3} I\delta_{ij}\omega_j = I_i\omega_i$$

i si desfem les components del moment de forces N i tenint en compte que

$x_i = x_j - x_k \begin{vmatrix} e_x & e_y & e_z \\ \omega_1 & \omega_2 & \omega_3 \\ L_1 & L_2 & L_3 \end{vmatrix}$ obtenim:

$$N_1 = \frac{dL_1}{dt} + \omega_2 L_3 - \omega_3 L_2 = \boxed{I_1\frac{d\omega_1}{dt} + (I_3 - I_2)\omega_2\omega_3 = N_1}$$

$$N_2 = \frac{dL_2}{dt} + \omega_3 L_1 - \omega_1 L_3 = \boxed{I_2\frac{d\omega_2}{dt} + (I_1 - I_3)\omega_1\omega_3 = N_2}$$

$$N_3 = \frac{dL_3}{dt} + \omega_1 L_2 - \omega_2 L_1 = \boxed{I_3\frac{d\omega_3}{dt} + (I_2 - I_1)\omega_1\omega_2 = N_3}$$

__Equacions d'Euler__

Mecànica Clàssica

Si ara realitzem una aplicació de la rotació lliure, és a dir $\vec{N}=0$; les equacions ens vindran determinades per:

Equacions d'*Euler* per a la rotació lliure

$$\boxed{\frac{d\omega_1}{dt}+\frac{(I_3-I_2)}{I_1}\omega_2\omega_3=0}$$

$$\boxed{\frac{d\omega_2}{dt}+\frac{(I_1-I_2)}{I_2}\omega_1\omega_3=0}$$

$$\boxed{\frac{d\omega_3}{dt}+\frac{(I_1-I_2)}{I_3}\omega_1\omega_2=0}$$

- **Baldufa esfèrica:**

En el cas d'una baldufa esfèrica, tenim $I_1=I_2=I_3=I$. Aleshores:

$\frac{d\omega_i}{dt}=0$ per tota $i = 1, 2, 3$; aleshores, $\omega_i = $ cnt per tota i

Finalment, podem dir que $\vec{\omega}=$ cnt i que l'eix de rotació està fixat a l'espai.

El moment angular, per conseqüència directe de la velocitat angular, serà constant $\vec{L}=I\vec{\omega}=$ cnt i paral·lela a la velocitat.

Si avaluem l'energia cinètica de rotació:

$$T_{rot}=\frac{1}{2}\vec{\omega}\vec{L}=\frac{1}{2}I\omega^2=\frac{L^2}{2I}=\text{cnt}$$

Mecànica Clàssica

- **Baldufa simètrica**

En el cas d'una baldufa simètrica, tenim $I_1 = I_2 = I_{12} \neq I_3$. Aleshores:

$$\frac{d\omega_1}{dt} + \frac{(I_3 - I_{12})}{I_{12}} \omega_2 \omega_3 = 0$$

$$\frac{d\omega_2}{dt} - \frac{(I_3 - I_{12})}{I_{12}} \omega_3 \omega_1 = 0$$

$$\frac{d\omega_3}{dt} = 0 \rightarrow \omega_3 = cnt$$

aleshores definim $\omega' \equiv \frac{I_3 - I_{12}}{I_{12}} \omega_3$ amb $\begin{cases} \dot\omega_2 + \omega' \omega_1 = 0 \\ \dot\omega_1 - \omega' \omega_2 = 0 \end{cases}$ i les solucions d'aquestes equacions diferencials són:

$$\omega_1 = A \cos(-\omega' t + \alpha) \ ; \ \omega_2 = A \sin(-\omega' t + \alpha)$$

Amb aquests resultats, observem que $\omega_1^2 + \omega_2^2 = cnt$ i, per tant, $\vec{\omega}$ forma un angle constant amb $\vec{x}_3$.

El mateix ; L_3 , $L_1^2 + L_2^2$ i l'angle $(\vec{L}, \vec{x}_3) = \theta$ són constants.

El valor de $\dot\psi = \omega'$ que ja ha aparegut. El valor de $\dot\varphi$ (ω_{prec}) és $\dot\varphi = \omega_{prec} = \frac{\omega_3 - \dot\psi}{\cos\theta}$ ja què tenim que $\omega_3 = \dot\psi + \dot\varphi \cos\theta$ i, relacionant-ho tot :

$$\dot\psi = \omega' = \frac{\omega_3}{I_1}(I_1 - I_3) \rightarrow \omega_3 - \dot\psi = \frac{\omega_3 I_3}{I_1} \rightarrow \dot\varphi = \frac{\omega_3 I_3}{I_1 \cos\theta} = \frac{L_3}{I_1 \cos\theta} = \frac{L}{I_1}$$

Abans x_1 , x_2 giraven a ω' tal què $\omega' > 0$ al sistema fixe respecte $\vec{\omega}$. Ara $\vec{\omega}$ gira amb ω' tal què $\omega' < 0$ respecte x_1 , x_2 .

Aquests valors són lògics, ja que ho observem des d'un punt de vista situats al sistema de referència no inercial.

Mecànica Clàssica

Avaluem l'energia cinètica de rotació. Farem servir els angles que havíem vist a l'apartat *10.3.* en la imatge dels dos cons.

L'energia cinètica de rotació d'una baldufa simètrica en un sistema en rotació lliure ve determinada per:

$$T_{rot} = \frac{1}{2}\vec{\omega}\cdot\vec{L} = \frac{1}{2}I_{12}(\omega_1^2 + \omega_2^2) + \frac{1}{2}I_3\omega_3^2 = \text{cnt}$$

Les velocitats angulars són constants terme a terme i $\vec{\omega}\cdot\vec{L}=\text{cnt}$, però com $\vec{N}=0 \rightarrow \vec{L}=\text{cnt}$. Relacionant els termes i fent servir l'angle α, tenim:

$$\cos\alpha = \frac{\vec{\omega}\cdot\vec{L}}{|\vec{\omega}||\vec{L}|} = \text{cnt !!}$$

ja què el valor absolut de la velocitat angular és constant.

En conclusió, $\vec{\omega}$ gira al voltant de $\vec{L}$ (a l'eix de les *z*) en el sistema de referència fixe i al voltant de ω_3 en el sistema de referència del cos en rotació.

A més a més, si treballem amb l'angle β :

$$\cos\beta = \frac{\vec{\omega}\cdot\vec{e}_3}{|\vec{\omega}|} = \frac{\omega_3}{\omega} = \frac{\omega_3}{\sqrt{A^2 + \omega_3^2}}$$

i $\quad L^2 = L_1^2 + L_2^2 + L_3^2 = I_{12}^2(\omega_1^2 + \omega_2^2) + I_3^2\omega_3^2 = I_{12}^2 A + I_3^2\omega_3^2 = \text{cnt}$

A i ω_3 s'obtenen amb $L \equiv |\vec{L}|$ i T_{rot}, per tant: $\boxed{\cos\alpha = \frac{2T_{rot}}{\omega L}}$

- **Rotació d'una baldufa simètrica amb un punt fixat** (rotació en un camp gravitacional).

Aquest cas el vam mencionar però no el vam treballar. Anem a veure'l breument. A la pàgina següent presentem una representació gràfica d'una baldufa per explicar la rotació d'un cos rígid simètric amb un punt fixat.

$\vec{\omega}=(0,0,\omega_3)$ És, en el sistema de referència del cos en revolució, la velocitat angular.

Aleshores:
$$\vec{L}=(0,0,I_3\omega_3)$$

El sòlid rígid rota sobre els tres eixos del cos.

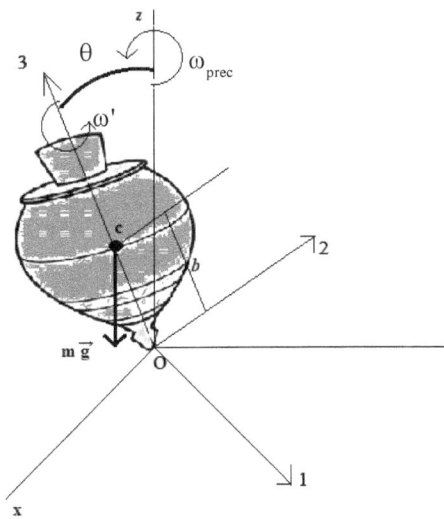

L'eix de les z és l'eix de precessió.

$\vec{N}=\vec{OC}\wedge m\vec{g}$ És perpendicular a la rotació de l'eix.

Aleshores:

$N=|\vec{N}|=|\vec{OC}|\cdot mg\sin\theta$ que per definició a la representació, tenim finalment:

$$N=|\vec{N}|=b\cdot mg\sin\theta$$

Aleshores, per definició, podem treballar amb $\vec{N}=\dfrac{d\vec{L}}{dt}$ i, per tant, tenim $d\vec{L}=\vec{N}dt$.

L'element diferecial de moment angular ve determinat per l'expressió $dL=L\sin\theta d\varphi$. Ho veurem millor amb una representació.

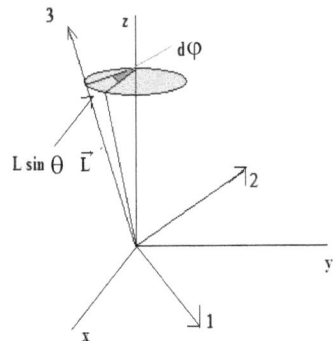

Aleshores: $dL=L\sin\theta d\varphi$ que fent servir que $\Omega=\dfrac{d\varphi}{dt}$ tenim: $dL=L\sin\theta\Omega dt$

Per tant, fent servir totes les propietats, finalment tenim:

$$N=L\sin\theta\,\Omega=mgb\sin\theta$$

Mecànica Clàssica

i, per tant, relacionant-lo amb la velocitat angular de l'eix de rotació tenim:

$$\Omega = \frac{mgb}{L} = \frac{mgb}{I_3 \omega_3}$$

i el moment de forces, el podem expressar com: $\vec{N} = \vec{\Omega} \wedge \vec{L}$.

Per acabar amb aquest tema, fem dues preguntes en referència a la **baldufa asimètrica en rotació lliure.**

- *Existeixen rotacions estacionàries?*

    Que siguin estacionàries, vol dir que $\dot{\omega}_1 = \dot{\omega}_2 = \dot{\omega}_3 = 0$. La resposta a aquesta pregunta és immediata utilitzant les equacions d'*Euler*.

    Observem que si, esquemàticament, tenim $I_i \dot{\omega}_i + (I_j - I_k) \omega_k \omega_j = N_i$ i, per definició $I_i \dot{\omega}_i = N_i = 0$; per tant, observem que **com a mínim dues** de les components $\omega_1, \omega_2, \omega_3$ s'han d'anul·lar. *Només pot haver-hi rotació estacionària d'una baldufa asimètrica al voltant d'un eix principal.*

    També es pot demostrar amb $\vec{N} = \frac{d\vec{L}}{dt}|_{cos} + \vec{\omega} \wedge \vec{L}$ que ho podem expressar com $I \frac{d\vec{\omega}}{dt} + \vec{\omega} \wedge \vec{L} = \vec{N} = 0$ amb **I** com la matriu moment d'inèrcia que havíem vist a principi de tema. Aleshores, això només es compleix si $\vec{\omega}$ i $\vec{L}$ són paral·lels i, aquests, només ho són si tenen la mateixa direcció que un eix principal.

- *Hi ha estabilitat en la rotació al voltant d'un eix principal?*

    Un eix molt proper a $\vec{x}_3$, és a dir, amb $\omega_1 \neq 0$, $\omega_2 \neq 0$ però, amb $\omega_1, \omega_2 \ll \omega_3$. Aleshores, es pot despreciar ω_1, ω_2 i per conseqüència directa de les equacions d'*Euler*; $I_3 \dot{\omega}_3 = 0 \rightarrow \omega_3 = $ cnt .

    Amb les altres dues equacions, tenim $I_2 \dot{\omega}_2 + (I_1 - I_3) \omega_3 \omega_1 = 0$ i la segona $I_1 \dot{\omega}_1 + (I_3 - I_2) \omega_2 \omega_3 = 0$.

    Si ara derivem l'expressió de N_1 respecte el temps (tenint en compte

Mecànica Clàssica

que $\omega_3 = $ cnt !!) obtenim:

$$I_1\ddot{\omega}_1 + (I_3 - I_2)\omega_3\dot{\omega}_2 = 0 \rightarrow I_1\ddot{\omega}_1 + (I_3 - I_2)\omega_3^2 \frac{I_3 - I_1}{I_2}\omega_1 = 0$$

en què en la fletxeta, hem substituït $\dot{\omega}_2$ aïllant-la de l'expressió per a N_2.

Si a continuació definim $p^2 \equiv \frac{(I_3 - I_2)(I_1 - I_3)}{I_1 I_2}\omega_3^2$. Aleshores:

$$\ddot{\omega}_1 - p^2\omega_1 = 0 \quad ; \quad \ddot{\omega}_2 - p^2\omega_2 = 0$$

Hi ha estabilitat si $p^2 < 0 \rightarrow q^2 = -p^2 \rightarrow A\cos qt + B\sin qt = \omega_1$; és a dir que $\boxed{(I_3 - I_2)(I_1 - I_3) > 0}$ **Condició d'estabilitat**.

La rotació és estable si $\vec{x}_3$ és l'eix de major (o menor) moment principal d'inèrcia perquè compleixi la condició d'estabilitat.

La rotació és inestable si $\vec{x}_3$ és l'eix amb moment principal d'inèrcia de valor intermig.

Observem-ho amb un exemple gràfic:

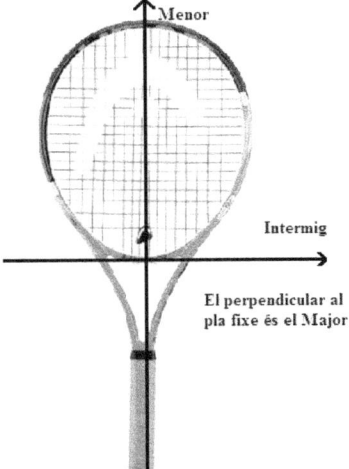

Si la llancem o la fem rodar respecte l'eix major o menor es produeix un gir més seguit i estable.

Mecànica Clàssica

Mecànica Clàssica

Tema 11.- Mecànica de fluids

Quan parlem de fluids[10] a física, ens referim a cossos en estat fluid (líquid) i en estat gasós (gasos). Ambdós fluids tenen propietats diferents. Els *líquids* flueixen sota els efectes de la gravetat fins a ocupar les zones més baixes del recipient que el conté. A més a més, el seu volum és molt límitat, marcat pel volum del líquid que estiguem avaluant. Els gasos, per una altra banda; s'expandeixen fins arribar a ocupar tot el recipient que el conté.

En un gas, la distància entre les dues molècules és molt petita a escala macroscòpica, però a escala microscòpica, és molt gran en comparació amb els tamanys de les pròpies molècules i, per tant, és complicat que interaccionin entre sí. És per aquest motiu que es considera en un estudi general i bàsic un fluid gasós com un gas ideal, però no entrarem en detalls en aquest volum.

En un líquid o un sòlid, les molècules estan molt unides i exerceixen forces entre sí. Aquestes molècules formen enllaços de curt abast que es formen i es trenquen contínuament i seguidament a causa de l'energia cinètica interna de les partícules. És a causa d'aquests efímers enllaços que un fluid líquid es manté unit i les molècules no s'escapen vaporitzant-se al moment.

Començarem avaluant els fluids estàtics, amb els que treballarem principis bàsics del camp de mecànica de fluids com són el *principi de Pascal* o el *principi d'Arquímides*. Descriurem els sistemes de fluids estacionaris (o *fluids dinàmics*) a partir de les equacions de *Bernoulli*.

Per acabar, treballarem amb la *viscositat*, la *llei de Poiseuille* i farem unes pinzellades a les *turbulències* presentant el *número de Reynolds*.

---

10 Els fluids els treballarem més en detall al llibre de Termodinàmica i mecànica estadística i en una mecànica de fluids més detallada que la què veurem en aquest tema; molt més introductòria i bàsica.

Mecànica Clàssica

11.1. Fluids estàtics. Principi de *Pascal*

Abans de començar a definir els fluids estàtics, anem a veure un concepte bàsic: el concepte de **pressió**.

La pressió ve definida com la força per unitat de superfície $P=\dfrac{F}{S}$ amb unitat de mesura dels *Pascals (Pa)* tal què $1\,Pa=\dfrac{1\,N}{m^2}$.

Definim la densitat d'un fluid (també densitat volúmica) com $\rho_f = mV$ en què el subíndex *f* només és per especificar que és un fluid.

Anem a avaluar-los. Considerem un recipient ple d'un fluid (podria ser aigua, ja que juntament amb l'aire, és el més "pur" per treballar) amb una densitat ρ_f que es manté constant i situem un cilindre al seu interior tal i com indiquem a la figura següent:

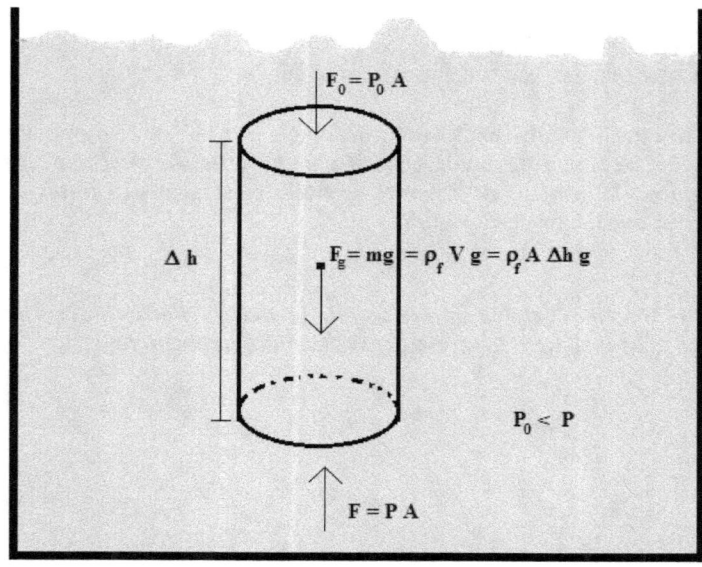

Com es troba en equilibri, igualant les forces obtenim: $F_0+F_g=F$ que, substituïnt els valors, obtenim: $P_0 A + \rho_f A \Delta h g = P A$ que simplificant les seccions, obtenim finalment: $\boxed{P=P_0+\rho_f g \Delta h}$.

Mecànica Clàssica

Observem que aquesta expressió, és vàlida per tots els sistemes, ja què, encara que ho em demostrat per un cos cilíndric, no depén de la superfície de l'objecte com hem pogut demostrar. Aleshores, la pressió només depén de la profunditat que avaluem i no de la forma del recipient; ja que la pressió en una mateixa alçada és la mateixa en tots els punts del recipient.

Així doncs, la diferencia de pressions la podem mesurar com:

$$\Delta P = P - P_0 = \rho_f g \Delta h$$

Torricelli, va trobar el valor de la pressió atmosfèrica P_{atm} a partir d'un experiment. Aquest consistia en agafar un tub de 76 cm i utilitzant el mercuri com a fluid del sistema. Aleshores, la densitat del mercuri és $\rho_{Hg} = 13.6 \cdot 10^3 \frac{kg}{m^3}$ i fent servir l'equació anterior, obtenim:

$$P = 0.76 \cdot 13.6 \cdot 10^3 \cdot 9.8 = 1.013 \cdot 10^5 \, Pa$$

Si ara partim de la pressió obtinguda però fem l'assaig en un tub d'aire (densitat de l'aire $\rho_{aire} = 1.29 \cdot 10^3 \frac{kg}{m^3}$), el tub hauria de tenir una distància **d** per obtenir la mateixa pressió. Si es fan els càlculs la distància resultant és **d = 8012** m.

Finalment, observem que la distància és l'atmosfèrica i per tant la pressió atmosfèrica és:

$$P_{atm} = 1.013 \cdot 10^5 \, Pa$$

En honor a aquest experiment, per mesurar la pressió també es fan servir els mmHg o, el què és el mateix els **torr**. Per veure la conversió entre ells caldrà definir també la magnitud de mesura **atm** (atmosferes):

$$1 \text{ atm} = 760 \text{ mmHg} = 760 \text{ torr} = 1.013 \cdot 10^5 \, Pa$$

A més a més, tenim una altra magnitud de mesura que són els **bar**, amb la relació:

$$1 \text{ bar} = 100 \text{ kPa}$$

Mecànica Clàssica

A més a més, podem presentar un terme anomenat **mòdul de compressibilitat B**, que ens determina el qüocient entre el canvi de pressió i la disminució relativa del volum $\left(-\dfrac{\Delta V}{V}\right)$:

$$\boxed{B=-\dfrac{\Delta P}{\dfrac{\Delta V}{V}}=-\dfrac{(\Delta P)V}{\Delta V}}$$

11.1.1 Principi de *Pascal*

" *El canvi de pressió aplicada en un fluid incompressible tancat en un recipient, es transmet per igual en totes les direccions i tots els punts del fluid i en les pròpies parets del recipient* ".

Principi de Pascal

Conseqüentment, podem anomenar ja, la **llei de *Pascal*** : $\boxed{\Delta P = \rho_f g \Delta h}$

Això ho podem veure amb la següent demostració gràfica:

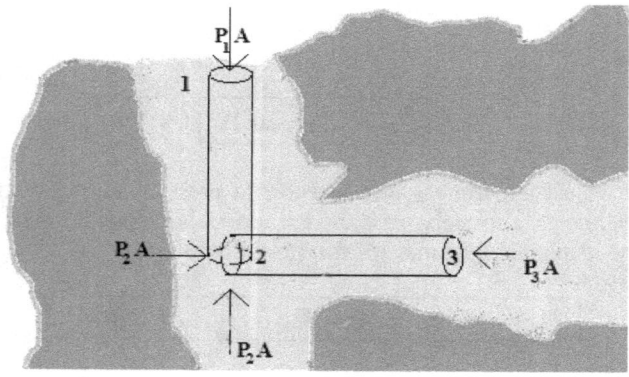

Aleshores, si avaluem el cilindre entre la zona **1-2** abans de que giri a la dreta, tenim: $P_2 = P_1 + \rho g \Delta h$. Si ara avaluem les forces de pressions entre els punts **2-3**, obtenim que $P_2 A = P_3 A \rightarrow P_2 = P_3$ i, per tant, queda demostrada la llei de *Pascal* i, a més a més, obtenim el valor de la pressió al punt tres, demostrant

Mecànica Clàssica

que ha de ser la mateixa que al punt dos: $\boxed{P_3 = P_1 + \rho g \Delta h}$.

EX 1: *Realitzarem un exemple que es basa amb els gots comunicats o també anomenada prensa hidràulica quan hi apliquem forces.*

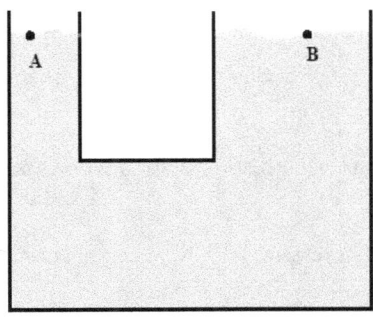

En la situació d'equilibri, el valor de la pressió ha de ser el mateix en el punt **A** que en el **B**.

Aleshores, pel principi de *Pascal* la pressió en **1** ha de ser la mateixa que en **2** ja que estan en equilibri i a una mateixa alçada. Per tant:

$$P_2 = P_1 = P = \frac{F_1}{A_1} = \frac{F_2}{A_2}$$

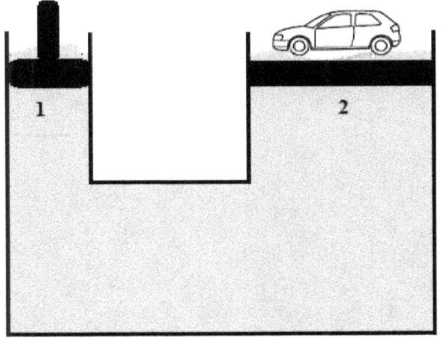

Si aïllem una força: $F_1 = \frac{A_1}{A_2} F_2$, podem concloure que com $A_2 \gg A_1$, per tant: $F_2 \gg F_1$.

Mecànica Clàssica

EX 2: *A continuació farem un estudi de la llei baromètrica (la pressió de l'aire)*

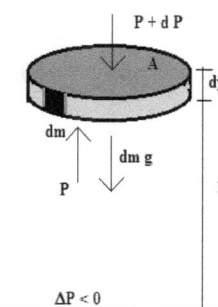

Per la segona llei de *Newton*, tenim:

$$PA-(P+\mathrm{d}P)A-\mathrm{d}mg=0 \quad ; \text{substituïnt valors:}$$

$$PA-(P+\mathrm{d}P)A-\rho g A \, \mathrm{d}y=0$$

Observem que les *A* es poden simplificar abans, simplificant la pressió *P*.

Aleshores, si presentem el resultat final obtenim:

$$\boxed{\mathrm{d}P=-\rho g \, \mathrm{d}y}$$

Suposem ara que la densitat és proporcional a la pressió: $\rho=\dfrac{\rho_0}{P_0}P$; substituïnt a l'expressió i integrant, obtenim: $\displaystyle\int_{P_0}^{P}\dfrac{\mathrm{d}P}{P}=-\dfrac{\rho_0}{P_0}g\int_0^y \mathrm{d}y$ en què ja hem aïllat per a resoldre la integral. Finalment, el càlcul és fàcil ja que són integrals immediates:

$$\boxed{P=P_0 e^{-\left(\frac{\rho_0}{P_0}\right)gy}}$$

11.2. Flotació i principi d'*Arquímides*

" *Tot cos parcial o totalment submergit en un fluid, experimenta una empenta cap amunt igual al pes del fluid desplaçat* ".

Principi d'Arquímides

És pot considerar com una fracció fora de l'aigua. Si volem imaginar un exemple, el més visual és un iceberg. La densitat del gel és aproximadament 0.9 vegades la

Mecànica Clàssica

de l'aigua; per tant, només podem visualitzar la punta d'un iceberg, que correspon al 10 % del seu tamany. L'altre 90 % correspon al tamany que hi ha sota l'aigua.

El principi d'*Arquímides* es dedueix de les lleis de *Newton*, ja que en l'equilibri de forces, la suma ha de donar zero. La pressió és major que la de baix, per tant per forces (*Pascal*): $\Delta P = \rho \Delta h g$; aleshores: $\Delta F = \rho \Delta h g A = \rho V g$.

" La història més important en què fa referència al principi d'*Arquímides*, és la famosa corona del rei *Hierón II* en què li va encomanar que determinés si la corona que li havien fabricat era d'or o no. A tothom li sonarà que cridava *Eureka!!* pels carrers, però no tothom sap que ho fèia despullat i després de descobrir la solució a aquell problema de la corona. Ho va descobrir mentre es banyava i per això que anés despullat.

En fi, per comprovar-ho la seva idea consistia en situar una balança en un bol i en un platet de la balança situar la corona i a l'altre una peça d'or amb la mateixa massa que la corona. Al emplenar el bol d'aigua, la força d'ascenció que actuava sobre la corona era més gran que sobre la de l'or, fent que s'eleves més i l'or s'enfonsés més en la balança. Aleshores, volia dir que la corona era menys densa que l'or pur i, per tant, aquesta no era d'or pur. "

11.2.1. Tensió superficial i capil·laritat

A part de l'empenta cap amunt pel principi d'*Arquímides*, hi ha una força que sustenta un objecte depositat (*ex. Una agulla*) anomenada **tensió superficial**.

Aquesta tensió superficial, es produeix a causa dels enllaços moleculars, que, per entendre-ho més clar, és com una membrana.
Per un filferro o agulla de longitud **L**, tenim $\boxed{F = 2 \gamma L}$ amb **2 L** com el perímetre de la superfície de contacte i amb γ com el **coeficient de tensió**

Mecànica Clàssica

superficial (per exemple l'aigua: $\gamma_{H_2O} = 0.073\,N/m$).

La força entre una molècula de líquid i la resta s'anomena ***Força de cohesió***.

La força entre una molècula de líquid i la paret del tub (o superfície) s'anomena ***Força adhesiva***.

Si la $F_{adh} \gg F_{coh}$ (per exemple el que succeeix amb l'aigua i el vidre), obtenim una **superfície còncava** cap amunt, en què l'angle de contacte serà $\theta_c < 90°$.

Aquí observem una representació gràfica:

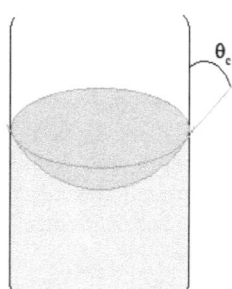

Si, en canvi, tenim $F_{adh} \ll F_{coh}$ (un exemple seria el mercuri amb el vidre), tindríem una **superfície convexa**. En aquest cas, l'aigua $\theta_c \simeq 0°$; l'angle del mercuri serà $\theta_c \simeq 140°$.

Si la superfície és <u>còncava</u>, la tensió superficial en la paret del tub és cap amunt i, per tant, fa ascendir el líquid fins que s'equilibra amb el propi pes del fluid. Aquest fenomen és l'anomenat ***capil·laritat***.

<u>EX</u>: *Un exemple de capil·laritat el podem trobar en un tub molt petit de radi r i quan més llarg millor (alçada h), en què l'introduïm en un recipient amb un fluid:*

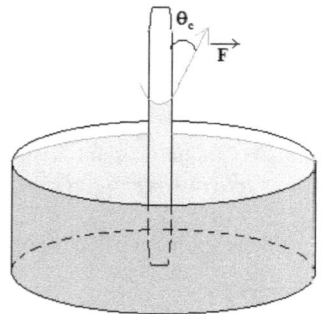

La tensió superficial vertical ens vindrà determinada per $F\cos\theta_c$. Si igualem la força i el pes, obtenim respectivament a un costat i altre:

$$\gamma 2\pi r \cos\theta_c = \pi r^2 h \rho g$$

aleshores, l'alçada serà:

$$h = \frac{2\gamma \cos\theta_c}{r \rho g}$$

Si el líquid que avaluem és l'aigua $\theta_c = 0°$, i el tub té un radi de **r = 0.1 mm**, tindríem una alçada de: $h = 14.9\,m$

261

Mecànica Clàssica

Un altre exemple de capil·laritat molt important, es pot veure en els vasos sanguinis més petits.

11.3. Dinàmica de fluids. Equació de *Bernoulli*

Descriure el comportament d'un fluid en moviment, pot ser molt complicat. Per començar l'estudi d'un fluid en moviment, considerarem un fluxe no turbulent, en estat estacionari d'un fluid *ideal* i que flueixi sense disipació d'energia mecànica.[11]

A més a més de totes aquestes característiques, hem de considerar que el fluid sigui *incompressible* ($\rho = $ cnt).

Si un fluid és incompressible, aleshores compleix l'**equació de continuïtat** següent:

$$\boxed{I = v A = \text{cnt}}$$

en què *I* és el *fluxe del volum* o el *cabal*.

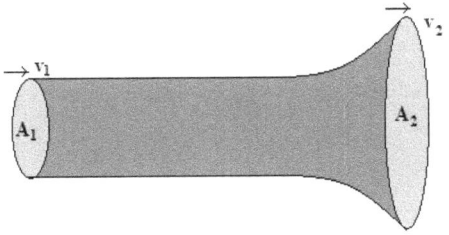

En un instant de temps Δt entra un volum $A_1 v_1 \Delta t$ i surt un volum $A_2 v_2 \Delta t$. Per tant, com ha passat un mateix instant de temps, tenim que per tot sistema es compleix:

$$\boxed{A_1 v_1 = A_2 v_2}$$

Si el fluid circula continuadament per una tuberia que varia tant de secció com d'alçada, l'efecte net produït al llarg d'un instant de temps Δt és que una certa quantitat de fluid (de volum ΔV i massa Δm) s'eleva de y_1 a y_2.

---

[11] Aquesta darrera condició, observarem més endavant, que es tracta del concepte de *viscositat*.

Mecànica Clàssica

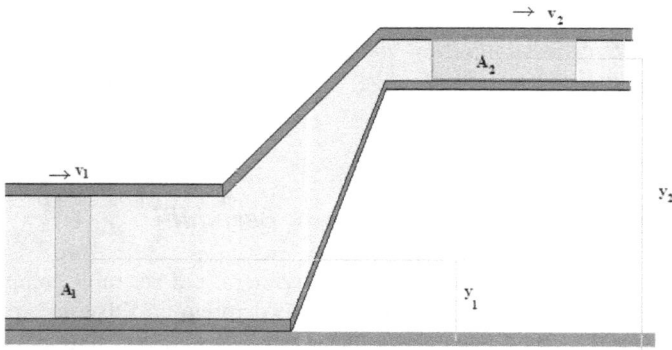

Si fem un balanç de forces per estudiar el que ha passat obtenim, per parts i molt ràpidament, que:

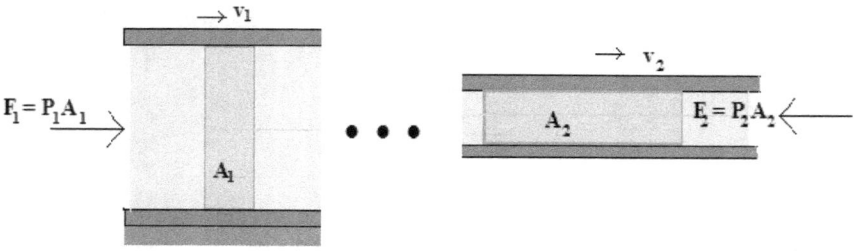

Ara, relacionant ΔV i Δm amb $\Delta m = \rho \Delta V$; podem aplicar el teorema del **Treball-Energia** " $\boxed{\Delta E_{cin} + \Delta E_{pot} = W_{Tot}}$ ":

Tenim les energies:

$$\boxed{\Delta U = \Delta E_{pot} = \rho \Delta V \, g(y_2 - y_1)} \quad ; \quad \boxed{\Delta T = \Delta E_{cin} = \rho \frac{\Delta V}{2}(v_2^2 - v_1^2)}$$

aleshores:

$$W_{Tot} = P_1 A_1 v_1 \Delta t - P_2 A_2 v_2 \Delta t \rightarrow \quad \boxed{W_{Tot} = (P_1 - P_2) \Delta V}$$

Finalment, pel teorema del treball-energia, obtenim:

$$\boxed{\rho g (y_2 - y_1) + \frac{\rho}{2}(v_2^2 - v_1^2) = (P_1 - P_2)}$$

Mecànica Clàssica

Com la variació entre dos punts es manté constant ja que es compensen entre tots els termes, ho podem expressar, finalment, com:

$$\boxed{P+\rho g y+\frac{\rho}{2}v^2=\text{cnt}}$$

Equació de Bernoulli

Hem de recordar que aquesta no és una expressió general, ja que s'ha considerat un fluid ideal i de fluxe estacionari.

11.3.1. Llei de *Torricelli*

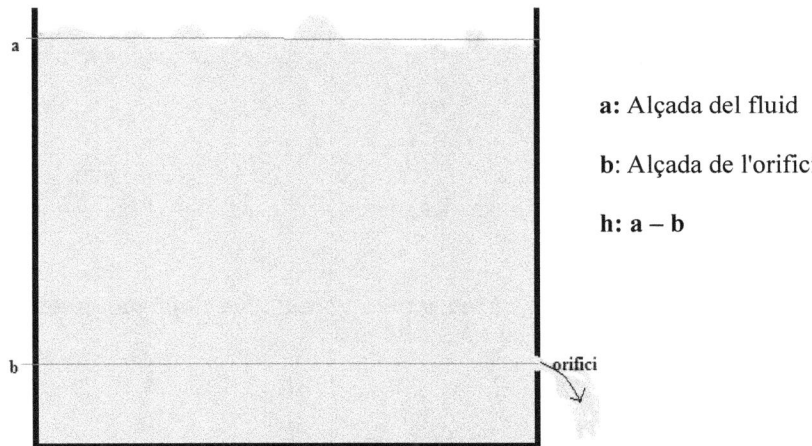

a: Alçada del fluid

b: Alçada de l'orifici

h: a – b

La llei de *Torricelli*, és un clar exemple del què ens descriuen les equacions de *Bernoulli*.

Fent servir les equacions de *Bernoulli* en condicions de fluxe estacionari i que el fluid és incompressible, tenim:

$$P_a+\rho g y_a=P_b+\rho g y_b+\frac{\rho}{2}v_b^2$$

Aleshores, $P_a=P_b=P_{atm}$ ja què tant en el punt **a** com en el punt **b** el fluid es troba en contacte amb l'exterior.

Mecànica Clàssica

Aleshores, la velocitat amb la què s'anirà escapant el líquid serà:

$$v_b^2 = 2g(y_a - y_b) = 2gh \quad \rightarrow \quad \boxed{v_b = \sqrt{2gh}}$$

Aquesta velocitat és la mateixa que la d'un objecte en caiguda lliure a distància *h* i, per tant, amb una trajectòria parabòlica.

11.3.2. Efecte *Venturi*

Un altre exemple en què podem observar l'equació de Bernoulli serà la dels tubs horitzontals:

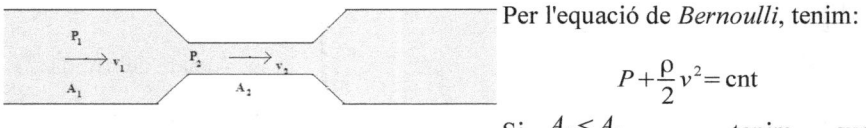

Per l'equació de *Bernoulli*, tenim:

$$P + \frac{\rho}{2}v^2 = \text{cnt}$$

Si $A_2 < A_1$, tenim que $v_2 > v_1$ per l'equació de continuïtat. Aleshores, per l'equació de *Bernoulli* tenim $P_2 < P_1$.

Aleshores, observem que **quan augmenta la velocitat d'un fluid, descendeix la pressió**. Això és el que anomenem ***Efecte Venturi***.

11.3.3. Equació de *Bernoulli*

Per acabar amb aquest apartat, presentarem una manera més general d'expressar l'equació de *Bernoulli* ja que ara no descartarem la possibilitat de compressibilitat.

Considerem la figura següent:

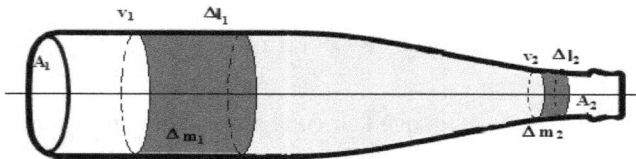

Mecànica Clàssica

Tenim una ampolla situada tots els punts a una alçada constant. Observem que la primera zona que hem assignat amb el de *zona 1* té la mateixa superfície en tot el seu volum i la *zona 2*, té la mateixa superfície en tot el volum de la zona 2. Aleshores, definim aquests volums:

Al cap d'un instant Δt, el fluid haurà recorregut una distància $\Delta l_1 = v_1 \Delta t$ i $\Delta l_2 = v_2 \Delta t$ respectivament. Per tant:
$$V_1 = A_1 \Delta l_1 \qquad V_2 = A_2 \Delta l_2$$
Si ara treballem amb les masses:

Zona 1: $\quad \Delta m_1 = \rho_1 V_1 = \rho_1 A_1 v_1 \Delta t \rightarrow \dfrac{\Delta m_1}{\Delta t} = \rho_1 A_1 v_1$

Zona 2: $\quad \Delta m_2 = \rho_2 V_2 = \rho_2 A_2 v_2 \Delta t \rightarrow \dfrac{\Delta m_2}{\Delta t} = \rho_2 A_2 v_2$

Aleshores:
$$\boxed{\dfrac{d m_{12}}{d t} = \dfrac{\Delta m_1}{\Delta t} - \dfrac{\Delta m_2}{\Delta t}}$$

Si $\dfrac{d m_{12}}{d t}$ és molt més gran que zero a la primera regió, el fluid és més líquid que en la segona regió. Per contra, a la segona regió, el líquid es comprimeix (queda més apretat).

Aleshores, definim el *flux de massa* com $\rho_i A_i v_i$ que fa referència a l'equació de continuïtat[12]. Aleshores, l'equació de *Bernoulli*, amb una solució més general, però no definitiva, és:

$$\boxed{\dfrac{d m_{12}}{d t} = \rho_1 A_1 v_1 - \rho_2 A_2 v_2}$$
Equació de Bernoulli

És interessant observar si impossant condicions de restricció podem arribar a les equacions de l'inici de l'apartat.

Si el fluid té un fluxe estacionari, aleshores $\dfrac{d m_{12}}{d t} = 0 \rightarrow \rho A v = \text{cnt}$

---

[12] Veurem tots aquests conceptes encara més a fons quan treballem amb les equacions del moviment uns apartats més endavant.

Mecànica Clàssica

Si el fluid és incompressible, aleshores $\rho = $ cnt.

Per tant, ajuntant ambdós termes observem que si un fluid compleix que té un flux estacionari i és incompressible, $Av = $ cnt.

* *Bernoulli va presentar les seves equacions per a un fluid en moviment en el seu llibre* **"Hydrodynamics"** *al 1738.* *

11.4. Equacions del moviment d'un fluid ideal

Un *fluid ideal*, ve **def**init com un fluid sense viscositat però amb la possibilitat de comprimir-se (*no incompressible*). Hem de veure com varien les magnituds de pressió i densitat, ja que són magnituds que ens interessa i interessarà conèixer:

- *Variació de la pressió*: $\quad \dfrac{dP}{dt} = \dfrac{\partial P}{\partial t} + \vec{v} \cdot \nabla P$

- *Variació de la densitat*: $\quad \dfrac{d\rho}{dt} = \dfrac{\partial \rho}{\partial t} + \vec{v} \cdot \nabla \rho$

Aleshores, la variació del volum, no és tan intuïtiva com aquestes. Si tenim un cub petit de costats $\delta x, \delta y, \delta z$, hem de treballar coordenada a coordenada.

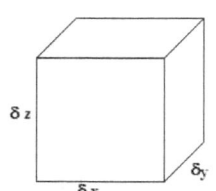

Si treballem una coordenada, per exemple la x podrem trobar fàcilment la resta, ja què les altres són semblants.

$$\frac{d(\delta x)}{dt} = \frac{\partial v_x}{\partial x} \delta x$$

És fàcil veure que només hi ha variació de la component x de la velocitat si és diferent a les dues cares que formen el pla *yz*. Per tant, per les altres components:

$$\frac{d(\delta y)}{dt} = \frac{\partial v_y}{\partial y} \delta y \qquad \frac{d(\delta z)}{dt} = \frac{\partial v_z}{\partial z} \delta z$$

Mecànica Clàssica

i amb un volum $\delta V = \delta x\, \delta y\, \delta z$ i, finalment:

$$\frac{d(\delta V)}{dt} = \nabla \cdot \vec{v}\, \delta V$$

a més a més, observem que si el fluid és incompressible $\nabla \cdot \vec{v} = 0$.

Si ara ho expressem en notació integral: $\frac{dV}{dt} = \int_V \nabla \cdot \vec{v}\, dV = \int_S \vec{v}\vec{n}\, dS$ que, efectivament, és l'expansió del fluid, ja què si això succeeix en un instant infinitessimal de temps, el volum extra tindrà l'expressió $\vec{v}\vec{n}\, dS\, dt$.

11.4.1. Equació de continuïtat

Abans de presentar les equacions del moviment d'un fluid ideal, cal veure l'equació de continuïtat d'una manera més general que la que ja havíem vist.

Per poder trobar l'equació de continuïtat, hem de fer servir un dels principis de la mecànica clàssica més sòlids: *la quantitat de la massa es conserva*.

Aleshores:

$\frac{d}{dt}(\delta m) = \frac{d}{dt}(\rho\, \delta V) = 0 \leftrightarrow \delta V \frac{d\rho}{dt} + \rho \nabla \vec{v}\, \delta V = 0 \leftrightarrow \frac{d\rho}{dt} + \rho \nabla \vec{v} = 0$ Aleshores, si fem servir la definició de la variació de la densitat i la propietat vectorial següent $\rho \nabla \vec{v} + \vec{v} \nabla \rho = \nabla(\rho \vec{v})$, obtenim, finalment:

$$\boxed{\frac{\partial \rho}{\partial t} + \nabla(\rho \vec{v}) = 0}$$

Equació de continuïtat

Observem que aquesta equació de continuïtat és molt semblant a l'equació de continuïtat obtinguda a partir de la conservació de la càrrega en electromagnetisme.

La notació integral de l'equació de continuïtat, la trobem integrant en un volum *V*:

$$\boxed{\frac{dm}{dt} = -\int_S \vec{n}\rho \vec{v}\, dS}$$

Si el fluid és incompressible, $\nabla \cdot \vec{v} = 0 \rightarrow \int \vec{v}\vec{n}\, dS = 0$

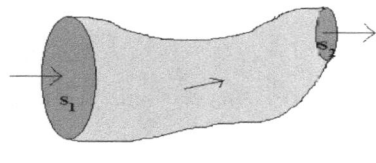

amb un objecte o tuberia totalment irregular, tindríem:

$$\int_{S_1} \vec{v}\vec{n}\, dS + \int_{S_2} \vec{v}\vec{n}\, dS = 0 = \int_{S_1} -v\, dS +$$
$$+ \int_{S_2} v\, dS \rightarrow \int_{S_i} v\, dS = \text{cnt} \quad .$$

Si a més a més, la velocitat és la mateixa en tots els punts d'una secció transversa, és a dir, en flux estacionari, obtenim que $v \cdot S = \text{cnt}$. (*Hem de recordar que aquest és un cas particular*).

11.4.2. Equació d'*Euler* del moviment d'un fluid

Si sobre un fluid actua una força $\vec{f}$ per unitat de volum, podent ser un pes o una força aplicada a través d'un èmbol o pistó (o algun altre objecte) o una combinació d'ambdues, a més a més de la força a causa de la pressió, tenim:

$$\boxed{m\ddot{x} = \rho\, \delta V \frac{d\vec{v}}{dt} = \vec{f}\, \delta V - \nabla P\, \delta V} \qquad (1)$$

perquè la causa de la pressió ve determinada per la diferencia de pressió a un i l'altre costat.

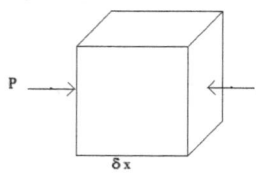

És similar a la variació del volum. Si ho fem per una component, per exemple la *x,* ho trobarem per les altres dues (*y* i *z*) ja què el procediment per obtenir-les serà semblant.

$$\delta F_x = P(x) - P(x+\delta x)\delta y \delta z = \delta F_x = -\frac{\partial P}{\partial x}\delta x \delta y \delta z \quad ;$$

que si tenim en compte que per les altres dues components són iguals, tenim:

$$\boxed{\delta \vec{F} = -\nabla P \, \delta V}$$

L'expressió **(1)** es sol expressar en forces per unitat de massa, és a dir:

$$\boxed{\frac{d\vec{v}}{dt} + \frac{1}{\rho}\nabla P = \frac{\vec{f}}{\rho}}$$

Equació d'Euler del moviment d'un fluid

també la podem expressar com:

$$\boxed{\frac{\partial \vec{v}}{\partial t} + (\vec{v}\nabla)\vec{v} + \frac{1}{\rho}\nabla P = \frac{\vec{f}}{\rho}}$$

Definim un **_fluid homogeni_** com un fluid en que la densitat del mateix només depèn de la pressió $[\rho(P)]$.

Si ara treballem amb un fluid homogeni, "només" hi ha **4** incògnites (*la pressió i les components de la velocitat* v_x, v_y, v_z ; *és a dir* $(P, \vec{v})$). Aleshores tindrem un total de **4 equacions**, 3 equacions del moviment i la corresponent a la de continuïtat. Hi hauran moltes possibles solucions que, la selecció d'aquestes, dependrà de les condicions inicials i les condicions de contorn.

Un cas particular, és si el fluid, a més a més de ser homogeni és incompressible; aleshores, la densitat és uniforme i, per tant, les equacions del moviment es simplificaran.

11.4.2.1. Forma generalitzada del teorema de la divergència o de Gauss

Coneixem el teorema de la divergència o de *Gauss*: $\int_V \nabla \vec{A} \, dV = \int_S \vec{A}\vec{n} \, dS$.

El teorema de la divergència de forma generalitzada ens vindrà determinada per:

$$\boxed{\int_V \text{grad}\, u \, dV = \int_S u \, d\vec{S}}$$

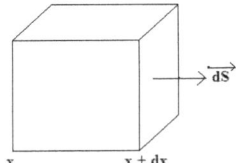

en què **S** és la superfície que limita un volum **V**.

Mecànica Clàssica

Demostració:

La demostració és semblant que per tots els altres teoremes matemàtics. Considerem un paral·lelepíped tal què:

La component x serà: $\frac{\partial u}{\partial x}\vec{e}_x \mathrm{d}x\mathrm{d}y\mathrm{d}z$; que correspon a la part de l'esquerra i coincideix amb la part de la dreta. Això ho podem comprovar veient que per definicions de derivades es compleix que la part de la dreta: $[u(x+\mathrm{d}x,y,z)-u(x,y,z)]\mathrm{d}y\mathrm{d}z$ és igual que la de l'esquerra.

Per la resta de components és el mateix i, per tant, per qualsevol volum es compleix, ja què només persisteixen les components exteriors de $\mathrm{d}\vec{S}$, perquè com havíem vist al tema 1, les interiors es cancel·len dos a dos.

11.4.3. Moment linial d'un fluid en moviment

El moment linial δV és $\rho\vec{v}\delta V$; amb $\rho\delta V = \mathrm{cnt}$ perquè és la quantitat de massa.

Aleshores, el moment linial es vindrà determinat per:

$$\frac{\mathrm{d}}{\mathrm{d}t}(\rho\vec{v}\delta V) = \rho\delta V \frac{\mathrm{d}\vec{v}}{\mathrm{d}t} = // \text{ per l'eq. d'Euler } // = \vec{f}\,\delta V - \nabla P\,\delta V$$

Per tant, el moment linial en tot el volum V, és: $\int_V \rho\vec{v}\,\mathrm{d}V$. Si comprovem si es conserva, ens cal veure la seva variació en el temps:

$$\frac{\mathrm{d}}{\mathrm{d}t}\int_V \rho\vec{v}\,\mathrm{d}V = // \text{ per la forma generalitzada del Th. Div. } // = \int_V \vec{f}\,\mathrm{d}V - \int_S P\,\mathrm{d}\vec{S}$$

El moment linial, per tant, **no** es conserva. El primer terme fa referència a les forces externes i el segon terme, a les forces internes. Una observació important, és veure que la pressió només actua a la superfície que limita el volum, això és perquè dins el concepte de pressió ja introduïm la tercera llei de *Newton* de l'acció-reacció.

Mecànica Clàssica

11.4.4. Energia d'un fluid en moviment. Forma generalitzada de l'equació de *Bernoulli*.

Per estudiar l'energia d'un fluid en moviment, el primer que ens cal fer, és multiplicar escalarment pel vector velocitat $\vec{v}$ l'equació del moviment, tal què:

$$\frac{d}{dt}\left(\frac{\rho}{2}\vec{v}^2\delta V\right)=\vec{v}(\vec{f}-\nabla P)\delta V$$

Observem que $\frac{d}{dt}(\rho\,\delta V)=\frac{dP}{dt}\delta V+P\frac{d(\delta V)}{dt}=\frac{\partial P}{\partial t}\delta V+\vec{v}\nabla P\,\delta V+P\nabla\vec{v}\,\delta V$ i, si a més a més, el fluid és incompressible, $\nabla\vec{v}=0$.

Si $\vec{f}=\rho\vec{g}=-\rho\nabla G$ amb **G** com el potencial gravitatori (*Energia potencial gravitatòria, pes per unitat de massa*).

amb $\frac{dG}{dt}=\frac{\partial G}{\partial t}+\vec{v}\nabla G=\frac{\partial G}{\partial t}-\vec{v}\frac{\vec{f}}{\rho}$ aleshores:

$$\frac{d}{dt}\left(\frac{\rho}{2}\vec{v}^2\delta V\right)=\left[\rho\frac{\partial G}{\partial t}-\rho\frac{dG}{dt}\right]\delta V-\frac{d}{dt}(\rho\,\delta V)+\frac{\partial P}{\partial t}\delta V+P\nabla\vec{v}\,\delta V$$

Si aïllem les derivades totals respecte el temps a una banda i les parcials a una altra:

$$\frac{d}{dt}\left[\left(\frac{\rho}{2}\vec{v}^2+P+\rho G\right)\delta V\right]=\left(\frac{\partial P}{\partial t}+\rho\frac{\partial G}{\partial t}\right)\delta V+P\nabla\vec{v}\,\delta V$$

Aleshores, sigui **u** l'energia potencial per unitat de massa associada a la dilatació/contracció de δV , és a dir, $u\,\delta m$ és el treball realitzat per la pressió canviat de signe:

$$\frac{d(u\,\delta m)}{dt}=-P\frac{d(\delta V)}{dt}=-P\nabla\vec{v}\,\delta V$$

per tant, la pressió multiplicada per la variació de volum per unitat de temps, correspon a la força per la velocitat (El treball per unitat de temps). Aleshores, finalment obtenim:

$$\boxed{\frac{d}{dt}\left[\left(\frac{\rho}{2}\vec{v}^2+P+\rho G+\rho u\right)\delta V\right]=\left(\frac{\partial P}{\partial t}+\rho\frac{\partial G}{\partial t}\right)\delta V}$$

Forma més general de l'equació de Bernoulli

Mecànica Clàssica

En casos particulars, si **P** i **G** són al llarg del temps en un punt de l'espai (*fluxe estacionari*) i dividim per ρ i δV, obtenim:

$$\frac{v^2}{2}+\frac{P}{\rho}+G+u=\text{cnt}$$

en què observem que es conserven totes les energies.

Si el fluid és incompressible, $u = \text{cnt}$ i, per tant:

$$\frac{v^2}{2}+\frac{P}{\rho}+G=\text{cnt}$$

11.5. Viscositat

Def: Definim viscositat com la resistència que presenta un fluid per fluir o deformar-se (*fricció interna*)
.

Segons l'equació (a vegades anomenada també teorema) de *Bernoulli*, si la tuberia és horitzontal amb la secció transversa constant, tindríem que la **pressió és constant**. A la pràctica, no és així, ja que existeixen forces de fregament o de frenat anomenades *forces viscoses*.

Al llarg del tub, $\Delta P = P_1 - P_2 = vA\Re = I_v\Re$, en què definim I_v com el flux de volum o cabal i amb $\Re$ com una constant de proporcionalitat. Es pot veure que és similar a la llei d'*Ohm* i fa el paper de la resistència.

Aquesta constant depèn de la longitud, el radi i, evidentment, del tipus de fluid.

EX:

El fluid sanguini

$\Delta P = 100\,\text{torr} = 13.3\,\text{kPa}$. Aleshores, el cabal serà de $I_v = 0.8\,l/s$ per tant la constant de proporcionalitat serà:

$$\Re = \frac{13.3 \cdot 10^3\,\text{N}/m^2}{0.8 \cdot 10^{-3}\,m^3/s} = 1.66 \cdot 10^7 \frac{\text{N s}}{m^5}$$

Mecànica Clàssica

11.5.1. Coefixient de viscositat

Considerem el sistema següent:

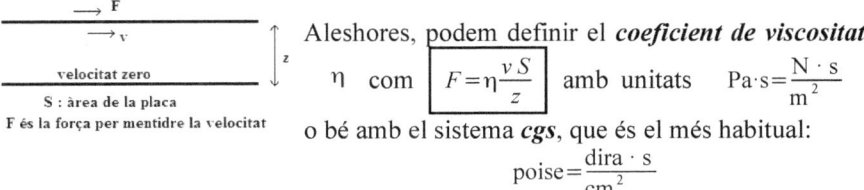

Aleshores, podem definir el *coeficient de viscositat* η com $F = \eta \dfrac{vS}{z}$ amb unitats $\text{Pa·s} = \dfrac{\text{N·s}}{\text{m}^2}$

o bé amb el sistema *cgs*, que és el més habitual:

$$\text{poise} = \dfrac{\text{dira·s}}{\text{cm}^2}$$

amb la conversió d'unitats $\quad 10\,\text{poise} = 1\,\text{Pa·s}$

El coeficient de viscositat, és un indicador de lo molt o poc resistent que és un fluid a deformar-se.

Presentem alguns valors més habituals:

	Aigua (0°C)	1.8
	Aigua (60°C)	0.65
η en **mPa**	Sang	4.0
	Oli motors	200
	Glicerina	10000
	Aire	0.018

Podem extreure alguna informació dels valors següents.

Observem que el coeficient de viscositat varia segons les condicions de la temperatura, cosa que tots els fluids tenen una dependència forta, juntament amb el volum i la pressió.

A més a més, observem que els fluids gasosos tenen una viscositat molt baixa en comparació amb els fluids líquids, per tant, l'aspecte de les forces viscoses i la viscositat en sí, es treballa més amb líquids que no pas amb gasos.

Mecànica Clàssica

11.6. Llei de *Poiseuille*. Turbulència: número de *Reynolds*

La llei de *Poiseuille* (1838) és la llei que ens permet determinar el fluxe laminar estacionari d'un líquid incompressibe i uniformament viscós (un *fluid newtonià*) a través d'un tub cilíndric de secció constant.

Es pot demostrar que en un tub circular de radi *r* i longitud *L* es compleix:

$$\boxed{\Re = \frac{8\eta L}{\pi r^4}}$$

Si el relacionem amb el coeficient de viscositat, obtenim:

$$\boxed{\Delta P = \frac{8\eta L}{\pi r^4} I_v = \frac{8\eta L}{\pi r^4} A v = \Re I_v}$$
<u>Llei de Poiseuille</u>

L'exemple més comú i important, és la circulació de la sang a les artèries i, en condicions de colesterol que es redueix el radi, observem que per petites reduccions, hem d'augmentar la pressió per tenir un flux sanguini adeqüat i regular. És per aquest motiu que és tan perillós el colesterol.

La llei de *Poiseuille* es complex aproximadament, doncs el coeficient de viscositat no és exactament constant, ja què varia amb la velocitat.

11.6.1. Turbulència: número de *Reynolds*

Per saber un rang de validesa hem de recórrer al **número de *Reynolds*.**

Es complex bastant bé si $N_\Re \leq 2000$ (més o menys de 2000 a 3000) i el <u>fluxe</u> és <u>laminar</u>. No es compleix si $N_\Re \geq 3000$ en què el <u>fluxe</u> és <u>turbulent</u>.

El nombre de *Reynolds* ens ve definit per:

$$\boxed{N_\Re = \frac{2 r \rho v}{\eta}}$$

ens serveix per determinar de quin dels dos tipus principals de fluxe estem tractant.

Mecànica Clàssica

El *fluxe laminar*, és ordenat i suau i el fluid es mou en làmines paral·leles sense distorsionar la trajectòria denominada línia de corrent. Aquest tipus de fluxe és típic de fluids amb velocitat baixa i alta viscositat.

El *fluxe turbulent* fa referència a un moviment caòtic d'un fluid. Les partícules es mouen desordenadament i les trajectòries de les mateixes descriuen petits remolins aperiòdics.

11.7. Fluids no newtonians*

En tot aquest tema hem treballat amb fluids newtonians, tot i que hem explicat exemples d'alguns que no ho són. Els *fluids newtonians* venen **def**inits com un fluid en què la seva viscositat pot considerar-se constant en el temps. Si representem el seu comportament amb l'esforç que li apliquem respecte la velocitat de deformació, ens surt una gràfica linial. Molts fluids comuns en la societat tenen aquest tipus de comportament.

Tot i què fem una introducció molt breu, descriurem els fluids no newtonians.

Un *fluid **no** newtonià* és aquell fluid en què la seva viscositat varia amb la temperatura o amb la pressió d'impacte que se li aplica. Per aquest motiu, no tenen un coeficient o valor de viscositat definit.

Descriure el comportament mecànic d'aquests fluids mitjançant la viscositat pot resultar inadequat. És per aquest motiu que aquests fluids es caracteritzen millor amb les propietats que tenen a veure amb la relació entre l'esforç i els tensors de tensió sota diferents condicions de fluxe (per exemple condicions d'esforç tallant oscil·latori.

Si sobre un fluid no newtonià li apliquem un contacte suau o un petit impacte amb un objecte molt prim o afilat, sense transmetre molta energia cinètica, aquest, es comportarà com un fluid newtonià líquid. Per contra, si li apliquem una força transmeten una energia cinètica considerable, el fluid tendirà a comportar-se com un sòlid.

Mecànica Clàssica

Els principals tipus de fluids no newtonians, són bàsicament:

- *Fluids plàstics*
- *Fluids que segueixen la llei de potències*
- *Fluids viscoelàstics*
- *Fluids amb viscositat que depèn del temps.*

La descripció i el formulisme matemàtic no el treballarem, doncs hi dedicarem més deteniment al volum de *"Fluids i superfluids"*

Mecànica Clàssica

Mecànica Clàssica

IV
Introducció a la Mecànica analítica

Mecànica Clàssica

La mecànica analítica és una formulació de la mecànica clàssica que es deriva de les equacions del moviment dels principals fonaments a través del mètode analític.

Si una partícula, que es regeix per les equacions de la mecànica clàssica, està limitada a moure's sobre una superfície donada, han d'existir unes forces que mantingui la partícula en contacte amb la superfície. Aquestes forces són anomenades les **forces de lligadura**.

En alguns casos, trobar totes les forces d'un sistema pot ser molt complicat i, per tant, amb les lleis de *Newton* ens complicaria molt el càlcul i el coneixement del moviment. És per aquest motiu que necessitem un mètode alternatiu, basat amb les lleis de *Newton*, però que ens faciliti el càlcul del sistema simplement platejant-lo des d'un punt de vista diferent. El **principi de Hamilton** és un bon mètode per aquest tipus de sistemes i les equacions del moviment que s'utilitzen per a resoldre'ls, són les **equacions de Lagrange**.

Aleshores, podem definir-la com una formulació abstracta i general de la mecànica, que ens permet l'ús per iguals en condicions de sistemes inercials i no incercials, sense haver de modificar les equacions del moviment.

Com hem dit, podem diferenciar la mecànica analítica amb dues formulacions que descriuen un mateix fenòmen natural i arriben a les mateixes conclusions:

- **Formulació lagrangiana**. És més de caire experimental i d'utilitat pràctica.

- **Formulació hamiltoniana**. És un formulisme amb més aplicació teòrica.

Cal dir que la formulació de la mecànica analítica segueix alguns teoremes i principis que veurem a continuació, concretament la matemàtica que ve definida al **Principi de D'Alembert**.

Mecànica Clàssica

Tema 12.- Continguts bàsics

Començarem plantejant els principis bàsics de la mecànica analítica.

12.1. Restriccions i classificacions de sistemes i restriccions

12.1.1. Lligadures i Restriccions

Segons la segona llei de *Newton* $\vec{F}_i = m_i \ddot{\vec{r}}_i$ podem resoldre molts problemes, però a vegades el moviment està limitat per *lligadures* (o lligams). Alguns exemples d'aquestes lligadures, són: *objectes sobre una taula, un pèndol, una barra rígida...* en canvi una molla **no** és un lligam. El significat de lligadura és el de *restriccions* o *limitacions*.

Definim les **restriccions** com les limitacions que ens imposem a les coordenades que impedeixen que el sistema es mogui amb total llibertat, és a dir, si tenim un sistema de partícules, format per *N* partícules; tenim $3N$ coordenades que ens descriuen el moviment. Si tenim *k* restriccions, els *graus de llibertat n* seran:

$$\boxed{n = 3N - k}$$

12.1.2. Classificació de les restriccions

Si considerem un sistema de partícules $\vec{r}_i (i=1,...,N)$ podem classificar les lligadures o les restriccions en dos classes diferents:

1. **a) Restriccions holonòmes o finites:** $f(x_1,...,x_n;t) = f(t;\vec{r}_i)$

   - *Restriccions geomètriques* (també anomenades **estacionàries** o **esclerònomes**): $f(x_1,...,x_n) = f(\vec{r}_i) = 0$. A més a més, un sistema mecànic és escleronomic si les equacions de limitacions no contenen el temps com a variable explícita.

282

Mecànica Clàssica

- <u>Restriccions no estacionàries</u> (també anomenades **reònomes**): $g(x_1,...,x_n;t)=g(\vec{r}_i;t)$; que contenen el temps com a variable explícita.

b) Restriccions no holonòmiques: Són equivalents a les *restriccions* (limitacions) **diferencials** que no es poden integrar (*resten fixes*). Aquestes lligadures depenen de la velocitat i no les tractarem en detall en aquesta introducció : $h(x_1,...,x_n,\dot{x}_1,...,\dot{x}_n;t)=h(\vec{r}_i,\dot{\vec{r}}_i;t)$

Anem a veure alguns exemples d'aquestes restriccions:

<u>EX</u>:

1) Dues masses unides per una barra o vareta rígida de longitud constant

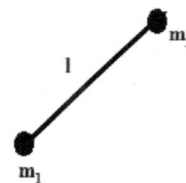

m_1 i m_2 formen el sistema

Aleshores, l'equació de lligadura és: $(\vec{r}_1-\vec{r}_2)^2-l^2=0$. Per tant, correspon a una **lligadura finita estacionària**.

2) Pèndol en que el seu punt de suspensió es mou a velocitat constant

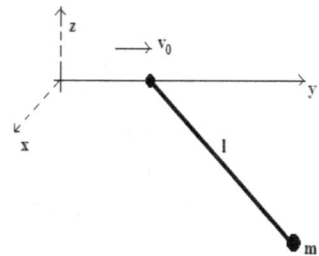

La massa **m** és el sistema. L'equació de lligadura serà:

$$x^2+(y-v_0 t)^2+z^2=l$$

Aleshores, correspon a una **lligadura finita no estacionària**.

Mecànica Clàssica

12.1.3. Classificació de sistemes

Els sistemes els podem classificar en dos tipus diferents:

- *Sistemes lliures* (*sense lligadures*): Sistemes en què les forces són totes efectives (reals): $m_i \vec{a}_i = \vec{F}_i$

- *Sistemes limitats* (*amb lligadures*): Sistemes en què a més de les forces efectives tenim forces de reacció (o el seu equivalent pels sistemes que es veuen afectats per les restriccions), és a dir: $m_i \vec{a}_i = \vec{F}_i + \vec{R}_i$ amb $\vec{R}_i$ definida com les *forces de lligadura* o de *reacció*. Un exemple seria la tensió del pèndol simple. Si considerem el pèndol doble:

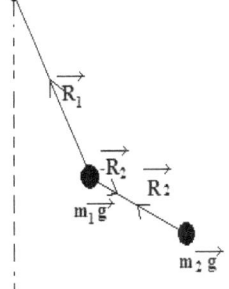

Observem que en aquest exemple, l'obtenció de $\vec{R}_i$ no és immediata. Aleshores, apareixen unes incògnites addicionals.

Per tant, a la mecànica analítica que estudiarem, ens basarem en els objectius següents:

- *Calcular* (o eliminar) *les forces de reacció.*

- *Tenir en compte les lligadures (finites) en el sentit de la disminució de variables.*

Mecànica Clàssica

12.2. Coordenades generalitzades. Graus de llibertat

Com ja hem dit, si hi ha **k-lligadures**, el sistema té **n** graus de llibertat, tal què $n = 3N - k$; aleshores, el sistema es pot caracteritzar-se per les **n** *coordenades generalitzades* $\boxed{q_1, ..., q_n}$ en què q_i poden ser part de les **3N** coordenades cartesianes o no.

Per a què un conjunt de variables $q_1, ..., q_n$ siguin *coordenades generalitzades*, és necessari que a partir d'elles siguin calculables les **3N** coordenades cartesianes $\vec{r}_1, ..., \vec{r}_N$ amb $\vec{r}_1 = \vec{r}_1(q_i, ..., q_n; t), ..., \vec{r}_N = \vec{r}_N(q_i, ..., q_n; t)$.

En els exemples anteriors, el de lligadures finites estacionàries, tindríem:

$$\begin{pmatrix} 5 \text{ graus de llibertat} \\ x_1, y_1, z_1, x_2, y_2 \\ r_1, \theta_1, \varphi_1, \theta_2, \varphi_2 \end{pmatrix} \text{ en què } \theta_2, \varphi_2 \text{ ve per } \vec{r} = \vec{r}_2 - \vec{r}_1$$

i en el de no estacionari: 2 graus de llibertat
$(x, y), (x, z), (\theta, \varphi)$

Anem a veure alguns exemples més:

EX:

1) Sòlid rígid: *Un triangle format per tres masses i tres varetes:*

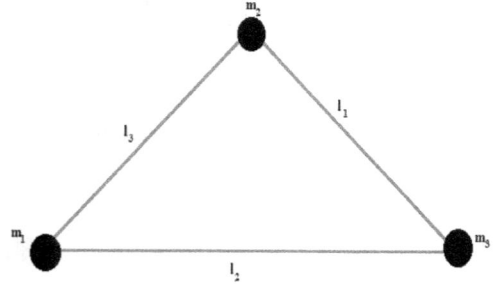

Aquí tenim 3 lligams:

$(\vec{r}_1 - \vec{r}_2)^2 = l_3^2$

$(\vec{r}_2 - \vec{r}_3)^2 = l_1^2$

$(\vec{r}_1 - \vec{r}_3)^2 = l_2^2$

Mecànica Clàssica

A més a més els 6 graus de llibertat:

$(x_1, y_1, z_1, x_2, y_2, x_3)$ **SI** **són coordenades generalitzades**

$(x_1, y_1, z_1, x_2, y_2, z_2)$ **NO** **són coordenades generalitzades**

2) *Una taula amb un forat pel què connectem dues masses tal i com indiquem a la figura:*

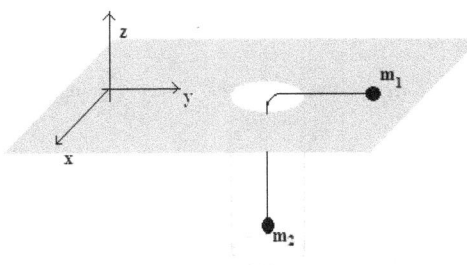

A la figura ja hem considerat un tub que ens condiciona a què m_2 no es pot moure en les direccions del pla.

En aquest cas, tenim 4 lligams:

$$z_1 = 0 \quad ; \quad x_2 = y_2 = 0 \quad ; \quad r_1 - z_2 = l$$

definint $r_1 = \sqrt{x_1^2 + y_1^2}$.

Observem que tenim 2 graus de llibertat: (x_1, y_1) , (r_1, θ_1) i (z_2, θ_1) **són** tres possibles coordenades generalitzades. En canvi (r_1, z_2) **no** és una coordenada generalitzada.

12.2.1. Desplaçaments infinitessimals reals (o possibles) i virtuals

Siguin *k-lligadures* finites que compleixen una equació de lligadura $f_\alpha(t, \vec{r}_i)$ amb $\alpha = 1, ..., k$ i $\vec{r}_i = 1, ..., N$.

Aleshores, anomenem *sistemes de velocitats possibles* en una posició i un instant donats a les <u>velocitats $\vec{v}_i$ compatibles amb les lligadures</u>.

Per fer-ho, hauran de compliur: $\boxed{\sum_{i=1}^{N} \frac{\partial f_\alpha}{\partial \vec{r}_i} \cdot \vec{v}_i + \frac{\partial f_\alpha}{\partial t} = 0}$ amb $\alpha = 1, \ldots, k$; en què $\frac{\partial f_\alpha}{\partial \vec{r}_i}$ és el vector $\nabla_{\vec{r}_i} f_\alpha = \frac{\partial f_\alpha}{\partial x_i} \vec{e}_x + \frac{\partial f_\alpha}{\partial y_i} \vec{e}_y + \frac{\partial f_\alpha}{\partial z_i} \vec{e}_z$

Anem a classificar els desplaçaments segons siguin virtuals o reals:

- **Desplaçaments reals**: $\vec{r}_i(t + dt) - \vec{r}_j(t) = d\vec{r}_i$

- **Desplaçaments virtuals**: $\delta \vec{r}_i \rightarrow$ desplaçament virtual $\delta = \vec{r}_i{}' - \vec{r}_i(t)$.
  Es pot considerar com un desplaçament amb un "*temps congelat*".

Aleshores, un *sistema de desplaçaments infinitessimals possibles* (*d.i.p.*), són aquells que es presenten com $d\vec{r}_i = \vec{v}_i dt$ i han de complir:

$$\boxed{\sum_{i=1}^{N} \frac{\partial f_\alpha}{\partial \vec{r}_i} \cdot d\vec{r}_i + \frac{\partial f_\alpha}{\partial t} dt = 0}$$

amb $\alpha = 1, \ldots, k$

Sigui un altre sistema *d.i.p.* en els mateixos instants i posició $d'\vec{r}_i = \vec{v}_i{}' dt$. Aleshores, haurà de complir la mateixa equació de lligadura:

$$\boxed{\sum_{i=1}^{N} \frac{\partial f_\alpha}{\partial \vec{r}_i} \cdot d'\vec{r}_i + \frac{\partial f_\alpha}{\partial t} dt = 0}$$

La diferència entre els dos, $d\vec{r}_i - d'\vec{r}_i = \delta \vec{r}_i$ que els definim com *desplaçaments infinitessimals virtuals* (*d.i.v.*).

Aquestes han de complir:

$$\boxed{\sum_{i=1}^{N} \frac{\partial f_\alpha}{\partial \vec{r}_i} \delta \vec{r}_i = 0} \qquad \text{amb} \quad \alpha = 1, \ldots, k$$

Mecànica Clàssica

No apareix el temps, ja què no és realment un desplaçament, sinó que el podem considerar com una "posició alternativa".

Si les lligadures són *estacionàries*, els **desplaçaments infinitessimals virtuals i possibles coincideixen**.

Anem a veure alguns exemples:

EX:

1) *Una vareta es troba en el pla xy i una massa que llisca per la vareta.*

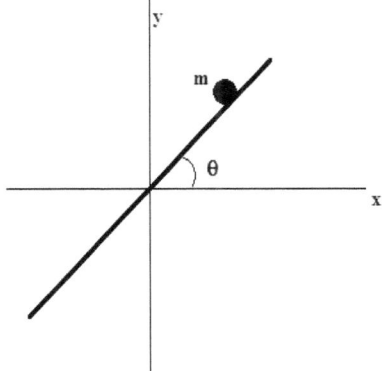

i) La vareta resta fixe $\theta=\theta_0$	ii) La vareta gira a velocitat angular constant $\theta=\omega t$
LLIGADURA ESTACIONÀRIA	**LLIGADURA <u>NO</u> ESTACIONÀRIA**
Equació de lligadura i derivada: $$y - x\tan(\theta_0) = 0$$ $$\dot{y} - \dot{x}\tan(\theta_0) = 0$$	Equació de lligadura i derivada: $$y - x\tan(\omega t) = 0$$ $$\dot{y} - \dot{x}\tan(\omega t) - \frac{\omega x}{\cos^2(\omega t)} = 0$$

Mecànica Clàssica

Desplaçament infinitessimal possible: $$\mathrm{d}y = \mathrm{d}x(\tan\theta_0)$$	Desplaçament infinitessimal possible: $$\mathrm{d}y = \mathrm{d}x(\tan(\omega t)) + \frac{\omega x}{\cos^2(\omega t)}\mathrm{d}t$$
Desplaçament infinitessimal virtual: $$\delta y = \delta x(\tan\theta_0)$$	Desplaçament infinitessimal virtual: $$\delta y = \delta x(\tan\omega t)$$

Aleshores observem que en les lligadures estacionàries els desplaçaments virtuals possibles són iguals, però en els **no** estacionàris **NO**.

2) *Massa que es mou sobre una superfície, per exemple una semiesfera:*

i) Superfície fixe	*ii) Superfície en moviment.*
$\mathrm{d}\vec{r}$ **tangent** ; $\mathrm{d}'\vec{r}$ **tangent** **Aleshores:** $\delta\vec{r}$ **tangent**	$\mathrm{d}\vec{r} = $ tangent $+\vec{u}\,\mathrm{d}t$ $\mathrm{d}'\vec{r} = $ tangent $+\vec{u}\,\mathrm{d}t$ $\delta\vec{r} = $ tangent

A més a més, observem que $\delta\vec{r}$ en condicions no estàtiques, no és el desplaçament complet, però si que és el més important del moviment, ja que ens descriu com es mou la massa en la superfície.

Mecànica Clàssica

12.3. Principi del treball virtual

<u>Def</u>: Definim el ***treball virtual*** d'un sistema com el treball resultant de les forces virtuals que actuen mitjançant un desplaçament real o de les forces reals que actuen mitjançant un desplaçament virtual.

Si considerem un sistema de partícules en equilibri estàtic, la força total de cada partícula és:
$$\vec{F}_i = 0$$

per tot valor de *i* que pertany als nombres naturals. Això ens diu que la força total que exerceix sobre la partícula *i* és zero.

Aleshores, el treball virtual δW vindrà definit per:

$$\boxed{\delta W = \sum_{i=1}^{N} \vec{F}_i \, \delta \vec{r}_i = 0}$$

També, la força total de cada partícula la podem definir com:

$$\vec{F}_i = \vec{F}_i^{(e)} + \vec{R}_i$$

en què $\vec{F}_i^{(e)}$ fa referència a les forces efectives que estan associades amb les forces externes i $\vec{R}_i$ fa referència a les forces de reacció o les forces fictícies que es substitueixen en presència de restriccions o també anomenades forces de lligadura.

Aleshores, el treball virtual el podem redefinir com:

$$\boxed{\delta W = \sum_{i=1}^{N} \vec{F}_i^{(e)} \, \delta \vec{r}_i + \sum_{i=1}^{N} \vec{R}_i \, \delta \vec{r}_i = 0}$$

Per <u>propietats de les lligadures</u>, en limitacions ideals; el treball total virtual de les

forces de lligadura és nul, és a dir, $\sum_{i=1}^{N} \vec{R}_i \, \delta \vec{r}_i = 0$, per qualsevol $\delta \vec{r}_i$.
Aleshores:

$$\boxed{\sum_{i=1}^{N} \vec{F}_i^{(e)} \, \delta \vec{r}_i = 0}$$

Principi del treball virtual

Per l'exemple 2 anterior:

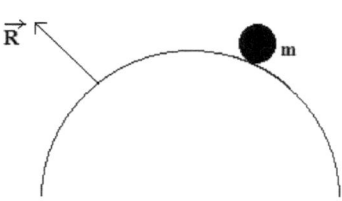

$\vec{R}$ és perpendicular a la superfície.

$\vec{R} \cdot \delta \vec{r} = 0$ ja què $\delta \vec{r}$ és tangent a la superfície i es compleix en ambdues situacions.

Però, $\vec{R} \cdot d\vec{r} = 0$ **només** si la **superfície** és **fixe**.

A l'exemple **1**, $\vec{R}$ és perpendicular a la vareta i $\vec{R} \cdot \delta \vec{r} = 0$ es compleix sempre, però $\vec{R} \cdot d\vec{r} = 0$ no sempre! Només si és estacionari.

EX:

1) *Dues masses unides per una vareta rígida.*

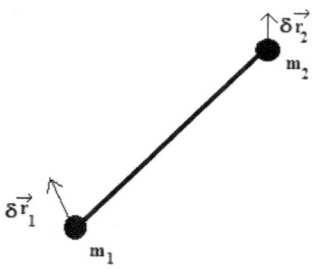

Sigui $\vec{a} = \vec{r}_1 - \vec{r}_2$, $\delta \vec{a} = \delta \vec{r}_1 - \delta \vec{r}_2$.

Si $\vec{R}_1$ és paral·lel a $\vec{a}$ i a $\vec{R}_2$; aleshores, tindran les mateixes direccions i per la tercera llei de *Newton* $\vec{R}_1 = -\vec{R}_2$. Per tant:

$$\vec{R}_1 \, \delta \vec{r}_1 + \vec{R}_2 \, \delta \vec{r}_2 = \vec{R}_1 \, \delta \vec{a} = 0 \quad ,$$

Mecànica Clàssica

ja què $\delta \vec{a}$ és perpendicular a $\vec{R}_1$.

En efecte, això ho podem observar de la següent manera també:

$(\delta \vec{a}^2) = 0 \rightarrow 2\vec{a} \cdot \delta \vec{a} = 0$ i per tant, tenim que $\vec{a}$ és perpendicular a $\delta \vec{a}$.

Si les lligadures no són ideals, el problema no es pot resoldre ja que tenim $6N$ incògnites i $3N + k$ equacions!!

Fent un resum, tenim un total de **6N** incògnites: $\vec{r}_i (i=1,...,N) ; \vec{R}_i (i=1,...,N)$.

· Les <u>equacions del moviment</u>: $m_i \vec{a}_i = \vec{F}_i + \vec{R}_i$ $(i=1,...,N)$ **(3N equacions)**

· Les <u>equacions de lligadura</u>: $f_\alpha (t, \vec{r}_1, ..., \vec{r}_N)$ $(\alpha = 1,...,N)$ **(k equacions)**

Per les propietats de les lligadures, $\sum_{i=1}^{N} \vec{R}_i \delta \vec{r}_i = 0$, per tota $\delta \vec{r}_i$.

Aleshores, dels **N d.i.v.** $\delta \vec{r}_i$ ($3N$ d.i.v. δx_i) hi ha $n = 3N - k$ independents. (n = n° graus llibertat; n equacions).

Ho podem veure en el cas de la vareta i dues masses: $\vec{R}_1 \delta \vec{r}_1 + \vec{R}_2 \delta \vec{r}_2 = 0$. Aleshores, 5 de les 6 són independents.

Mecànica Clàssica

12.4. Principi de D'*Alembert*

El principi del treball virtual és un principi estàtic. El **principi de D'***Alembert* és un principi per a partícules dinàmiques.

Per la segona llei de *Newton*, tenim:

$$\vec{F}_i = m_i \vec{a}_i = \sum_{i=1}^{N} \left(\vec{F}_i - m_i \vec{a}_i \right) \delta \vec{r}_i = 0$$

en què hem considerat limitacions ideals.

Aleshores:

$$\boxed{\sum_{i=1}^{N} \left(\vec{F}_i^{(e)} - m_i \vec{a}_i \right) \delta \vec{r}_i = 0}$$

<u>Principi de D'Alembert</u>
(*Equacions generals de la dinàmica*)

Ja hem "eliminat" la formulació de les forces de lligadura. A causa de la presència de les limitacions, $\delta \vec{r}_i$ tenen un valor net total independentment de les ***k-restriccions*** imposades al sistema. El nombre de graus de llibertat del sistema, ve determinat per: $n = 3N - k$, aleshores, anem a expressar el principi de *D'Alembert* en termes nets de **n** en coordenades generalitzades és a dir, ***forces generalitzades*** (per les limitacions, les coordenades generalitzades són **totes independents**).

$$\begin{bmatrix} \vec{r}_1 = \vec{r}_1(q_1, q_2, \ldots q_{(n=3N-k)}; t) \\ \vdots \\ \vec{r}_n = \vec{r}_n(q_1, \ldots q_n; t) \end{bmatrix} \quad \text{Aleshores:} \quad d\vec{r}_i = \sum_{j=1}^{n} \frac{\partial \vec{r}_i}{\partial q_j} dq_j + \frac{\partial \vec{r}_i}{\partial t} dt \quad \text{si derivem}$$

respecte el temps:

$$\vec{v}_i = \frac{d\vec{r}_i}{dt} = \sum_{j=1}^{n} \frac{\partial \vec{r}_i}{\partial q_j} \dot{q}_j + \frac{\partial \vec{r}_i}{\partial t}$$

Mecànica Clàssica

per tant, finalment:

$$\delta \vec{r}_i = \sum_{j=1}^{n} \frac{\partial \vec{r}_i}{\partial q_j} \delta q_j$$

Definint els paràmetres de:

$\dot{q}_j$ són les velocitats generalitzades.

$dq_j = \dot{q}_j \, dt$ són *d.i.p.* en coordenades generalitzades.
$\delta q_j = dq_j - d'q_j$ són *d.i.v.* en coordenades generalitzades.

Per a cada coordenada generalitzada o independent, **def**inim la *força generalitzada* com:

$$Q_j = \sum_{i=1}^{N} \vec{F}_i \frac{\partial \vec{r}_i}{\partial q_j}$$

en què el subíndex *i* recórrer les *N* **masses** i el subíndex *j* recórrer els *n* **graus de llibertat**.

Els treballs virtuals es poden expressar amb forces generalitzades:

per tot $\delta \vec{r}_i$, $\sum_{i=1}^{N} \vec{F}_i \delta \vec{r}_i = \sum_{i=1}^{N} \vec{F}_i \sum_{j=1}^{n} \frac{\partial \vec{r}_i}{\partial q_j} \delta q_j = \sum_{j=1}^{n} Q_j \delta q_j$; per tot δq_j

en què $\sum_{j=1}^{n} Q_j \delta q_j$ és *la força total exercida* a un sistema en la direcció de q_j
i observem que en un punt d'equilibri, totes les forces generalitzades són **zero**.

A la pàgina següent veurem alguns exemples.

Mecànica Clàssica

EX:

1) *Una massa que llisca al llarg d'una vareta.*

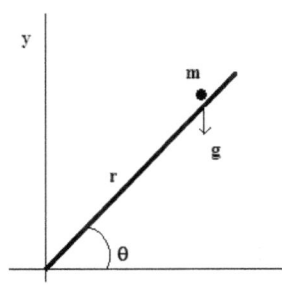

En <u>coordenades cartesianes</u>: $F_x = 0$ $F_y = -mg$

Aleshores: $\Im = -mg\,\delta y$

En <u>coordenades generalitzades</u>: r

$Q_r = F_y \dfrac{\partial y}{\partial r} = // \; y = r\sin\theta // = -mg\sin\theta$ que és la component de la força en la direcció del moviment.

Per tant, finalment, el treball total virtual serà:

$$\Im = Q_r \delta r = -mg\sin\theta\,\delta r$$

i coincideix amb l'anteriors, doncs $\delta y = \sin\theta\,\delta r$.

2) *Pèndol simple*

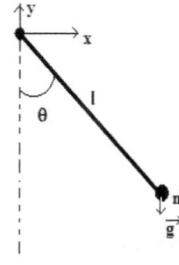

<u>Coordenades cartesianes</u>: $F_x = 0$; $F_y = -mg \rightarrow \Im = -mg\,\delta y$

<u>Coordenades generalitzades</u>: θ amb $y = -l\cos\theta$

$Q_\theta = F_y \dfrac{\partial y}{\partial \theta} = -mgl\sin\theta$ és el moment de la força.

Aleshores: $\Im = Q_\theta \delta\theta = -mgl\sin\theta\,\delta\theta$ i   coincideix   amb $\delta y = l\sin\theta\,\delta\theta$.

Mecànica Clàssica

3) *Forces centrals* $\quad \vec{F} = \vec{F}(r)\vec{n}$

Aleshores tindríem: $\quad F_x = F(r)\dfrac{x}{r}$; $F_y = F(r)\dfrac{y}{r}$. Si treballem amb coordenades polars planes: $\quad x = r\cos\theta$; $y = r\sin\theta \quad$ com a coordenades generalitzades:

$$F_r = F_x \frac{\partial x}{\partial r} + F_y \frac{\partial y}{\partial r} = F(r)\left[\frac{x^2}{r^2} + \frac{y^2}{r^2}\right] = F(r)$$

$$F_\theta = F_x \frac{\partial x}{\partial \theta} + F_y \frac{\partial y}{\partial \theta} = F(r)\left[\frac{x}{r}(-y) + \frac{y}{r}(+x)\right] = 0$$

aleshores, podem veure que a les forces centrals només tenen dependència de *r*.

Anem a treballar el principi de *D'Alembert* per expressar-lo en coordenades generalitzades.

$$\sum_{i=1}^{N} \vec{F}_i \, \delta\vec{r}_i = // \text{ substituïnt el valor de } \delta\vec{r}_i = \sum_{j=1}^{n} \frac{\partial \vec{r}_i}{\partial q_j} \delta q_j \, // = \sum_{i=1}^{N} \vec{F}_i \left(\sum_{j=1}^{n} \frac{\partial \vec{r}_i}{\partial q_j} \delta q_j \right) =$$

$$= \sum_{j=1}^{n} \left(\sum_{i=1}^{N} \vec{F}_i \frac{\partial \vec{r}_i}{\partial q_j} \right) \delta q_j = // \text{ aplicant la definició de força generalitzada } // = \sum_{j=1}^{n} Q_j \, \delta q_j$$

Treballem ara amb el moment linial i la seva derivada (*és la segona llei de Newton*) considerant que totes les masses resten constants.

$$\sum_{i=1}^{N} \dot{\vec{p}}_i \, \delta\vec{r}_i = \sum_{i=1}^{N} \frac{d}{dt}(m_i \vec{v}_i) \cdot \sum_{j=1}^{n} \frac{\partial \vec{r}_i}{\partial q_j} \delta q_j = \sum_{j=1}^{n} \left(\sum_{i=1}^{N} \frac{d}{dt}(m_i \vec{v}_i) \frac{\partial \vec{r}_i}{\partial q_j} \right) \delta q_j = (*) \quad \text{anem a fer}$$

uns càlculs abans no donem l'expressió definitiva.

$$\sum_{i=1}^{N} \left[\frac{d}{dt}\left(m_i \vec{v}_i \frac{\partial \vec{r}_i}{\partial q_j} \right) - m_i \vec{v}_i \frac{d}{dt}\left(\frac{\partial \vec{r}_i}{\partial q_j} \right) \right] = \sum_{i=1}^{N} \left[\frac{d}{dt}\left(m_i \vec{v}_i \frac{\partial \vec{v}_i}{\partial \dot{q}_j} \right) - m_i \vec{v}_i \left(\frac{\partial \vec{v}_i}{\partial q_j} \right) \right]$$

Mecànica Clàssica

Anem a separar els dos termes:

$$\sum_{i=1}^{N}\left(m_i \vec{v}_i \frac{\partial \vec{v}_i}{\partial \dot{q}_j}\right) = \frac{\partial T}{\partial \dot{q}_j} \text{ amb T} := \text{Energia cinètica total} : \sum_{i=1}^{N} \frac{1}{2} m_i \vec{v}_i^{\,2}$$

$$\sum_{i=1}^{N} m_i \vec{v}_i \left(\frac{\partial \vec{v}_i}{\partial q_j}\right) = \frac{\partial T}{\partial q_j}$$

Aleshores, finalment:

$$\sum_{i=1}^{N}\left[\frac{\mathrm{d}}{\mathrm{d}t}\left(m_i \vec{v}_i \frac{\partial \vec{v}_i}{\partial \dot{q}_j}\right) - m_i \vec{v}_i \left(\frac{\partial \vec{v}_i}{\partial q_j}\right)\right] = \frac{\mathrm{d}}{\mathrm{d}t}\frac{\partial T}{\partial \dot{q}_j} - \frac{\partial T}{\partial q_j}$$

per tant, si continuem amb la primera expressió:

$$(*) = \boxed{\sum_{i=1}^{N} \dot{\vec{p}}_i \, \delta \vec{r}_i = \sum_{j=1}^{n}\left[\left(\frac{\mathrm{d}}{\mathrm{d}t}\frac{\partial T}{\partial \dot{q}_j} - \frac{\partial T}{\partial q_j}\right) - Q_j\right] \delta q_j}$$

<u>Principi de D'Alembert</u>
(*En termes de coordenades generalitzades*)

Mecànica Clàssica

Mecànica Clàssica

Mecànica Clàssica

Tema 13.- Formulació de la mecànica analítica

La mecànica analítica, té dos formulacions bases que tenen un mateix resultat.

Per una banda tenim la formulació de *Lagrange* que ens determina el que s'anomena la **Mecànica lagrangiana** i per altra banda, tenim la formulació de *Hamilton*, denominada també **Mecànica hamiltoniana**.

La mecànica lagrangiana té la ventatge de ser suficientment general com perquè les equacions del moviment siguin invariants respecte qualsevol canvi de coordenades, la qual cosa ens permet treballar amb sistemes inercials i no inercials sense necessitat de realitzar cap canvi.

Aquesta mecànica ens proporciona, per un sistema de *n* graus de llibertat, *n* equacions del moviment (que seran equacions diferencials de segon ordre) per poder avaluar el nostre sistema. La integració d'aquestes equacions són difícils, però es pot reduir el nombre de coordenades buscant magnituds físiques que es conserven, és a dir, que no varien en el temps.

La mecànica hamiltoniana s'enfoca amb transformacions de coordenades més generals. Això ens permet resoldre amb més flexibilitat les equacions del moviment.

Les equacions amb variables o magnituds no conservades (que evolucionen en el temps) són *2n* equacions diferencials de primer ordre i, per tant, la integració de les equacions és molt més fàcil.

En aquest capítol formularem i estudiarem ambdues formulacions, ja que esdevindran a un mateix resultat.

Mecànica Clàssica

13.1. Mecànica lagrangiana. Formulació de *Lagrange*

La mecànica lagrangiana és una reformulació de la mecànica clàssica elaborada pel físic *Joseph Louis Lagrange* al 1788.

La formulació de la mecànica lagrangiana simplifica molts problemes físics, entre els quals, podem trobar els sistemes de referència inercials (ja que els tractarem de la mateixa manera que un de referència no inercial, al no dependre del sistema de referència escollit).

Si partim del pas anterior que fèiem servir per arribar a l'expressió del principi de D'Alembert en coordenades generalitzades: $\dfrac{d}{dt}\dfrac{\partial T}{\partial \dot{q}_j}-\dfrac{\partial T}{\partial q_j}=Q_j$ per qualsevol valor de *j* = 1, ... n ; aleshores, a aquest terme s'anomena la forma general de les equacions del moviment i també, les *equacions de Lagrange*.

Aquestes equacions ens permeten resoldre un sistema lligat amb el sistema d'equacions més senzill possible a un sistema lliure amb qualsevol sistema de coordenades.

13.1.1. Equacions de *Lagrange* per a forces que deriven d'un potencial

En general, les forces generalitzades depenen de les posicions, velocitats i del temps, amb $Q_j=Q_j(t,q_1,...,q_n,\dot{q}_1,...\dot{q}_n)$ amb $j=1,...,n$.

L'energia potencial la podem expressar com $V(\vec{r}_1,...,\vec{r}_n,t)$, que la podem transformar en funció de les coordenades generalitzades amb $\vec{r}_i=(q_j,t)$.

Aleshores, si les forces generalitzades no depenen de les velocitats i deriven d'una *funció potencial* o de l'*energia potencial*: $V(q_1,...,q_n,t)$; amb $Q_j=-\dfrac{\partial V}{\partial q_j}$;

aleshores, es pot definir el *lagrangià* o *funció lagrangiana L* com:

$$\boxed{L=T-V}$$

Mecànica Clàssica

Aleshores, les equacions del moviment (o *equacions de Lagrange*) queden:

$$\frac{d}{dt}\left(\frac{\partial T}{\partial \dot{q}_j}\right) - \frac{\partial T}{\partial q_j} = Q_j = -\frac{\partial V}{\partial q_j} \quad \text{amb } j = 1, \ldots, n$$

o de la mateixa manera:

$$\boxed{\frac{d}{dt}\left(\frac{\partial L}{\partial \dot{q}_j}\right) - \frac{\partial L}{\partial q_j} = 0}$$

A aquesta expressió arribem fent servir la definició de la lagrangiana i amb el resultat de la suposició de què les forces generalitzades que fem servir, no depenen de les velocitats i $\frac{\partial V}{\partial \dot{q}_j} = 0$.

Si les forces generalitzades expressades en termes de coordenades cartesianes deriven d'un potencial, les forces expressades en termes de coordenades generalitzades deriven del mateix potencial[13].

La ***demostració*** és senzilla:

Existeix una funció $V(\vec{r}_1, \ldots, \vec{r}_n, t)$ tal que $\vec{F}_i = -\frac{\partial V}{\partial \vec{r}_i} = -\nabla_{\vec{r}_i} V$, per tant:

$$\frac{\partial V}{\partial q_j} = \sum_{i=1}^{N} \frac{\partial V}{\partial \vec{r}_i} \cdot \frac{\partial \vec{r}_i}{\partial q_j} = -\sum_{i=1}^{N} \vec{F}_i \cdot \frac{\partial \vec{r}_i}{\partial q_j} = -Q_j \quad \text{amb el què demostrem que deriven}$$

d'un potencial.

Observació: **Un sistema no té un únic lagrangià**. Si $L = T - V$ és lagrangià, aleshores $L' = L + \frac{dF}{dt}$ en què F és una funció de $t, q_1, \ldots, q_n$, derivable respecte totes aquestes variables; també és lagrangià (*dóna les mateixes equacions*).

---
13 La propietat inversa no és certa en general.

Mecànica Clàssica

En efecte, és fàcil demostrar-ho: $\dfrac{\mathrm{d}F}{\mathrm{d}t}=\sum_{j=1}^{n}\dfrac{\partial F}{\partial q_j}\dot q_j+\dfrac{\partial F}{\partial t}$ en què veiem que tenim la igualtat $\dfrac{\partial}{\partial \dot q_j}\dfrac{\mathrm{d}F}{\mathrm{d}t}=\dfrac{\partial F}{\partial q_j}$. A més a més, $\dfrac{\mathrm{d}}{\mathrm{d}t}\dfrac{\partial}{\partial \dot q_j}\dfrac{\mathrm{d}F}{\mathrm{d}t}=\dfrac{\partial}{\partial q_j}\dfrac{\mathrm{d}F}{\mathrm{d}t}$, en què hem fet un intercanvi de les derivades.

Ens adonem que al afegir $\dfrac{\mathrm{d}F}{\mathrm{d}t}$ al lagrangià, s'afegeixen a les equacions termes que s'aniràn cancel·lant.

EX:

1. Pèndol simple.

La funció del potencial del pèndol simple en coordenades cartesianes és el que ja coneixem amb anterioritat: $V=mgy$; però en coordenades generalitzades és el mateix potencial.

Com $y=-l\cos\theta \rightarrow$ és $V=-mgl\cos\theta \rightarrow L=\dfrac{m}{2}l^2\dot\theta^2+mgl\cos\theta$, l'equació del moviment és: $\dfrac{\partial L}{\partial \theta}=\dfrac{\mathrm{d}}{\mathrm{d}t}\dfrac{\partial L}{\partial \dot\theta}$ i, per tant: $\boxed{ml^2\ddot\theta=-mgl\sin\theta}$.

2. Forces centrals

Utilitzarem les coordenades polars planes com coordenades generalitzades, per tant: $L=\dfrac{m}{2}(\dot r^2+r^2\dot\theta^2)-V(r)$. Aleshores:

$\dfrac{\partial L}{\partial r}=mr\dot\theta^2+F(r)$; $\dfrac{\partial L}{\partial \dot r}=m\dot r$ $\rightarrow$ $\boxed{m\ddot r=mr\dot\theta^2+F(r)}$

$\dfrac{\partial L}{\partial \theta}=0$; $\dfrac{\partial L}{\partial \dot\theta}=mr^2\dot\theta$ $\rightarrow$ $\boxed{\dfrac{\mathrm{d}}{\mathrm{d}t}=(mr^2\dot\theta)=0}$

Mecànica Clàssica

Com be hem vist, les equacions de *Lagrange*, són equivalents a la segona llei de *Newton*. La segona llei és un conjunt d'equacions diferencials de segon ordre, per tant, necessitem dues constants d'integració per a resoldre les equacions de *Lagrange*: $nq_j(t=0)+n\dot{q}_j(t=0)$; aleshores $L(q_j,\dot{q}_j,t)$.

Aleshores:

$$T=\sum_{i=1}^{N}\frac{1}{2}m_i\vec{v}_i=//\,\vec{v}_i=\frac{d\vec{r}_i}{dt}=\sum_{i=1}^{N}\frac{\partial\vec{r}_i}{\partial q_j}\dot{q}_j+\frac{\partial\vec{r}_i}{\partial t}//=\sum_{i=1}^{N}\frac{1}{2}m_i\left(\sum_{j=1}^{n}\frac{\partial r_i}{\partial q_j}\dot{q}_j+\frac{\partial\vec{r}_i}{\partial t}\right)\left(\sum_{k=1}^{n}\frac{\partial\vec{r}_i}{\partial q_k}\dot{q}_k+\frac{\partial\vec{r}_i}{\partial t}\right)=$$

$$=\sum_{i=1}^{N}\frac{1}{2}m_i\left[\sum_{j=1}^{n}\sum_{k=1}^{n}\frac{\partial\vec{r}_i}{\partial q_j}\frac{\partial\vec{r}_i}{\partial q_k}\dot{q}_j\dot{q}_k+2\sum_{j=1}^{n}\frac{\partial\vec{r}_i}{\partial q_j}\dot{q}_j\frac{\partial\vec{r}_i}{\partial t}-\left(\frac{\partial\vec{r}_i}{\partial t}\right)^2\right] \quad .$$

En què definim:

$$T_0=-\sum_{i=1}^{N}\frac{1}{2}m_i\left(\frac{\partial\vec{r}_i}{\partial t}\right)^2 \quad ; \quad T_1=\sum_{i=1}^{N}\frac{1}{2}m_i\left[2\sum_{j=1}^{n}\frac{\partial\vec{r}_i}{\partial q_j}\dot{q}_j\frac{\partial\vec{r}_i}{\partial t}\right]$$

$$T_2=\sum_{i=1}^{N}\frac{1}{2}m_i\left[\sum_{j=1}^{n}\sum_{k=1}^{n}\frac{\partial\vec{r}_i}{\partial q_j}\frac{\partial\vec{r}_i}{\partial q_k}\dot{q}_j\dot{q}_k\right]$$

Aleshores:

$$T=T_2+T_1+T_0$$

Si les constants estan fixades (*sistema esclerònom*), tenim $\frac{\partial\vec{r}_i}{\partial t}=0 \rightarrow T=T_2$.

Mecànica Clàssica

13.1.2 Potencial generalitzat

Per a potencials que depenen de les velocitats no es compleix l'expressió de potencial que hem fet servir amb anterioritat, és a dir: $\vec{F}_i \neq -\dfrac{\partial V(\vec{r}_i, t)}{\partial \vec{r}_i}$.

Un exemple d'aquestes forces, el trobem en la **Força de Lorentz** (en electromagnetisme).

La força de *Lorentz*, ens ve determinada per l'expressió: $\vec{F}_i = q_i(\vec{E} + \vec{v} \wedge \vec{B})$; aleshores, el potencial té una relació amb la força de la manera següent:

$$\boxed{\vec{F}_i = \dfrac{d}{dt} \dfrac{\partial U}{\partial \vec{v}_i} - \dfrac{\partial U}{\partial \vec{r}_i}}$$

en què U és el ***potencial generalitzat*** o ***potencial energia***, tal què:

$$U = U(\vec{r}_1, ..., \vec{r}_N, \vec{v}_1, ..., \vec{v}_N; t)$$

que en coordenades generalitzades, $\vec{r}_i(q_j, t)$; tindríem finalment:

$$\boxed{U = U(q_1, ..., q_n, \dot{q}_1, ..., \dot{q}_n; t)}$$

Aleshores, per definició de la teoria clàssica de l'electromagnetisme, el camp elèctric E i la inducció magnètica B, es poden expressar com el gradient d'un potencial escalar ϕ juntament amb la parcial respecte el temps d'un potencial vector $\vec{A}$ i com el rotacional d'un potencial vector $\vec{A}$, respectivament, tal què[14]:

$$\vec{E} = -\nabla \phi - \dfrac{\partial \vec{A}}{\partial t} \quad ; \quad \vec{B} = \nabla \wedge \vec{A}$$

És a dir, que el potencial generalitzat pot escriure's com:

$$\boxed{U(\vec{r}, \vec{v}, t) = q(\phi - \vec{v} \cdot \vec{A})}$$

---

14 Tots aquests conceptes s'estudien amb més detall al volum **Electromagnetisme: Teoria clàssica** o en qualsevol volum de la materia del camp.

Mecànica Clàssica

Anem a treballar el potencial i demostrar que prové de l'equació de la *Força de Lorentz* i que compleix l'equació: $\vec{F} = -\nabla U + \dfrac{d}{dt} \nabla_{\vec{v}} U$.

Observant U:

$$-\nabla U = -q\nabla\phi + q\nabla(\vec{v}\cdot\vec{A}) = -q\nabla\phi + q(\vec{v}\nabla)\vec{A} + q\vec{v}\wedge\nabla\wedge\vec{A}$$

$$\frac{d}{dt}\nabla_{\vec{v}} U = -q\frac{d\vec{A}}{dt} = -q\frac{\partial\vec{A}}{\partial t} - q(\vec{v}\nabla)\vec{A}$$

ajuntant els termes: $\vec{F} = -q\nabla\phi - q\dfrac{\partial\vec{A}}{\partial t} - q\vec{v}\wedge\nabla\wedge\vec{A}$ que per definició de E i B:

$$\vec{F} = q(\vec{E} + \vec{v}\wedge\vec{B})$$
$$q.v.d$$

Anem a avaluar el potencial generalitzat U com havíem fet en el principi de *D'Alembert*. Partirem de la definició de la força generalitzada:

$$Q_j = \sum_{i=1}^{N} \vec{F}_i \cdot \frac{\partial \vec{r}_i}{\partial q_j} = \sum_{i=1}^{N} \left(\frac{d}{dt}\frac{\partial U}{\partial \vec{v}_i} - \frac{\partial U}{\partial \vec{r}_i} \right) \frac{\partial \vec{r}_i}{\partial q_j} = \sum_{i=1}^{N} \frac{d}{dt}\frac{\partial U}{\partial \vec{v}_i}\frac{\partial \vec{r}_i}{\partial q_j} - \frac{\partial U}{\partial \vec{r}_i}\frac{\partial \vec{r}_i}{\partial q_j} =$$

$$= \sum_{i=1}^{N}\sum_{i=1}^{N} \frac{d}{dt}\left(\frac{\partial U}{\partial \vec{v}_i}\frac{\partial \vec{r}_i}{\partial q_j}\right) - \frac{\partial U}{\partial \vec{v}_i}\frac{d}{dt}\frac{\partial \vec{r}_i}{\partial q_j} - \frac{\partial U}{\partial \vec{r}_i}\frac{\partial \vec{r}_i}{\partial q_j} = // \frac{\partial \vec{r}_i}{\partial q_j} = \frac{\partial \vec{v}_i}{\partial \dot{q}_j} ; \frac{d}{dt}\frac{\partial \vec{r}_i}{\partial q_j} = \frac{\partial \vec{v}_i}{\partial q_j} // =$$

$$= \sum_{i=1}^{N} \frac{d}{dt}\left(\frac{\partial U}{\partial \vec{v}_i}\frac{\partial \vec{v}_i}{\partial \dot{q}_j}\right) - \left(\frac{\partial U}{\partial \vec{v}_i}\frac{\partial \vec{v}_i}{\partial q_j} + \frac{\partial U}{\partial \vec{r}_i}\frac{\partial \vec{r}_i}{\partial q_j}\right) = \frac{d}{dt}\frac{\partial U}{\partial \dot{q}_j} - \frac{\partial U}{\partial q_j} = Q_j \quad .$$

En aquesta última igualtat hem fet servir per a arribar al resultat final:

$$\sum_{i=1}^{N}\left(\frac{\partial U}{\partial \vec{v}_i}\frac{\partial \vec{v}_i}{\partial \dot{q}_j}\right) = \frac{\partial U}{\partial \dot{q}_j} \quad i \quad \left(\frac{\partial U}{\partial \vec{v}_i}\frac{\partial \vec{v}_i}{\partial q_j} + \frac{\partial U}{\partial \vec{r}_i}\frac{\partial \vec{r}_i}{\partial q_j}\right) = \frac{\partial U}{\partial q_j}$$

Per tant, si ara introduïm aquesta última expressió a les equacions de *Lagrange*,

Mecànica Clàssica

aleshores:

$$\frac{d}{dt}\frac{\partial T}{\partial \dot{q}_j}-\frac{\partial T}{\partial q_j}=Q_j=\frac{d}{dt}\frac{\partial U}{\partial \dot{q}_j}-\frac{\partial U}{\partial q_j} \rightarrow \frac{d}{dt}\frac{\partial(T-U)}{\partial \dot{q}_j}-\frac{\partial(T-U)}{\partial q_j}=0$$

Aleshores observem que, tal i com havíem vist amb les equacions de *Lagrange* que derivaven d'un potencial, en aquest cas, també podem definir la **lagrangiana** com:

$$\boxed{L=T-U}$$

Si hi han forces (que ens permeten definir un lagrangià) que no poden derivar d'un potencial (generalitzat o no), s'anomenen **forces no potencials** $\tilde{Q}_j$ tal què:

$$Q_j=\left(\begin{array}{c} -\dfrac{\partial V}{\partial q_j} \\ \text{------------------} \\ \dfrac{d}{dt}\dfrac{\partial U}{\partial \dot{q}_j}-\dfrac{\partial U}{\partial q_j} \end{array}\right)+\tilde{Q}_j$$

i, per tant, les equacions de *Lagrange* quedaran com:

$$\boxed{\frac{d}{dt}\frac{\partial L}{\partial \dot{q}_j}-\frac{\partial L}{\partial q_j}=\tilde{Q}_j}$$

Mecànica Clàssica

13.2. Moments generalitzats. Coordenades cícliques.

Per cada coordenada generalitzada, podem definir el seu *moment generalitzat* com:

$$p_j = \frac{\partial L}{\partial \dot{q}_j}$$

Aleshores, podem escriure les equacions de *Lagrange* com:

$$\frac{d p_j}{d t} = \frac{\partial L}{\partial q_j} + \tilde{Q}_j$$

Una coordenada generalitzada q_j és **cíclica** o **ignorable** si no apareix explícitament en el lagrangià, és a dir, si $\frac{\partial L}{\partial q_j} = 0$.

Propietat: *Si una coordenada generalitzada és cíclica i totes les forces deriven d'un potencial, el seu moment generalitzat és una constant del moviment.*

Aquesta propietat es pot veure fàcilment amb la definició de coordenada cíclica i de moment generalitzat.

Anem a veure alguns exemples de coordenades generalitzades cícliques:

EX:

1) *Treballem amb les forces centrals*

En un sistema de forces centrals, θ és una coordenada generalitzada <u>cíclica</u>:

$$p_\theta = \frac{\partial L}{\partial \dot{\theta}} = m r^2 \dot{\theta}$$

Efectivament, és constant i és el **moment angular**.

Mecànica Clàssica

2) Baldufa simètrica sota l'acció de la gravetat

Tenim que: $L = \dfrac{I_1}{2}\left(\dot\varphi^2 \sin^2\theta + \dot\theta^2\right) + \dfrac{I_3}{2}\left(\dot\psi + \dot\varphi\cos\theta\right)^2 - M\,g\,R\cos\theta$

Aleshores:

- *Equació en* θ :

$$I_1\ddot\theta = I_1\dot\varphi^2\sin\theta\cos\theta - I_3\left(\dot\psi + \dot\varphi\cos\theta\right)\sin\theta + M\,gR\sin\theta$$

- Equació en φ : φ és *coordenada cíclica*:

$$p_\varphi = I_1\dot\varphi\sin^2\theta + I_3\left(\dot\psi + \dot\varphi\cos\theta\right)\cos\theta = \text{cnt} = L_z$$

- Equació en ψ : ψ és *coordenada cíclica*:

$$p_\psi = I_3\left(\dot\psi + \dot\varphi\cos\theta\right) = \text{cnt} = L_3$$

13.3 Simetries i lleis de conservació

Podem observar que si la coordenada generalitzada q_j representa a la translació (o desplaçament en coordenades), aleshores, es conserva el **moment linial**. En canvi, si aquesta representa una rotació, es conservarà el **moment angular.**

Aleshores les lleis de conservació ens diuen o informen les quantitats (o constants del moviment) que es conserven.

La simetria és una condició matemàtica perquè quelcom es conservi. Si una coordenada generalitzada és cíclica, aleshores compleix les condicions de simetria.

Mecànica Clàssica

13.3.1. Teorema de la variació de l'energia total

Per treballar aquest teorema ens hem de fer la pregunta: *E = T + V es conserva?*

En el cas general, existeixen forces potencials $-\dfrac{\partial V}{\partial q_j}$ amb un potencial definit com: $V = V(q_1, ..., q_n; \dot{q}_1, ..., \dot{q}_n; t)$. Com $T = \sum_{i=1}^{N} \dfrac{m_i}{2} \vec{v}_i^{\,2}$ amb una velocitat $\vec{v}_i = \sum_{j=1}^{n} \dfrac{\partial \vec{r}_i}{\partial q_j} \dot{q}_j + \dfrac{\partial \vec{r}_i}{\partial t}$; aleshores, $T = T_0 + T_1 + T_2$, en què T_0 són termes en que no apareixen cap $\dot{q}_j$; T_1 és funció linial de les $\dot{q}_j$ i T_2 és una funció quadràtica de $(\dot{q}_j, \dot{q}_k)$ i que ja havíem vist abans.

Si totes les lligadures són estacionàries, tenim N quantitats de $\vec{r}_i$ (**3N** escalars), **k** lligadures $f_\alpha(\vec{r}_1, ..., \vec{r}_N)$, amb $\alpha = 1, ..., k$. Aleshores, podem expressar les $\vec{r}_i$ en funció de **3N − k = n** quantitats $q_1, ..., q_n$ sense que intervingui el temps.

De manera que, en aquest cas (que també succeeix en sistemes lliures), tenim $\dfrac{\partial \vec{r}_i}{\partial t} = 0$, per tant $T_1 = T_0 = 0$. A més a més, $\dfrac{\partial \vec{v}_i}{\partial t} = 0$, conseqüentment obtenim $\boxed{\dfrac{\partial T}{\partial t} = 0}$.

Anem a calcular la ***derivada total respecte el temps de l'energia cinètica.***

Sabem que $T = T(q_1, ..., q_n; \dot{q}_1, ..., \dot{q}_n; t)$. En general tenim:

$$\frac{dT}{dt} = \sum_{j=1}^{n} \left(\frac{\partial T}{\partial q_j} \dot{q}_j + \frac{\partial T}{\partial \dot{q}_j} \ddot{q}_j \right) + \frac{\partial T}{\partial t} = // \text{ desenvolupant } // = \frac{d}{dt}\left(\sum_{j=1}^{n} \frac{\partial T}{\partial \dot{q}_j} \dot{q}_j \right) +$$

$$+ \sum_{j=1}^{n} \left(\frac{\partial T}{\partial q_j} - \frac{d}{dt} \frac{\partial T}{\partial \dot{q}_j} \right) \dot{q}_j + \frac{\partial T}{\partial t}$$

Mecànica Clàssica

fent ús ara de les equacions de *Lagrange*: $\dfrac{d}{dt}\dfrac{\partial T}{\partial \dot{q}_j}-\dfrac{\partial T}{\partial q_j}=-\dfrac{\partial V}{\partial q_j}+\tilde{Q}_j$, tenim:

$$\frac{dT}{dt}=\frac{d}{dt}\left(\sum_{j=1}^{n}\frac{\partial T}{\partial \dot{q}_j}\dot{q}_j\right)+\sum_{j=1}^{n}\left(\frac{\partial V}{\partial q_j}-\tilde{Q}_j\right)\dot{q}_j+\frac{\partial T}{\partial t}=//\quad\text{Ara ens cal fer una}$$

demostració per poder entendre el pas que farem.

***Demostració*:**

Tenim: $\vec{v}_i=\sum_{j=1}^{n}\dfrac{\partial \vec{r}_i}{\partial q_j}\dot{q}_j+\dfrac{\partial \vec{r}_i}{\partial t}$ (1) i partint de $T=\sum_{i=1}^{N}\dfrac{m_i}{2}\vec{v}_i^{\,2}$, tenim:

$$\frac{\partial T}{\partial \dot{q}_j}=\sum_{i=1}^{N}m_i\vec{v}_i\frac{\partial \vec{v}_i}{\partial \dot{q}_j}=\sum_{i=1}^{N}m_i\vec{v}_i\frac{\partial \vec{r}_i}{\partial q_j}$$

Aleshores, en el nostre cas:

$$\sum_{j=1}^{n}\frac{\partial T}{\partial \dot{q}_j}\dot{q}_j=\sum_{i=1}^{N}m_i\vec{v}_i\sum_{j=1}^{n}\frac{\partial \vec{r}_i}{\partial q_j}\dot{q}_j=//\text{ fent ús de (1) }//=\sum_{i=1}^{N}m_i\vec{v}_i^{\,2}-\sum_{i=1}^{N}m_i\vec{v}_i\frac{\partial \vec{r}_i}{\partial t}=$$

$$=2T-(T_1+2T_0)\quad.$$

Per veure aquest darrer pas, el primer terme és directe, però el segon cal explicar-lo:

$$T_0=\sum_{i=1}^{N}\frac{m_i}{2}\left(\frac{\partial \vec{r}_i}{\partial t}\right)^2\quad\text{i}\quad T_1=\sum_{i=1}^{N}m_i\left(\vec{v}_i-\frac{\partial \vec{r}_i}{\partial t}\right)\frac{\partial \vec{r}_i}{\partial t}\quad\text{que per l'equació (1), podem}$$

veure que $\left(\vec{v}_i-\dfrac{\partial \vec{r}_i}{\partial t}\right)=\sum_{j=1}^{n}\dfrac{\partial \vec{r}_i}{\partial q_j}\dot{q}_j\quad.$

Vista la demostració, podem tornar a l'equació.

$$=\frac{dT}{dt}=\frac{d}{dt}(2T_2+T_1)+\frac{dV}{dt}-\frac{\partial V}{\partial t}-\sum_{j=1}^{n}\tilde{Q}_j\dot{q}_j+\frac{\partial T}{\partial t}\quad\text{Amb un canvi d'expressió}$$

fent servir: $2T_2+T_1=2T-T_1-2T_0\quad.$

Mecànica Clàssica

Si ara finalment calculem la *variació total de l'energia respecte el temps*:

$$\frac{dE}{dt} = \frac{d}{dt}(T_1 + 2T_0) + \frac{\partial V}{\partial t} + \sum_{j=1}^{n} \tilde{Q}_j \dot{q}_j - \frac{\partial T}{\partial t}$$

Anem a veure uns **_casos principals en què l'energia es conserva_**:

1. *No hi han lligadures no estacionàries, el potencial no depèn explícitament del temps i totes les forces són potencials, és a dir, que les forces no potencials $\tilde{Q}_j = 0$, per tot valor de $j = 1, ..., n$. Per tant, aquests sistemes els anomenarem **Sistemes conservatius**.*

2. *No hi han lligadures no estacionàries, tenim forces potencials en què el seu potencial no depèn explícitament del temps i també forces no potencials $\tilde{Q}_j$, però que compleixen $\sum_{j=1}^{n} \tilde{Q}_j \dot{q}_j = 0$ en tot **moment** i posició. Aquests tipus de forces les anomenarem **Giroscòpiques**.*

EX:

L'exemple més habitual de forces giroscòpiques, són les forces que són perpendiculars a la velocitat.

$$\sum_{i=1}^{N} \vec{F}_i \cdot \vec{v}_i = 0 \rightarrow \sum_{i=1}^{N} \vec{F}_i \cdot \delta \vec{r}_i = 0$$; aleshores, si no hi han lligadures no

Mecànica Clàssica

estacionàries, tenim: $\delta \vec{r}_i = d\, \vec{r}_i$ i, per tant : $\sum_{j=1}^{n} \tilde{Q}_j\, q_j = 0$; finalment obtenim: $\sum_{j=1}^{n} \tilde{Q}_j\, \dot{q}_j = 0$, que és el mateix que dir que $\delta q_j = d\, q_j$.

Hi han dues forces importants pel que fa a les forces giroscòpiques, la força <u>magnètica</u> i força de <u>Coriolis</u>.

Un cas en el què no es conserva l'energia, encara que no hi hagin lligadures no estacionàries i encara que el potencial no depengui explícitament del temps, és el de les **<u>forces dissipatives</u>**, que es caracteritza per: $\sum_{j=1}^{n} \tilde{Q}_j\, \dot{q}_j = -\sum_{j=1}^{n} k_j\, \dot{q}_j^2 < 0$.

En aquestes s'inclou el cas de les **forces de fregament** $\tilde{Q}_j = -k_j\, \dot{q}_j$ amb $k_j > 0$.

Analogia

Recordem que $\dfrac{d\, p_j}{d\, t} = \dfrac{\partial L}{\partial q_j} + \tilde{Q}_j$, aleshores, si una coordenada és cíclica i totes les forces deriven d'un potencial, el seu moment generalitzat és una constant del moviment.

Ara el que sabem és que: $\dfrac{d\, E}{d\, t} = \dfrac{d\, (T_1 + 2T_0)}{d\, t} + \dfrac{\partial V}{\partial t} + \sum_{j=1}^{n} \tilde{Q}_j\, \dot{q}_j - \dfrac{\partial T}{\partial t}$ o bé, introduïnt el *lagrangià*: $\dfrac{d\, E}{d\, t} = \dfrac{d\, (T_1 + 2T_0)}{d\, t} - \dfrac{\partial L}{\partial t} + \sum_{j=1}^{n} \tilde{Q}_j\, \dot{q}_j$.

Si el temps no apareix explícitament en el lagrangià, totes les forces deriven d'un potencial i no hi han lligadures no estacionàries, per tant, pel què hem esmentat; **l'energia és una constant del moviment.**

Mecànica Clàssica

Veiem alguns exemples.

EX:

1.- *Pèndol amb una molla*

L'energia del pèndol amb la molla és una expressió que ja hem vist i coneixem:

$$E = T + V = \frac{m}{2} l^2 \dot{\alpha}^2 - mgl\cos\alpha - kl^2(\cos\alpha + \sin\alpha)$$

Si ara fem la variació total respecte el temps:

$$\frac{dE}{dt} = ml^2 \dot{\alpha}\ddot{\alpha} + mgl\dot{\alpha}\sin\alpha - kl^2\dot{\alpha}(\cos\alpha - \sin\alpha)$$

Aleshores, es comprova que $\dfrac{dE}{dt} = 0$ amb l'equació del moviment:

$$\boxed{ml^2\ddot{\alpha} = -mgl\sin\alpha - kl^2(\cos\alpha - \sin\alpha)}$$

2.- *Massa que llisca al llarg d'una barra*

Presentarem els resultats amb una taula amb la situació de lligadures no estacionàries i les estacionàries, tal i com ho havíem presentat en el tema anterior.

Mecànica Clàssica

2.1. $\theta = \theta_0$	2.2. $\theta = \omega t$
Equació del moviment $m\ddot{r} = -mg\sin\theta_0$	*Equació del moviment* $m(\ddot{r} - \omega^2 r) = -mg\sin\omega t$
Energies: Cinètica ; Potencial $T = \dfrac{m}{2}\dot{r}^2$; $V = mgr\sin\theta_0$ $E = T + V = \dfrac{m}{2}\dot{r}^2 + mgr\sin\theta_0$	*Energies*: Cinètica ; Potencial $T = \dfrac{m}{2}(\dot{r}^2 + \omega^2 r^2)$; $V = mgr\sin\omega t$ $E = T + V = \dfrac{m}{2}(\dot{r}^2 + \omega^2 r^2) + mgr\sin\omega t$
Es conserva? $\dfrac{dE}{dt} = m\dot{r}\ddot{r} + mg\dot{r}\sin\theta_0 = 0$	Es conserva? $\dfrac{dE}{dt} = m\dot{r}\ddot{r} + m\omega^2 r\dot{r} + mg\dot{r}\sin\omega t +$ $+ mgr\omega\cos\omega t$ i, per tant: $\dfrac{dE}{dt} = 2m\omega^2 r\dot{r} + mgr\omega\cos\omega t$
En aquest cas, $T_1 = T_0 = 0$ i també podem veure que $\dfrac{\partial V}{\partial t} = 0$; $\dfrac{\partial T}{\partial t} = 0$.	Aleshores observem que **E** no es conserva, ja que el temps no apareix explícitament en el potencial i, a més a més, $\dfrac{\partial V}{\partial t} = mgr\omega\cos(\omega t)$ i amb $T_1 = 0$ però amb $T_0 = \dfrac{m}{2}\omega^2 r^2$.

Mecànica Clàssica

13.4. Mecànica *hamiltoniana*. Formulació de *Hamilton*

La mecànica hamiltoniana va ser formulada per *William R. Hamilton* al *1833*. És una reformulació de la mecànica clàssica i, aquesta, pot ser formulada per si mateixa utilitzant espais simplètics, sense referir-se a qualssevol conceptes de forces o mecànica lagrangiana que hem esmentat amb anterioritat.

Històricament, la mecànica hamiltoniana sorgeix de la mecànica lagrangiana.

La formulació de *Lagrange*, ja hem vist que el sistema es caracteritza per unes variables lagrangianes tal què $L=L(q_1,...,q_n,\dot{q}_1,...,\dot{q}_n;t)=L(q_j,\dot{q}_j;t)$ en què les equacions del moviment ens venen determinades per la definició del lagrangià $L = T - V$ i pel principi de *D'Alembert* tal què $\boxed{\dfrac{d}{dt}\dfrac{\partial L}{\partial \dot{q}_j} - \dfrac{\partial L}{\partial q_j} = 0}$ per tota $j = 1, ... , n$.

A més a més, sabem que disposem de ***n*** ***equacions diferencials de segon ordre*** (*en el temps*) amb una solució $q_j(t)$ per tota ***j*** = 1, ... , n.

També coneixem el moment generalitzat $p_j = \dfrac{\partial L}{\partial \dot{q}_j}$ i si q_j és cíclica, el moment generalitzat és constant. p_j és el ***moment generalitzat*** o ***canònic*** de la coordenada q_j.

La formulació de *Hamilton* es basa amb reemplaçar $\dot{q}_j$ per p_j a través de les transformades de *Legendre*. Aleshores les variables que caracteritzen un sistema poden ser $(q_1,...,q_n,p_1,...,p_n;t)=(q_j,p_j;t)$, anomenades ***variables*** ***hamiltonianes*** o ***canòniques***. Al conèixer el moment generalitzat i la relació en la definició amb el lagrangià i les variables $\dot{q}_j$, és el que ens permetrà passar de variables lagrangianes a variables hamiltonianes. És fàcil demostrar que a l'inversa la transformació de variables també és possible.

Aleshores, es podrà observar que les equacions del moviment en un hamiltonià, ens proporciona ***2n equacions de primer ordre***.

Mecànica Clàssica

Definim *espai de configuracions* com l'espai de *n* dimensions format per q_j.

Definim *espai de fases* (o *espai fàsic*) com l'espai de *2n* dimensions format per (q_j, p_j).

Per tant, podem dir que la formulació hamiltoniana, en concret el *hamiltonià* es pot definir com una funció escalar definida sobre un espai fàsic del sistema.

13.4.1. Transformades de *Legendre*

Abans de continuar, però, farem una breu definició del que són les transformades de *Legendre*.

Si tenim *y (x)* i assignem $p = \dfrac{d\, y(x)}{x} \to x = x(p)$; aleshores:

$$y(x) = \mathscr{L}[y(x)] = \tilde{y}(p) = y(x(p)) - x(p) p$$

Una propietat interessant, és que la transformada de la transformada, deixa la funció *y (x)* tal i com la teníem a l'inici, sense perdre ni destruir cap tipus d'informació. $\mathscr{L}[\mathscr{L}[y(x)]] = y(x)$.

Si ara anem a per un cas més general, *y* pot dependre de moltes més variables, amb la probabilitat de que siguin extensives i intensives, és a dir: $y(x_1, x_2, ..., x_k, x_{k+1}, ..., x_s)$ per tant:

$$\mathscr{L}_{x_1,...,x_k}[y(x_1, x_2, ..., x_k, x_{k+1}, ..., x_s)] = y(p_1, ..., p_k, x_{k+1}, ..., x_s) - \sum_{i=1}^{k} x_i(p_i) \left(\frac{\partial y}{\partial x_i}\right)_{x_{j \neq i}}$$

i això, és igual per definició de $p_i = \dfrac{\partial y}{\partial x_i} ; i = 1, ... k$ tenim:

$$y(p_1, ..., p_k; x_{k+1}, ..., x_s) - \sum_{i=1}^{k} x_i(p_i) p_i$$

317

13.4.2. Funció hamiltoniana: El hamiltonià

La funció hamiltoniana ens ve determinada a partir de les transformades de *Legendre*. Presentarem directament la solució i la definició d'aquesta funció.

Per tant, definim el **hamiltonià** com:

$$\boxed{H = \sum_{j=1}^{n} p_j \dot{q}_j - L}$$

El més habitual és que el lagrangià sigui $L=L(q_1,...,q_n,\dot{q}_1,...,\dot{q}_n;t)$ i el hamiltonià vingui determinat per $H=H(q_1,...,q_n,p_1,...,p_n;t)$; en particular així és en les equacions de *Hamilton*.

Veiem alguns exemples per començar-nos a familiaritzar.

EX:

1.- *Hamiltonià d'una partícula sense lligadures en 3 dimensions*

Presentem el lagrangia com: $L=\dfrac{m}{2}(\dot{x}^2+\dot{y}^2+\dot{z}^2)-V(t,x,y,z)$. Aleshores, els moments generalitzats seran:

$$p_x = \frac{\partial L}{\partial \dot{x}} = m\dot{x} \quad ; \quad p_y = \frac{\partial L}{\partial \dot{y}} = m\dot{y} \quad ; \quad p_z = \frac{\partial L}{\partial \dot{z}} = m\dot{z}$$

Aleshores, per la funció de hamilton:

$$H = \frac{p_x^2}{m} + \frac{p_y^2}{m} + \frac{p_z^2}{m} - \frac{p_x^2}{2m} - \frac{p_y^2}{2m} - \frac{p_z^2}{2m} + V(t,x,y,z) \quad \text{finalment:}$$

$$H = \frac{p_x^2}{2m} + \frac{p_y^2}{2m} + \frac{p_z^2}{2m} + V(t,x,y,z) = E$$. En aquest cas, **H** coincideix amb **E**.

13.4.3. Equacions de *Hamilton*

Les equacions del moviment poden escriure's en forma de *2n equacions diferencials de primer ordre* que són les **equacions canòniques** o **equacions de Hamilton** tal i com havíem dit, de manera que:

$$\boxed{\dot{q}_j = \frac{\partial H}{\partial p_j}} \qquad \boxed{\dot{p}_j = -\frac{\partial H}{\partial q_j} + \tilde{Q}_j}$$

amb $j = 1, \dots n$

Demostrem-ho pel cas més general:

$$dL = \sum_{j=1}^{n}\left(\frac{\partial L}{\partial \dot{q}_j} d\dot{q}_j + \frac{\partial L}{\partial q_j} dq_j\right) \frac{\partial L}{\partial t} dt = // \quad \text{si fem canvis, podem fer servir la}$$

definició de moment generalitzat: $p_j = \frac{\partial L}{\partial \dot{q}_j}$ i per les equacions de *Lagrange*

obtenim $\frac{\partial L}{\partial q_j} = \dot{p}_j - \tilde{Q}_j$ ja què $\dot{p}_j = \frac{\partial L}{\partial q_j} + \tilde{Q}_j$; aleshores:

$$// = dL = \sum_{j=1}^{n}\left(p_j d\dot{q}_j + (\dot{p}_j - \tilde{Q}_j) dq_j\right) - \frac{\partial L}{\partial t} dt$$

Si ara agafem la definició de hamiltonià $H = \sum_{j=1}^{n} p_j \dot{q}_j - L$ i fem la variació total en el temps, com **dL** ja el tenim calculat el resultat es directe; tot i així, anem a veure el pas intermig:

$$dH = \sum_{j=1}^{n}\left(\dot{q}_j dp_j + p_j d\dot{q}_j\right) - dL = \quad \text{substituïnt el valor de dL:}$$

$$\boxed{dH = \sum_{j=1}^{n}\left(\dot{q}_j dp_j - \dot{p}_j dq_j + \tilde{Q}_j dq_j\right) - \frac{\partial L}{\partial t} dt}$$

Mecànica Clàssica

Per una altra banda, podem trobar-ho per diferencial d'una funció de vàries variables partint de $H = H(q_1, ..., q_n, p_1, ..., p_n; t)$, ja què $q_1, ..., q_n, p_1, ..., p_n; t$ són variables independents, de manera que:

$$\boxed{dH = \sum_{j=1}^{n} \left(\frac{\partial H}{\partial q_j} dq_j + \frac{\partial H}{\partial p_j} dp_j \right) + \frac{\partial H}{\partial t} dt}$$

La igualtat es compleix en conjunt i terme a terme, per tant:

$$\boxed{\dot{q}_j = \frac{\partial H}{\partial p_j}} \qquad \boxed{\frac{\partial H}{\partial q_j} = -\dot{p}_j + \tilde{Q}_j} \qquad \boxed{\frac{\partial H}{\partial t} = \frac{-\partial L}{\partial t}}$$

Obtenim les dues equacions del moviment i una tercera equació extra.

Igualment: $\dfrac{dH}{dt} = \sum_{j=1}^{n} \left(\dfrac{\partial H}{\partial q_j} d\dot{q}_j + \dfrac{\partial H}{\partial p_j} d\dot{p}_j \right) + \dfrac{\partial H}{\partial t} dt = //$ introduïm les equacions de *Hamilton*:

$$// = \frac{dH}{dt} = \sum_{j=1}^{n} \left(-\dot{p}_j \dot{q}_j + \tilde{Q}_j \dot{q}_j + \dot{q}_j \dot{p}_j \right) + \frac{\partial H}{\partial t} = \sum_{j=1}^{n} \tilde{Q}_j \dot{q}_j + \frac{\partial H}{\partial t}$$

<u>*Propietats de la funció hamiltoniana*</u>

i) Si les forces són potencials o giroscòpiques, aleshores $\dfrac{dH}{dt} = \dfrac{\partial H}{\partial t} = \dfrac{-\partial L}{\partial t}$. Per tant, si les forces són potencials o giroscòpiques i el lagrangià (o el hamiltonià) no depèn explícitament del temps, aleshores el **hamiltonià es conserva** (és constant).

ii) Partint de la definició del hamiltonià $H = \sum_{j=1}^{n} p_j \dot{q}_j - L$ podem

Mecànica Clàssica

presentar la següent igualtat: $H = \sum_{j=1}^{n} \frac{\partial L}{\partial \dot{q}_j} \dot{q}_j - L$ *aleshores, per*

definicions tenim $H = \sum_{j=1}^{n} \frac{\partial T}{\partial \dot{q}_j} \dot{q}_j - L = 2T - T_1 - 2T_0 - (T-V)$ *i*

això finalment $H = T + V - T_1 - 2T_0 = E - T_1 - 2T_0$.

*Si el sistema és lliure o bé, no totes les lligadures són estacionàries, T_1 i T_0 s'anul·len i el **hamiltonià és l'energia total del sistema**:*

$$\boxed{H = E}$$

13.4.4. Relació amb la conservació d'energia

Per fer-ho més simple, ho presentem amb una taula:

SISTEMA	$\sum_{j=1}^{n} \tilde{Q}_j \dot{q}_j = 0$ i $\frac{\partial L}{\partial t} = 0$	$\sum_{j=1}^{n} \tilde{Q}_j \dot{q}_j \neq 0$ o $\frac{\partial L}{\partial t} \neq 0$
Lliure o lligadures no estacionàries	$H = \text{cnt} = E$	$H \neq \text{cnt}$; $H = E$
Lligadures **NO** estacionàries (com a mínim existeix una)	$H = \text{cnt} \neq E$	$H \neq \text{cnt}$; $H \neq E$

!
● Observem les conjuncions i disjuncions que ens relacionen amb cada sistema.

A continuació, treballarem un exemple de forces centrals per entendre-ho millor.

Mecànica Clàssica

EX:

1.- *Forces centrals*

En un sistema de forces centrals tenim un potencial $V(r)=\dfrac{k}{r}$. No hi han lligadures i les forces, són forces potencials $\left(\tilde{Q}_j=0\right)$.

A més a més $H \neq H(t)$ i, per tant $H = E$, aleshores: $H=\dfrac{m}{2}(\dot{r}^2+r^2\dot{\theta}^2)+\dfrac{k}{r}$.

Ara només ens cal expressar-ho amb variables hamiltonianes:

$$p_r=\frac{\partial L}{\partial \dot{r}}=m\dot{r} \quad ; \quad p_\theta=\frac{\partial L}{\partial \dot{\theta}}=mr^2\dot{\theta} \quad ; \text{ per tant:}$$

$$\boxed{H=\frac{p_r^2}{2m}+\frac{p_\theta^2}{2mr^2}+\frac{k}{r}=E}$$

A partir d'aquí, només hem de trobar les equacions del moviment, que al tenir dues coordenades generalitzades, tindrem, de bon principi, 4 equacions del moviment:

De la relació $\dot{q}_j=\dfrac{\partial H}{\partial p_j}$ obtenim: $\dot{r}=\dfrac{p_r}{m}$ i $\dot{\theta}=\dfrac{p_\theta}{mr^2}$

De la relació $\dot{p}_j=-\dfrac{\partial H}{\partial q_j}+\tilde{Q}_j$ obtenim $\dot{p}_r=\dfrac{p_\theta^2}{mr^3}+\dfrac{k}{r^2}$ i $\dot{p}_\theta=0$

Observem que $\dot{p}_\theta=0$ ja què θ és cíclica i aleshores, per cada coordenada cíclica una equació de *Hamilton* menys. A més a més anem a <u>demostrar</u> que **si una coordenada és cíclica en L també ho serà en H**:

$\dfrac{\partial H}{\partial q_j}=-\dot{p}_j+\tilde{Q}_j \quad ; \quad \dfrac{\partial L}{\partial q_j}=\dot{p}_j-\tilde{Q}_j$ Són símbols oposats, però si una s'anul·la l'altra també.

Mecànica Clàssica

13.5. Principi de *Hamilton*

El **principi de *Hamilton*** (també anomenat *principi de mínima acció* o *principi d'acció estacionària* és un pressupost bàsic a fi de descriure l'evolució al llarg del temps de l'estat d'una partícula o d'un camp físic.

Definim l'*acció elemental* d'un sistema de partícules com $\boxed{\mathrm{d}I = L\,\mathrm{d}t}$.

Aleshores, l'*acció* en un interval de temps (t_0, t_1) és:

$$\boxed{I = \int_{t_0}^{t_1} L\,\mathrm{d}t}$$

Observem que l'acció té unitats d'**energia** x **temps**.

El lagrangià ha d'integrar-se sobre alguna trajectòria en l'espai de (**n+1**) dimensions: $(t, q_1, \ldots, q_n)$. Representem-ho en el cas de dues coordenades generalitzades:

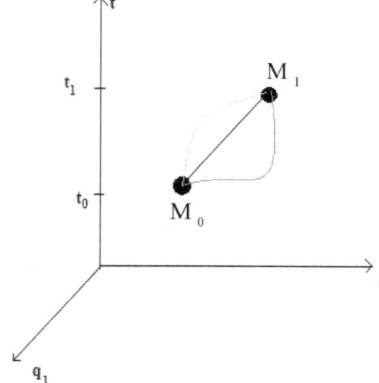

Aquí només hem representat tres possibles trajectòries, però en tenim infinites trajectòries (possibles variacions) per fer.

Només pel fet d'utilitzar coordenades generalitzades, tenim moltes possibles variacions. De totes aquestes trajectòries, només **una** correspondrà al moviment real.

Aquesta trajectòria amb moviment real és la que escull el sistema perquè minimitzi l'acció *I*.

323

Mecànica Clàssica

Es caracteritza pel fet de que $q_1, ..., q_n, L$ varien complint, per tot instant de temps; les equacions de *Lagrange* $\boxed{\dfrac{\partial L}{\partial q_j} - \dfrac{d}{dt}\dfrac{\partial L}{\partial \dot{q}_j} = 0}$ ($j = 1, ..., n$)

Un exemple seria el d'un guix que cau. El més probable (la trajectòria real) és que caigui en línia recta, a velocitat uniformament accelerada, per la força de la gravetat. Però si en un punt el vent bufa a la dreta i després a l'esquerra, arribem a un mateix punt però amb una trajectòria diferent.

Existeix una altra forma de caracteritzar aquesta única trajectòria real: **_El principi de Hamilton_**.

Principi de Hamilton

"L'acció I calculada sobre la trajectòria real és estacionària, és a dir, la variació al calcular-la per tota altra trajectòria infinitament propera entre els dos mateixos punts extrems (M_0, M_1) és $\delta I = 0$ ".

Demostració:

Sigui $I = \int_{t_0}^{t_1} L(q_j, \dot{q}_j, t)\, dt$; $\delta I = \int_{t_0}^{t_1} (\delta L)\, dt$ per tant, escrivint el δL en la seva forma diferencial $\delta I = \int_{t_0}^{t_1} dt \sum_{j=1}^{n} \left(\dfrac{\partial L}{\partial q_j} \delta q_j + \dfrac{\partial L}{\partial \dot{q}_j} \delta \dot{q}_j \right)$ amb el terme $\delta \dot{q}_j = \dfrac{d}{dt}(q_j)$ tenim: $\delta I = \int_{t_0}^{t_1} dt \sum_{j=1}^{n} \left[\dfrac{\partial L}{\partial q_j} \delta q_j + \dfrac{d}{dt}\left(\dfrac{\partial L}{\partial \dot{q}_j} \delta q_j\right) - \delta q_j \dfrac{d}{dt}\left(\dfrac{\partial L}{\partial \dot{q}_j}\right) \right]$.

El **segon terme dóna zero**, ja què ambdós extrems (fixes) $\delta q_j = 0$. Finalment:

$$\delta I = \int_{t_0}^{t_1} dt \sum_{j=1}^{n} \left[\dfrac{\partial L}{\partial q_j} - \dfrac{d}{dt}\left(\dfrac{\partial L}{\partial \dot{q}_j}\right) \right] \delta q_j$$

Mecànica Clàssica

ja què els δq_j *són independents. Així doncs:*

$$\boxed{\delta I = 0 \ \ per\ tot \ \ q_j} \quad \leftrightarrow \quad \boxed{\frac{\partial L}{\partial q_j} - \frac{d}{dt}\frac{\partial L}{\partial \dot{q}_j} = 0}$$

Principi de Hamilton $\leftrightarrow$ *Eq's de Lagrange* $\leftrightarrow$ *Trajectòria real*

13.5.1. Invariancia de les equacions de *Lagrange*

Ja havíem vist que tenim les mateixes equacions amb L que amb $L' = L + \dfrac{dF}{dt}$, aleshores:

$$I' = \int_{t_0}^{t_1} \left(L + \frac{dF}{dt} \right) dt = I + F(t_1) - F(t_0)$$

és a dir $\quad \delta I' = 0 \quad \leftrightarrow \quad \delta I = 0$

Cal fer una petita observació respecte els càlculs i la demostració del Principi de Hamilton, només l'hem demostrat per <u>forces potencials quan no hi han lligadures no estacionàries</u>.

Podem concloure ara, que disposem de **5 principis** per estudiar la *Mecànica Clàssica*:

1. *Lleis de Newton*
2. *Principi de D'Alembert*
3. *Equacions de Lagrange*
4. *Equacions de Hamilton*
5. *Principi de Hamilton*

Els 4 primers són principis diferencials i el 5è és un principi variacional o integral.

Mecànica Clàssica

13.6. Mecànica analítica relativista

Farem un petit parèntesi a la mecànica analítica clàssica per treballar amb la mecànica analítica relativista.

El procediment més adequat, més breu i més directe, és formular-la a partir del principi de *Hamilton*, però en relativitat, només tindrà sentit si l'acció $I = \int L \, dt$ és una invariant relativista.

13.6.1. Lagrangià d'una partícula lliure relativista

El cas d'una partícula lliure relativista, és el cas de mecànica analítica relativista que treballarem amb més detall. $L \, dt$ haurà de ser invariant, però ni dt ni L són magnituds invariants, per tant, ho haurà de ser el producte d'elles. Amb τ com a temps propi i $\gamma = \dfrac{1}{\sqrt{1-\dfrac{v^2}{c^2}}}$ tenim: $dt = \gamma \, d\tau$ amb $d\tau$ invariant, aleshores, $L\gamma$ invariant. Com el lagrangià ha de tenir unitats d'energia, l'expressió correcta d'un lagrangià d'una partícula lliure relativista és:

$$\boxed{L = \frac{k\, m\, c^2}{\gamma}}$$

amb k = cnt i adimensional

En el límit no relativista $L = T$, amb $T = \dfrac{m}{2} v^2$ o bé $L = T$ + cnt. Aleshores, si $v \ll c$, tindrem: $L = k\, m\, c^2 \sqrt{1 - \dfrac{v^2}{c^2}} \simeq k\, m\, c^2 \left(1 - \dfrac{v^2}{2c^2}\right)$. Aleshores $k = -1$ perquè es compleixi i, per tant, el lagrangià d'una partícula lliure relativista quedarà com:

$$\boxed{L = -\frac{m\, c^2}{\gamma}}$$

Mecànica Clàssica

Si ho fem amb un cas general per passar a coordenades generalitzades hamiltonianes:

$$L=-mc^2\sqrt{1-\frac{1}{c^2}\sum_{i=1}^{n}v_i^2}$$

els moments generalitzats seran: $p_i=\frac{\partial L_i}{\partial v_i}=-mc^2\left(\frac{\gamma}{2}\right)\left(-\frac{1}{c^2}\right)2v_i$ i, finalment:

$p_i=m\gamma v_i \rightarrow \boxed{\vec{p}=m\gamma\vec{v}}$

Les tres coordenades generalitzades són coordenades cícliques, per tant $\frac{\partial L}{\partial x_i}=0$ i, per tant, l'equació de *Lagrange* és $\boxed{\vec{p}=\text{cnt}}$. La solució de l'equació de *Lagrange* és $\boxed{\vec{v}=\text{cnt}}$.

13.6.2. Hamiltonià d'una partícula lliure relativista

El hamiltonià ens vindrà determinat per la definició de la funció hamiltoniana:

$$H=\vec{p}\vec{v}-L=m\gamma v^2+\frac{mc^2}{\gamma}=m\gamma c^2\left(\frac{v^2}{c^2}+\frac{1}{\gamma^2}\right)=//\text{ amb }\frac{1}{\gamma^2}=1-\frac{v^2}{c^2}//\rightarrow$$

$$\boxed{H=m\gamma c^2}$$

En aquest cas, el d'una partícula lliure relativista, el hamiltonià coincideix amb l'energia total (*energia en repòs + energia cinètica*), seguint amb el mateix criteri o condicions de coincidència que en la mecànica analítica clàssica.

En variables hamiltonianes: $H=E=\sqrt{p^2c^2+m^2c^4}$, aleshores, les equacions hamiltonianes són: $v_i=\frac{\partial H}{\partial p_i}=\frac{1}{2E}2c^2p_i$

Mecànica Clàssica

i, finalment:

$$\vec{v} = \frac{c^2 \vec{p}}{E}$$

Amb aquesta expressió obtenim les tres primeres equacions. Per obtenir les tres últimes equacions:

$$\dot{p}_x = -\frac{\partial H}{\partial x} = 0 = \dot{p}_y = \dot{p}_z \quad \rightarrow \quad \boxed{\vec{p} = \text{cnt}}$$

13.7. Càlcul de variacions

Treballarem una mica amb la branca matemàtica de càlcul variacional, ja què el principi de *Hamilton* és un principi integral o variacional.

El **càlcul de variacions** és un problema matemàtic que consisteix en buscar extrems relatius (també *màxims i mínims*) de funcionals continus, definits sobre algun espai funcional. Constitueixen una generalització del càlcul elemental de màxims i mínims de funcions reals d'una variable.

13.7.1. Teorema general del càlcul de variacions. Equacions d'*Euler-Lagrange*.

"Sigui $J = \int_{x_1}^{x_2} f(x, y_1, ..., y_n, y'_1, ..., y'_n)\, dx$ en què $y'_1 = \frac{dy_1}{dx_1}...$; aleshores

$\delta J = 0 \leftrightarrow \frac{\partial f}{\partial y_i} - \frac{d}{dx}\left(\frac{\partial f}{\partial y'_i}\right) = 0 \; ; \; i = 1, ..., n$ ". Teorema general de càlcul variacional.

Mecànica Clàssica

Aquest teorema es demostra igual que com vam fer pel principi de *Hamilton*. És important definir i veure també les equacions d'*Euler-Lagrange* ja que la doble inclusió es realitza amb aquestes.

Les **equacions d'Euler-Lagrange** són les condicions sota les quals cert estil de problema variacional arriba a un extrem.[15] La condició que imposem és que $\delta J = 0$ per variacions "properes", aleshores, això implica que $\frac{\partial f}{\partial y_i} - \frac{d}{dx}\left(\frac{\partial f}{\partial y'_i}\right) = 0$.

Treballem amb alguns exemples per adquirir tècniques de càlcul de variacions:

EX:

1.- *Distància mínima entre dos punts del pla*

Considerem aquesta distància entre els punts (x_1, y_1) , (x_2, y_2) .

Si la distància infinitessimal la considerem amb la variable ds: $(ds)^2 = (dx)^2 + (dy)^2$, aleshores:

$$D = \int_{x_1}^{x_2} ds = \int_{x_1}^{x_2} dx \sqrt{1 + y'^2} \quad \text{amb} \quad y' = \frac{dy}{dx}$$

tenim: $f(x, y, y') = \sqrt{1 + y'^2}$.

Aleshores, l'equació d'*Euler* és $\frac{\partial f}{\partial y'} = \frac{y'}{\sqrt{1 + y'^2}} = \text{cnt} \rightarrow y' = \text{cnt}$. Per tant, com y' és constant, ens informa que la distància més curta és una recta.

---

15 Aquestes equacions, a part del principi de mínima acció, també apareixen a teoria clàssica de camps (*electromagnetisme, teoria general de la relativitat*).

Mecànica Clàssica

2.- Distància mínima entre dos punts sobre una esfera

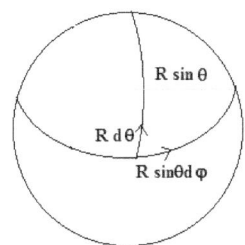

Aleshores tenim: $ds = \sqrt{R^2\sin^2\theta(d\varphi)^2 + R^2(d\theta)^2} = f\, d\theta$

per tant, definim la funció f com:

$$f\left(\theta, \varphi, \frac{d\varphi}{d\theta}\right) = R\sqrt{1 + \sin^2\theta\left(\frac{d\varphi}{d\theta}\right)^2}$$

Aleshores, l'equació d'*Euler* ens vindrà determinada per:

$$\frac{\sin^2\theta\left(\dfrac{d\varphi}{d\theta}\right)}{\sqrt{1 + \sin^2\theta\left(\dfrac{d\varphi}{d\theta}\right)^2}} = cnt = a$$

Hem definit **a** com la constant resultant de l'equació d'*Euler*.

Si continuem amb els càlculs:

$$\sin^4\theta\left(\frac{d\varphi}{d\theta}\right)^2 = a^2 + a^2\sin^2\theta\left(\frac{d\varphi}{d\theta}\right)^2 \rightarrow \sin^4\theta\left(\frac{d\varphi}{d\theta}\right)^2(1 - a^2\cosec^2(\theta)) = a^2 \quad \text{amb el}$$

símbol de $\left(\dfrac{d\varphi}{d\theta}\right)$ com el de **a**.

Aleshores:

$$\left(\frac{d\varphi}{d\theta}\right) = \frac{a^2\cosec^2(\theta)}{\sqrt{1 - a^2\cosec^2(\theta)}} \rightarrow \varphi = -\sin^{-1}\left(\frac{\cot(\theta)}{\beta}\right) + \alpha \quad \text{amb} \quad \beta^2 = \frac{1}{a^2} - 1 \text{ i } \alpha \text{ és}$$

una constant d'integració. Per tant:

$$\cot(\theta) = \beta\sin(\alpha - \varphi) \rightarrow R\cos\theta = (\beta\sin\alpha)R\sin\theta\cos\varphi - (\beta\cos\alpha)R\sin\theta\sin\varphi$$

Mecànica Clàssica

Finalment, $R\sin\theta\sin\varphi \to$ comparant termes i tornant a coordenades cartesianes, obtenim:

$$\boxed{z = A\,x + B\,y}$$

Amb **A** i **B** constants.

Això és l'equació d'un pla que passa pel centre d'una esfera. Aquesta intersecció és un "*gran cercle*".

3.- *Continuem amb un exemple d'òptica, la <u>Llei d'Snell</u>*

La **llei d'*Snell***, ens diu que existeix una relació entre els índex de refracció d'un medi i l'angle incident que observem al penetrar (i després incidir) d'un medi a un altre. Aquesta llei ve formulada per:

$$\boxed{n_1 \sin\theta_1 = n_2 \sin\theta_2}$$
<u>Llei d'Snell</u>

n_i és l'índex de refracció.

Per tant, si representem gràficament un feix de llum que viatja en un medi 1 i incideix a un medi 2:

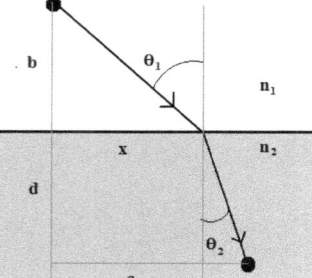

amb **b, d, a,** com a distàncies que ja les veiem definides a la representació.

El trajecte que segueix la llum és tal què al ***temps realitzat <u>és mínim</u>***; no la trajectòria més curta.

El temps que triga a creuar la distància del medi material 1 $\left(\sqrt{b^2+x^2}\right)$ i la distància del medi material 2 $\left(\sqrt{d^2+(a-x)^2}\right)$, serà:

$$t = \frac{\sqrt{b^2+x^2}}{c/n_1} + \frac{\sqrt{d^2+(a-x)^2}}{c/n_2}$$

Mecànica Clàssica

aleshores:

$$\frac{dt}{dx} = \frac{n_1 x}{c\sqrt{b^2+x^2}} - \frac{n_2(a-x)}{c\sqrt{d^2+(a-x)^2}} = 0$$

les c (*velocitats de la llum*) es simplifiquen i per definició geomètrica del sinus, obtenim:

$$\boxed{n_1 \sin\theta_1 = n_2 \sin\theta_2}$$

4.- *A continuació, treballarem amb la corba Braquistòcrona*.

La corba braquistòcrona, és l'exemple per excel·lència del càlcul variacional. Aquesta corba, es caracteritza perquè ha de tenir un pendent per a què al lliscar sota l'acció de la gravetat, descendeixi entre dos punts fixes, en un temps mínim:

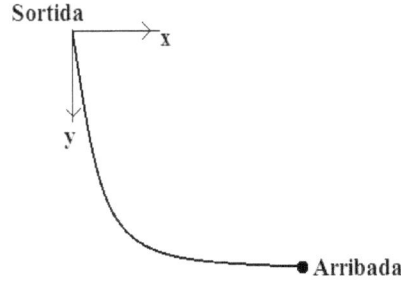

La solució no és una línia recta, ja que si fem la corba que hem representat, s'adquireix velocitat des del principi per l'acció de la gravetat. Per entendre'ns, és com un *tobogàn*.

Aleshores tindríem: $t_{12} = \int \frac{ds}{v}$ amb $\frac{m}{2} v^2 = mgy$ ja que les energies són constants per l'elecció d'eixos i, per tant, es pot fer la relació per v:

$$v = \sqrt{2gy} \rightarrow t_{12} = \int \frac{\sqrt{1+x'^2}}{\sqrt{2gy}} \, dy \quad \text{amb} \quad x' = \frac{dx}{dy}$$

Aleshores tenim: $f(y, x, x') = \dfrac{\sqrt{1+x'^2}}{\sqrt{2gy}}$ i l'equació d'*Euler*, com: $\dfrac{\partial f}{\partial x} = 0$,

Mecànica Clàssica

per tant, tenim: $\dfrac{\partial f}{\partial x'} = \text{cnt} = k$, és a dir:

$$k = \dfrac{x'}{\sqrt{2\,g\,y\,(1+x'^2)}}$$

Definint $R = \dfrac{1}{4k^2 g}$, tenim: $x'^2 = \dfrac{y(1+x'^2)}{2R}$; aleshores: $x' = \sqrt{\dfrac{y}{2R-y}}$ i amb el canvi de variable $\boxed{y = R(1-\cos\alpha)}$.

Per tant, $x' = \dfrac{dx}{dy} = \dfrac{\sqrt{1-\cos\alpha}}{\sqrt{1+\cos\alpha}}$ introduïnt el valor de y i aïllant:

$$dx = \dfrac{\sqrt{1-\cos\alpha}}{\sqrt{1+\cos\alpha}} R\sin\alpha \; d\alpha = R(1-\cos\alpha)\,d\alpha \;\;\rightarrow\;\; \boxed{x = R(\alpha - \sin\alpha)} \; .$$

Per tant, les relacions $\boxed{x = R(\alpha - \sin\alpha)}$ i $\boxed{y = R(1-\cos\alpha)}$, ens donen, de manera paramètrica, la corba buscada; *s'inicïa amb* $\alpha = 0$ *i, per tant, x = 0* i *y = 0.*

Aquesta corba és la corba anomenada la *cicloide*.

Observem que, per a cada valor de **R** obtenim una corba d'aquest tipus. Però per un punt d'arribada fixe, només hi ha un valor de **R** (i també l'únic valor de α , amb $0 \leq \alpha \leq 2\pi$) en el què la cicloide passa pel punt esmentat.

Definim *cicloide* com la corba generada per un punt d'una circumferència que roda tangent a una línia recta (*En el nostre cas, serà tangent per sota l'horitzontal*).

A la pàgina següent, farem una representació d'un *arc de cicloide*.

Arc de cicloide:

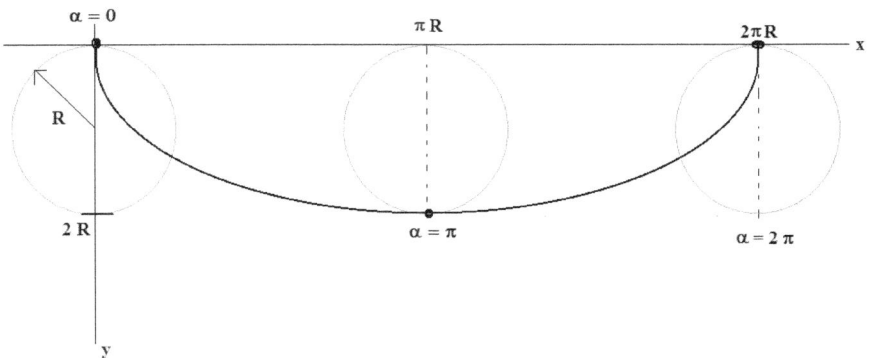

Si ara calculem el temps necessari per anar de (0,0) a (x,y):

$$t_{12}=\int_1^2 \frac{\sqrt{1+x'^2}}{\sqrt{2gy}}\,dy \quad \text{amb} \quad \sqrt{1+x'^2}=\sqrt{\frac{2R}{y}}\,x' \quad \text{, fent els canvis:}$$

$$t_{12}=\int_1^2 \sqrt{\frac{R}{g}}\frac{x'\,dy}{y}=\int_1^2 \sqrt{\frac{R}{g}}\frac{dx}{y}$$

Com $dx=R(1-\cos\alpha)\,d\alpha$ i $y=R(1-\cos\alpha)$ que ja els havíem calculat abans, obtenim l'expressió final:

$$\boxed{t_{12}=\int_1^2 \sqrt{\frac{R}{g}}\,d\alpha=\sqrt{\frac{R}{g}}(\alpha_2-\alpha_1)}$$

i, en l'origen a $\alpha=0 \rightarrow$ $\boxed{t=\sqrt{\frac{R}{g}}\alpha}$.

EX: *Quan es triga per anar de* **(0,0) a** $(\pi R, 2R)$ *el temps és*:

- **La cicloide:** $t=\pi\sqrt{\frac{R}{g}}$
- **Línia recta:** $t=\sqrt{\frac{R}{g}}\sqrt{\pi^2+4}$

Mecànica Clàssica

Àrea entre l'eix i la cicloide (*arc de* $\alpha=0$ *a* $\alpha=\pi$):

$$dA = y\, dx = R(1-\cos\alpha)\, R(1-\cos\alpha)\, d\alpha = R^2(1-\cos\alpha)^2\, d\alpha$$, aleshores:

$$A = \int_0^\pi dA = R^2\left[\pi + 0 + \frac{\pi}{2}\right] = \boxed{A = \frac{3\pi}{2} R^2}$$, és a dir:

L'àrea gris és l'àrea entre l'eix i la cicloide.

Perímetre de la cicloide(*arc de* $\alpha=0$ *fins a* $\alpha=\pi$):

$$ds = \sqrt{(dx)^2 + (dy)^2} = \sqrt{R^2(1-\cos\alpha)^2 + R^2\sin^2\alpha}\, d\alpha = \sqrt{2R^2 - 2R^2\cos\alpha}\, d\alpha =$$ //
si apliquem la fórmula de l'angle doble $\cos\alpha = 1 - 2\sin^2\left(\frac{\alpha}{2}\right)$ *, obtenim:*

$$= 2R\sin\left(\frac{\alpha}{2}\right) d\alpha \rightarrow$$ *Si fem la integral, la constant d'integració ha de complir que a* $\alpha=0$ **s = 0** *és a dir* **k = 4 R**. Aleshores, el perímetre del nostre arc serà $\boxed{s=+4R}$:

5.- Corba en la què la freqüència de les oscil·lacions sota l'acció de la gravetat és independent de l'amplitud.

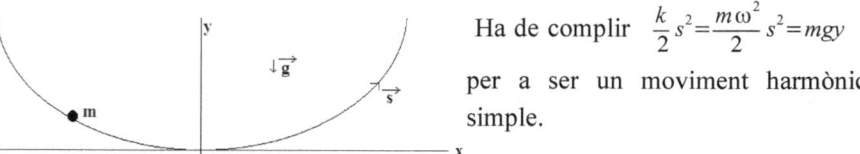

Ha de complir $\frac{k}{2}s^2 = \frac{m\omega^2}{2}s^2 = mgy$ per a ser un moviment harmònic simple.

Aquesta expressió és equivalent a $\omega s = \sqrt{2gy}$ o, de la mateixa manera, pot ser $\omega\, ds = \sqrt{\frac{g}{2y}}\, dy$.

Aleshores: $\omega^2[(dx)^2+(dy)^2]=\dfrac{g}{2y}(dy)^2$ amb la solució única d'aquesta equació diferencial de primer ordre, amb $x = 0$ per $y = 0$, de forma paramètrica:

$$\boxed{x=R(\alpha+\sin\alpha)} \quad ; \quad \boxed{y=R(1-\cos\alpha)}$$

que la corba correspon a una cicloide amb $\alpha=0$ a la base ($x = 0$, $y = 0$, $s = 0$).

Efectivament, és fàcil comprovar que si $\alpha=0$, $x = y = 0$.

Anem a comprovar que són solució de l'equació diferencial:

$$(ds)^2=R^2[(1+\cos\alpha)^2+\sin^2\alpha](d\alpha)^2=R^2[2+2\cos\alpha](d\alpha)^2=$$

abans de continuar, anem a definir unes propietats o fórmules trigonomètriques.

Fórmules trigonomètriques:

$$\cos\alpha=2\cos^2\left(\dfrac{\alpha}{2}\right)-1 \;\rightarrow\; \sqrt{2+2\cos\alpha}=2\cos\left(\dfrac{\alpha}{2}\right) \quad (1)$$

$$\sin\alpha=2\sin\left(\dfrac{\alpha}{2}\right)\cos\left(\dfrac{\alpha}{2}\right) \;;\; \cos\alpha=1-2\sin^2\left(\dfrac{\alpha}{2}\right) \;;\; 1-\cos\alpha=2\sin^2\left(\dfrac{\alpha}{2}\right)$$

$$\dfrac{\sin\alpha}{\sqrt{1-\cos\alpha}}=\sqrt{2}\cos\left(\dfrac{\alpha}{2}\right) \quad (2)$$

Fent servir la fórmula **(1)**:

$$ds=2R\cos\left(\dfrac{\alpha}{2}\right)d\alpha$$

mentre que $\dfrac{dy}{\sqrt{y}}=\dfrac{R\sin\alpha\,d\alpha}{\sqrt{R}\sqrt{1-\cos\alpha}}=//\text{ fent servir (2) }//=\sqrt{2R}\cos\left(\dfrac{\alpha}{2}\right)d\alpha$

Efectivament, es compleix partint de $\omega\,ds=\sqrt{\dfrac{g}{2y}}\,dy$ amb $\sqrt{2R}=\sqrt{\dfrac{g}{2\omega^2}}$;

és a dir, si elevem al quadrat: $\boxed{R=\dfrac{g}{4\omega^2}}$ i, per tant, si integrem, no calen constants d'integració, ja que per orígen de coordenades $\alpha=0 \to s=0$ i, finalment:

$$\boxed{s=4R\sin\left(\dfrac{\alpha}{2}\right)}$$

Una altra manera d'expressar la corba és l'equació que s'obté a partir de les equacions $\omega s=\sqrt{2gy}$ i $R=\dfrac{g}{4\omega^2}$:

$$\boxed{s=8Ry}$$

Observem doncs, que la cicloide va de $\alpha=-\pi$ fins a $\alpha=\pi$:

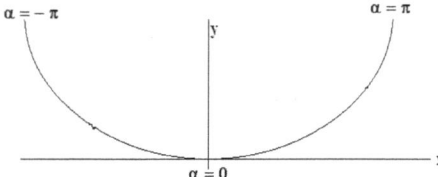

Així doncs, podem comparar la corba *braquistòcrona* amb la *corba amb freqüència independent a l'amplitud*:

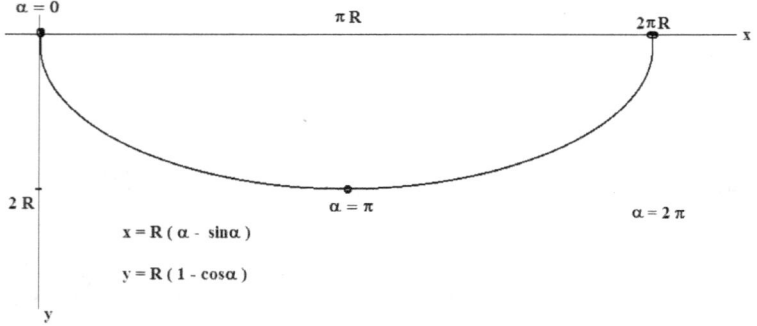

Braquistòcrona

Mecànica Clàssica

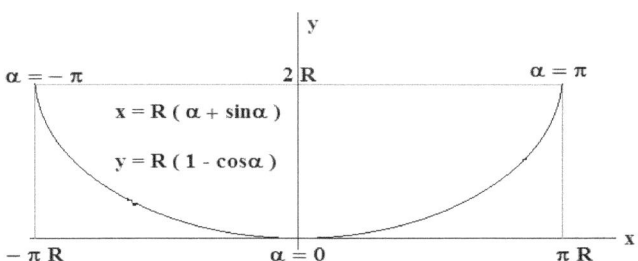

Corba amb freqüència independent a l'amplitud

Per arribar a que les equacions de la corba *braquistòcrona* siguin iguals a la de la *freqüència independent a l'amplitud*, hem de fer els següents passos:

- **1r:** *Invertir el sentit de y:* $x = R(\alpha - \sin\alpha)$; $y = R(\cos\alpha - 1)$

- **2n:** *Rebaixem l'origen y a 2R:* $x = R(\alpha - \sin\alpha)$; $y = R(\cos\alpha + 1)$

- **3r:** *Desplacem l'origen de* α *a* π : Restem π a α , per tant, el sinus i el cosinus canvien de signe: $x = R\alpha - R\pi + R\sin\alpha$; $\boxed{y = R(1 - \cos\alpha)}$

- **4t:** *Desplacem l'origen de x a* πR : $x - \pi R = R\alpha - R\pi + R\sin\alpha \rightarrow$ $\boxed{x = R(\alpha + \sin\alpha)}$

Per una certa cicloide (ω), podem dir que només hi han oscil·lacions si a $s = 0$ la velocitat és $v \leq \frac{g}{\omega}$.

Per altra banda, per tota velocitat, existeix $\omega \leq \frac{g}{v}$; per tant, existeix una magnitud $R \geq \frac{v^2}{4g}$; aleshores: $mg(2R) \geq \frac{m}{2}v^2$ i observem que aquesta relació entre l'energia potencial i l'energia cinètica ens determina el límit d'oscil·lació, ja què si l'energia cinètica no supera mai la potencial, es presenten oscil·lacions en aquest sistema.

Mecànica Clàssica

Observem que a la *braquistòcrona*, si deixem caure una massa des d'un punt d'aquesta corba, triga el mateix temps en arribar al punt final (el mínim de la cicloide) que si la deixem caure des d'un punt inicial, tal i com l'hem definit a l'exemple *4*. Aquest fenòmen, queda demostrat en aquest últim estudi de l'exemple *5*.

- **_Moviment general_**

    Partim amb una massa m situada a $s = 0$ i amb velocitat v. Al ser un moviment harmònic simple, obtenim:

    $$\boxed{s=\frac{v^2}{\omega}\sin(\omega t)}$$

    amb $\sin\left(\frac{\alpha}{2}\right)=\frac{v\omega}{g}\sin(\omega t)$ i amb $\boxed{y=\frac{v^2}{2g}\sin^2(\omega t)}$ i, d'aquesta expressió podem trobar $x\ (t)$.

    En el cas que la velocitat límit $\left(v=4R\omega=\frac{g}{\omega}\right)$ tenim $s_{màx}=4R$ i, per tant, : $\boxed{s=4R\sin(\omega t)}$ amb $\sin\left(\frac{\alpha}{2}\right)=\sin(\omega t)$ per tant, obtenim: $\boxed{\alpha=2\omega t}$ aleshores $\boxed{\alpha=\sqrt{\frac{g}{R}}t}$ amb $\boxed{y=\frac{g}{2\omega^2}\sin^2(\omega t)}$ en què podem trobar també la $x\ (t)$.

    La $x\ (t)$ no és complicada de trobar, però si molt complicada d'escriure d'una manera simple, així que només la indiquem que es pot trobar a partir d'aquests resultats i, si algú ho necessita, es deixa a mà del lector.

Mecànica Clàssica

13.8. Potencial generalitzat (II)

A l'apartat **13.1.2.** ja havíem vist el concepte de potencial generalitzat i en el **13.6.** la mecànica analítica relativista. En aquest apartat treballarem el concepte de potencial generalitzat, tal i com ho havíem fet, però introduïnt conceptes de la mecànica analítica relativista i de la mecànica hamiltoniana.

Aleshores, treballarem igualment amb la *força electromagnètica* o *Força de Lorentz*.

Si definim el lagrangià en un sistema en què hi aparegui la força de *Lorentz*, haurem de considerar tant l'energia cinètica de la partícula, com la contribució dels potencials generalitzats.

Aleshores tindríem:

- **Lagrangià no relativista:** $\boxed{L = \dfrac{m}{2}\vec{v}^2 - q\phi + q(\vec{v}\cdot\vec{A})}$

- **Lagrangià relativista:** $\boxed{L = \dfrac{-mc^2}{\gamma} - q\phi + q(\vec{v}\cdot\vec{A})}$

En ambdós casos, podem definir un moment generalitzat $\vec{P}$ que serà:

$$P_j = \frac{\partial L}{\partial v_j} = p_j + qA_j \quad \rightarrow \quad \vec{P} = \vec{p} + q\cdot\vec{A}$$

El hamiltonià serà $H = \vec{P}\cdot\vec{v} - L = \vec{p}\cdot\vec{v} + q\vec{A}\cdot\vec{v} - L$

Separem ara doncs, per casos:

- **Hamiltonià no relativista:** $H = \vec{p}\vec{v} - \dfrac{m}{2}\vec{v}^2 + q\phi = m\vec{v}^2 - \dfrac{m}{2}\vec{v}^2 + q\phi =$

$$\boxed{H = \dfrac{m}{2}\vec{v}^2 + q\phi}$$

Mecànica Clàssica

- **Hamiltonià relativista:** $H = \vec{p}\vec{v} + \dfrac{mc^2}{\gamma} + q\phi = \boxed{H = m\gamma c^2 + q\phi}$

en què hem introduït el producte de **p·v**.

En els dos casos, H correspon al valor de l'energia total.

L'energia total i, per tant, també el hamiltonià; es conserva si i només si ϕ i $\vec{A}$ no depenen del temps.

Veiem-ho. Si $E = m\gamma c^2$ i, també, $E^2 = p^2 c^2 + m^2 c^4$, aleshores $E\dfrac{dE}{dt} = c^2 \vec{p}\dfrac{d\vec{p}}{dt}$, per tant:

$$\dfrac{dE}{dt} = \vec{v}\dfrac{d\vec{p}}{dt} \rightarrow \dfrac{dE}{dt} = \vec{v}\cdot\vec{F} = \boxed{\dfrac{dE}{dt} = q\vec{v}\vec{E}}$$ i no ens apareix el camp (o inducció magnètica) **B**.

Ara ens cal considerar l'altre terme de l'energia total:

$$q\dfrac{d\phi}{dt} = q\dfrac{\partial \phi}{\partial t} + q\vec{v}\nabla\phi = q\dfrac{\partial \phi}{\partial t} - q\vec{v}\vec{E} - q\vec{v}\dfrac{\partial \vec{A}}{\partial t}$$

Aleshores:

$\dfrac{dH}{dt} = q\dfrac{\partial \phi}{\partial t} - q\vec{v}\dfrac{\partial \vec{A}}{\partial t} = //$ com $\vec{A}$ i ϕ no depenen del temps, tenim que el hamiltonià H es conserva, ja què $\dfrac{dH}{dt} = 0 = \dfrac{\partial U}{\partial t}$

Propietats

Anem a veure algunes propietats del potencial generalitzat que, en el seu moment, quan el vam definir; no vam comentar.

Mecànica Clàssica

El potencial generalitzat el podem escriure com:

$$U = U_0(t, q_1, ..., q_n) + \sum_{j=1}^{n} a_j(t, q_1, ..., q_n) \dot{q}_j$$

aleshores, observem que hem escrit aquest potencial amb dependència linial de les $\dot{q}_j$. De fet no pot ser d'una altra manera, només pot dependre linialment ja que a les forces no poden tenir una dependència de les acceleracions. Això ho veiem si derivem per a trobar la força generalitzada, si la força genera les acceleracions, no pot dependre d'elles!!

Per tant: $\sum_{j=1}^{n} \frac{\partial U}{\partial \dot{q}_j} \dot{q}_j = U - U_0$ i per un sistema sense lligadures no estacionàries:

$\sum_{j=1}^{n} \frac{\partial T}{\partial \dot{q}_j} \dot{q}_j = 2T$. Així que amb la definició del lagrangià $L = T - U$, juntament amb $H = \sum_{j=1}^{n} \frac{\partial L}{\partial \dot{q}_j} \dot{q}_j - L = 2T - (U - U_0) - T + U =$ sempre que tingui U es compleix:

$$\boxed{H = T + U_0}$$

Una altra propietat que es compleix és $\boxed{\dfrac{dH}{dt} = \dfrac{\partial U}{\partial t}}$. *Demostrem* aquesta expressió:

Al estar en el cas particular de que no existeixen lligadures no estacionàries, tenim $\frac{\partial T}{\partial t} = 0$ i, a més a més, ja hem vist que la derivada total de l'energia cinètica és: $\frac{dT}{dt} = \sum_{j=1}^{n} Q_j \dot{q}_j$ ja què $\frac{dT}{dt} = \sum_{i=1}^{N} \vec{F}_i \vec{v}_i$. Per tant, partint amb tot això:

$$\frac{dU}{dt} = \frac{\partial U}{\partial t} + \sum_{j=1}^{n} \frac{\partial U}{\partial q_j} \dot{q}_j + \sum_{j=1}^{n} \frac{\partial U}{\partial \dot{q}_j} \ddot{q}_j = \frac{\partial U}{\partial t} + \sum_{j=1}^{n} \frac{\partial U}{\partial q_j} \dot{q}_j + \frac{d}{dt}\left(\sum_{j=1}^{n} \frac{\partial U}{\partial \dot{q}_j} \dot{q}_j\right) - \sum_{j=1}^{n} \dot{q}_j \frac{d}{dt}\left(\frac{\partial U}{\partial \dot{q}_j}\right)$$

Mecànica Clàssica

Ajuntant el segon i l'últim terme i, fent servir que $H = T + U_0$, obtenim:

$$= \frac{\partial U}{\partial t} - \sum_{j=1}^{n} Q_j \dot{q}_j + \frac{d}{dt}(U - U_0) = \frac{dU_0}{dt} = \frac{\partial U}{\partial t} - \sum_{j=1}^{n} Q_j \dot{q}_j \rightarrow \quad \frac{d(T + U_0)}{dt} = \frac{\partial U}{\partial t} \rightarrow$$

$$\boxed{\frac{dH}{dt} = \frac{\partial U}{\partial t}}$$

Si el potencial generalitzat (*d'un sistema sense lligadures no estacionàries*) no depèn explícitament del temps: $\boxed{H = \text{cnt}}$.

En el cas general, cal considerar que existeixen lligadures no estacionàries. Per tant, comencem per dividir el lagrangià en tres parts, tal i com havíem fet amb l'energia cinètica, és a dir:

$$L_2 = T_2 \quad ; \quad L_1 = T_1 - U_1 \quad ; \quad L_0 = T_0 - U_0$$

amb $\quad U_0 = U_0(t, q_1, \ldots, q_n) \quad ; \quad U_1 = \sum_{j=1}^{n} a_j(t, q_1, \ldots, q_n) \dot{q}_j$

Aleshores, U_1 és la part linial de $\dot{q}_j$, si U_1 no depèn explícitament del temps, les forces generalitzades Q_i estan composades únicament de forces potencials i giroscòpiques.

Això és evident, ja què $Q_i = -\frac{\partial U}{\partial q_i} + \frac{d}{dt}\left(\frac{\partial U}{\partial \dot{q}_i}\right)$. Calculem-lo agafant el potencial generalitzat com $U = U_0 + U_1$:

$$Q_i = -\frac{\partial U_0}{\partial q_i} - \sum_{j=1}^{n} \dot{q}_j \frac{\partial a_j}{\partial q_i} + \frac{da_i}{dt} \rightarrow Q_i = -\frac{\partial U_0}{\partial q_i} - \frac{\partial a_i}{\partial t} + \sum_{j=1}^{n} \left(\frac{\partial a_i}{\partial q_j} - \frac{\partial a_j}{\partial q_i}\right) \dot{q}_j$$

Veiem que $\tilde{Q}_i = \sum_{j=1}^{n} \left(\frac{\partial a_i}{\partial q_j} - \frac{\partial a_j}{\partial q_i}\right) \dot{q}_j$. Per tant, si tal i com hem dit de bon

Mecànica Clàssica

principi, U_1 no depèn explícitament del temps, $\frac{\partial a_i}{\partial t}=0$; aleshores, el primer terme correspon a la força potencial i l'últim terme a $\tilde{Q}_i$, que són les forces giroscòpiques, ja què $\sum_{i=1}^{n} \tilde{Q}_i \dot{q}_j = 0$. Aquest terme de forces giroscòpiques ho podem veure:

$$\sum_{i=1}^{n}\sum_{j=1}^{n}\left(\frac{\partial a_i}{\partial q_j}-\frac{\partial a_j}{\partial q_i}\right)\dot{q}_i\dot{q}_j=0$$

i observem que s'anul·len per parelles.

13.9. Claudàtors de *Poisson*. "*Brackets*" de *Poisson*

Si partim amb una formulació de *Hamilton* i disposem de dues funcions que depenen de les variables hamiltonianes, tal què: $f(q_j, p_j, t)$ i $g(q_j, p_j, t)$, el claudàtor de *Poisson* ens ve determinat per:

$$[f,g]=\sum_{j=1}^{n}\left(\frac{\partial f}{\partial q_j}\frac{\partial g}{\partial p_j}-\frac{\partial f}{\partial p_j}\frac{\partial g}{\partial q_j}\right)$$

<u>Claudàtors de Poisson</u>

Definim una funció $h(q_j, p_j, t)$ que, com veiem, depèn també de les variables hamiltonianes. Aleshores, podem definir les següents ***propietats***:

i) $\quad [f, f]=0$

ii) $\quad [f, g]=-[g, f]$

iii) $\quad [cf, g]=c[f, g]$

Mecànica Clàssica

iv) $\boxed{[f+g,h]=[f+h]+[g+h]}$

v) $\boxed{\dfrac{\partial}{\partial t}[f,g]=\left[\dfrac{\partial f}{\partial t},g\right]+\left[f,\dfrac{\partial g}{\partial t}\right]}$

vi) $\boxed{[f,gh]=[f,g]h+g[f,h]}$

vii) **Identitat de Poisson** *(o identitat de Jacobi)*:

$$\boxed{[[f,g],h]+[[g,h],f]+[[h,f],g]=0}$$

Les demostracions d'aquestes propietats són molt fàcils, fins i tot trivials.

EX:

Veiem alguns exemples :

$$[q_j,q_k]=0 \;\; ; \;\; [p_j,p_k]=0 \;\; ; \;\; [q_j,p_k]=\delta_{jk} \;\; ; \;\; [p_j,q_k]=-\delta_{jk} \quad {}^{16}$$

Si ara treballem amb el moment angular L:

$$[x,L_x]=0 \;\; ; \;\; [x,L_y]=z \;\; ; \;\; [L_x,L_y]=L_z + \text{permutacions cícliques}$$

$$[p_x,L_x]=0 \;\; ; \;\; [p_x,L_y]=p_z \quad \text{i així successivament.}$$

Si el claudàtor és **zero**, es diu que les dues funcions **commuten**. Quan és **1**, es diu que són **conjugades** o **canòniques**.

La utilitat dels claudàtors va relacionada amb les equacions del moviment de *Hamilton*.

Si una funció $f(q_j,\dot{q}_j,t)$ és una <u>constant del moviment</u>: $\dfrac{df}{dt}=0$, per tant,

---

16 Aquestes dues darreres, cal especificar que a física quàntica, el resultat es veurà modificat de la següent manera: $[q_j,p_k]=\hbar\delta_{jk}$

Mecànica Clàssica

amb les equacions de *Hamilton* si $\tilde{Q}_i = 0$ tenim: $\dfrac{\partial H}{\partial p_i} = \dot{q}_i$ i $\dot{p}_i = -\dfrac{\partial H}{\partial q_i}$,

aleshores:

$$\sum_{i=1}^{n}\left(\frac{\partial f}{\partial q_i}\dot{q}_i + \frac{\partial f}{\partial p_i}\dot{p}_i\right) + \frac{\partial f}{\partial t} = \sum_{i=1}^{n}\left(\frac{\partial f}{\partial q_i}\frac{\partial H}{\partial p_i} - \frac{\partial f}{\partial p_i}\frac{\partial H}{\partial q_i}\right) + \frac{\partial f}{\partial t} = 0$$

Aleshores, podem definir el claudàtor de *Poisson* com:

$$\boxed{[f,H] + \frac{\partial f}{\partial t} = 0} \quad (1)$$

La utilitat principal dels claudàtors de *Poisson* és per la **Mecànica Quàntica** pel que fa al concepte de ***commutadors***. En aquest volum però no entrarem en detalls.

13.9.1. Teorema de *Jacobi – Poisson*

" *Si f i g són integrals del moviment, [f , g] també ho és* "

Demostració:

Com f i g són constants del moviment compleixen:

$$[f,H] + \frac{\partial f}{\partial t} = 0 \quad ; \quad [g,H] + \frac{\partial g}{\partial t} = 0$$

Aleshores, treballant amb les propietats dels claudàtors, per la propietat *v)* tenim:

$$\frac{\partial}{\partial t}[f,g] = \left[\frac{\partial f}{\partial t}, g\right] + \left[f, \frac{\partial g}{\partial t}\right]$$

Mecànica Clàssica

per la propietat *ii)* i el claudàtor definit en l'equació **(1)** definida a partir de les equacions de moviment de *Hamilton*:

$$\frac{\partial}{\partial t}[f,g]=[[H,f],g]+[[g,H],f]$$

i, finalment, fent servir la *Identitat de Poisson*, la propietat *vii)* tenim:

$$\frac{\partial}{\partial t}[f,g]=-[[f,g],H] \;\rightarrow\; \frac{d}{dt}[f,g]=0$$

EX:

Si es conserva p_x, L_x i L_y aleshores, també es conserva p_z, p_y i L_z.

Un "*antiexemple*" seria el cas de les *forces centrals*:

$$E=H \;;\; [H,L^2]=\frac{\partial L^2}{\partial t}=0$$

per tant, la constant que prové del moment angular a la segona potència no és rellevant.

Amb això observem que no sempre amb els claudàtors obtenim la informació de les constants del moviment, o, més adequadament, que no podem obtenir un nombre de constants elevat i que totes siguin rellevants.

Mecànica Clàssica

13.10. Espai de fases

Farem una breu introducció al concepte d'*espai de fases* o de vegades també anomenat *espai fàsic*.

En la mecànica clàssica, l'espai de fases és una construcció matemàtica que ens permet representar el conjunt de moments i posicions d'un sistema de partícules. En concret, cada punt d'aquest espai fàsic representa un estat d'un sistema físic que es caracteritza per la posició de cada una de les partícules i els seus respectius moments.

L'espai de fases es sol representar amb la funció Γ i, pel què fa al concepte físic, cada punt de l'espai representa un possible estat del sistema mecànic. Aquest concepte de l'espai de fases, el veurem molt a la física estadística i, per tant, a la termodinàmica[17].

Si ens dediquem a presentar-lo en el camp de la mecànica clàssica, el podem **def**inir com la construcció matemàtica a partir de l'espai de configuració. Un dels teoremes clàssics sobre l'espai de fases és el **Teorema de Liouville** *"Un conjunt de punts distribuïts que venen definits per una densitat de probabilitat $\rho(q_i, p_i)$ ha de ser invariant en el temps."*

A més a més, cada hamiltonià H definit sobre un espai de fases, està associat a un conjunt de trajectòries d'evolució temporal.

Com bé he comentat des de bon principi, aquest concepte d'espai de fases només era per introduir-lo breument i tenir una idea intuïtiva del que representa.

---

[17] Ho veurem molt al volum de *Termodinàmica i Mecànica estadística* quan parlem del Col·lectiu microcanònic i treballem amb l'estadística d'uns sistema fluid.

Mecànica Clàssica

V

Introducció a la Relativitat especial

Mecànica Clàssica

En el trajecte de tot el llibre de **Mecànica Clàssica** hem fet un estudi complert de sistemes físics que es poden descriure per la llei de *Newton*. Hem introduït la **Mecànica analítica** de *Lagrange* i *Hamilton*, juntament amb *D'Alembert*.

El que farem en aquesta última secció del llibre es estudiar un dels límits de la mecànica clàssica, el límit a velocitats properes a la de la llum. Per estudiar aquest límit cal endinsar-nos a la **Mecànica relativista**, però només tocarem la **Relativitat especial**. Treballarem amb un marc històric temporal i per tant, començarem el tema amb les transformacions de *Lorentz*, que seran la base matemàtica per definir les equacions que posteriorment va deduir **Albert Einstein**.

He trobat adïent fer aquest últim bloc ja què en tot el llibre, hem fet referències als límits clàssics amb conceptes relativistes (*forces centrals relativistes, mecànica analítica relativista...*) i, per qui s'endinsi a l'estudi únicament de mecànica clàssica i es trobi en aquests capítols, que si més no tinguin una breu noció de la relativitat (*també per aquells qui l'hagin estudiada o tinguin nocions i hagin de refrescar la memòria*).

Així doncs, començarem un viatge en el què l'espai i el temps no són absoluts, la massa no es conserva (*sinó que serà el concepte d'energia-massa*) i el sistema de referència en què ens trobem poden decidir si en un viatge interestel·lar només ens haguem fet una mica més vells o extremadament joves respecte els qui ens observen.

Mecànica Clàssica

Tema 14.- Relativitat de *Galileu*

Per situar-nos històricament, al segle XIX, la **Mecànica Clàssica** es podia descriure's perfectament amb les teories de *Newton (1687)*, *Lagrange (1788) i Hamilton (1834)*, amb les que hem treballat i hem resolt qualsevol tipus de problema.

Per altra banda, més endavant, al *1864*, el físic *James Clerk Maxwell* va unificar, d'una manera subtil i rigurosa, dues teories que fins al moment semblaven distants, tot i que cada vegada més relacionades, com són la teoria de l'electricitat i la del magnetisme, formant així l'**Electromagnetisme**.

Al unificar aquestes dues teories en una i amb el coneixement de la teoria d'ones (*la velocitat de propagació d'una ona depèn de les propietats del medi en què es propaga i no de la velocitat del focus emissor*); es va trobar que en el buit, les ones electromagnètiques es propaguen a la velocitat de la llum $c = 3 \cdot 10^8 m/s$.

Aleshores, es va trobar que la mecànica clàssica no podia descriure sistemes en què la seva velocitat és de l'ordre de la velocitat de la llum.

Anem a treballar amb tots aquests aspectes.

14.1. Principi de la relativitat de *Newton*

Segons la primera llei de *Newton*, no podem distingir entre una partícula en repòs i una altra que es mou a velocitat constants. Si no existeix cap força externa neta que actuï sobre la partícula romandrà en el seu estat inicial.

Si tenim una partícula que es troba en repòs respecte a nosaltres, però que es mou respecte un observador a velocitat constant i, aquest, es mou a velocitat constant respecte a nosaltres; no podem distingir qui roman en repòs o en moviment.

Tot això que acabo de dir, sembla molt liós i ens podem perdre fàcilment, per tant, anem a veure un exemple que ens servirà per entendre'ns.

Mecànica Clàssica

Tots hem anat en tren alguna vegada veritat? Doncs imaginem que un tren està en moviment anant en línia recta per una via i amb una velocitat constant. Ara podem dir que si una pilota que està dins el tren en repòs, seguirà estant-ho i, per tant, si la deixem caure, caurà en línia recta vertical per l'acció de la gravetat.

Però si observem la situació en una parada en la què el tren no para, veurem que la pilota descriu una trajectòria paraból·lica a causa de la velocitat constant que porta el tren. No obstant això, les lleis de *Newton* pel moviment són vàlides pel sistema de referència del tren, com pel sistema de referpencia de les vies en les què circula, aleshores... té una velocitat constant el tren o les vies?

Com ja vàrem veure al tema 9 a l'apartat *9.7.* un sistema de referència en què les lleis de *Newton* són vàlides, s'anomena sistema de referència inercial, ja sigui en repòs o amb una velocitat constant. Si un sistemes de referència inercials es mou a velocitat constant respecte a un altre, no podem saber quin està en repòs i quin es mou o si ambdós estan en moviment; aquesta qüestió és el ***principi de relativitat Newtoniana o principi de relativitat de Galileu:***

" *No pot detectar-se el moviment absolut* "

Aleshores, al segle XIX es va començar a creure que aquest principi no era cert i que es podia determinar el moviment absolut si es trobava la velocitat de la llum.

Anem a veure els conceptes del principi de relativitat de *Galileu* i *Newton* i introduirem de nou els sistemes de referència per refrescar-los d'una manera molt simple.

14.1.1. Principi de Relativitat de *Galileu i Newton*: Transformacions de *Galileu*

Donat un sistema de referència inercial, tots els que es mouen a velocitat constant respecte el primer, també són sistemes de referència inercial.

Siguin dos sistemes de referència inercials $S(\theta, x, y, z)$; $S'(\theta, x, y, z)$:

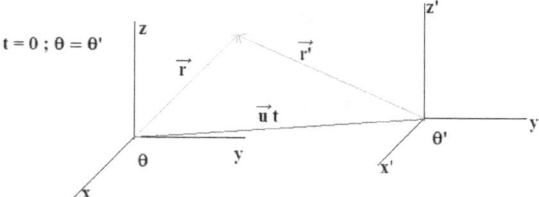

353

Mecànica Clàssica

Aleshores, podem definir unes posicions relatives i unes velocitats relatives d'un sistema a un altre. Això ho obtenim amb les **Transformacions de *Galileu*** que ens donen la relació que hia entre les mesures espacio-temporals d'un mateix esdeveniment E segons siguin fetes des de S o S'.

Aquestes transformacions, són conseqüència òbvia de la geometria de la nostra figura i del concepte de espai i temps absoluts que veurem a l'apartat següent.

Per tant, si treballem amb el nostre sistema, tenim:

$$\vec{r}=\vec{r}\,'+\vec{u}\,t \qquad \vec{v}=\vec{v}\,'+\vec{u} \qquad \vec{a}=\vec{a}\,'$$

Aleshores, les **Transformacions de *Galileu*** ens venen determinades per:

$$\boxed{x'=x-u_x t} \qquad \boxed{y'=y-u_y t} \qquad \boxed{z'=z-u_z t} \qquad \boxed{t'=t}$$

Anàlogament, podem presentar les components de la velocitat:

$$\boxed{\frac{dx'}{dt'}\equiv v'_x=v_x-u_x\equiv\frac{dx}{dt}-u_x} \qquad \boxed{\frac{dy'}{dt'}\equiv v'_y=v_y-u_y} \qquad \boxed{\frac{dz'}{dt'}\equiv v'_z=v_z-u_z}$$

A més a més de les transformacions de *Galileu*, tenim un tercer principi de la relativitat de *Galileu*: la **Covariància de Galileu:**

" *Les lleis de la Mecànica són covariants sota transformacions de Galileu*"

La covariància ens indica que la mateixa fórmula val per un sistema de referència S que per un sistema de referència S' i que l'equació satisfà ambdós sistemes; tot i que els valors amb què es satisfà poden ser diferents i estar relacionats amb les transformacions de *Galileu* de la posició i la velocitat i d'altres anàlogues. Per tant ens indica una *invariància de forma*.

Un gran exemple de covariància de *Galileu* és la conservació del moment linial en un xoc de partícules. En un instant inicial *i* i un instant final *f*, ens donen les següents relacions:

$$\boxed{S\rightarrow\sum_i\vec{p}_i=\sum_f\vec{p}_f} \qquad ; \qquad \boxed{S'\rightarrow\sum_i\vec{p}\,'_i=\sum_f\vec{p}\,'_f}$$

Són covariants, és a dir, tenen la mateixa fórmula.

Mecànica Clàssica

14.1.2. Sistemes de referència inercials (*Mecànica Clàssica*)

Com hem vist als capítols *9* i *10* en què tractàvem el sòlid rígid, un *sistema de referència inercial* són sistemes en els què es compleixen les lleis de *Newton*, és a dir les *lleis d'inèrcia* i la *segona llei de Newton*.

En aquests casos, no apareixen forces fictícies, només forces reals.

Presentem alguns casos de sistemes de referència inercials S' respecte un sistema de referència inercial S:

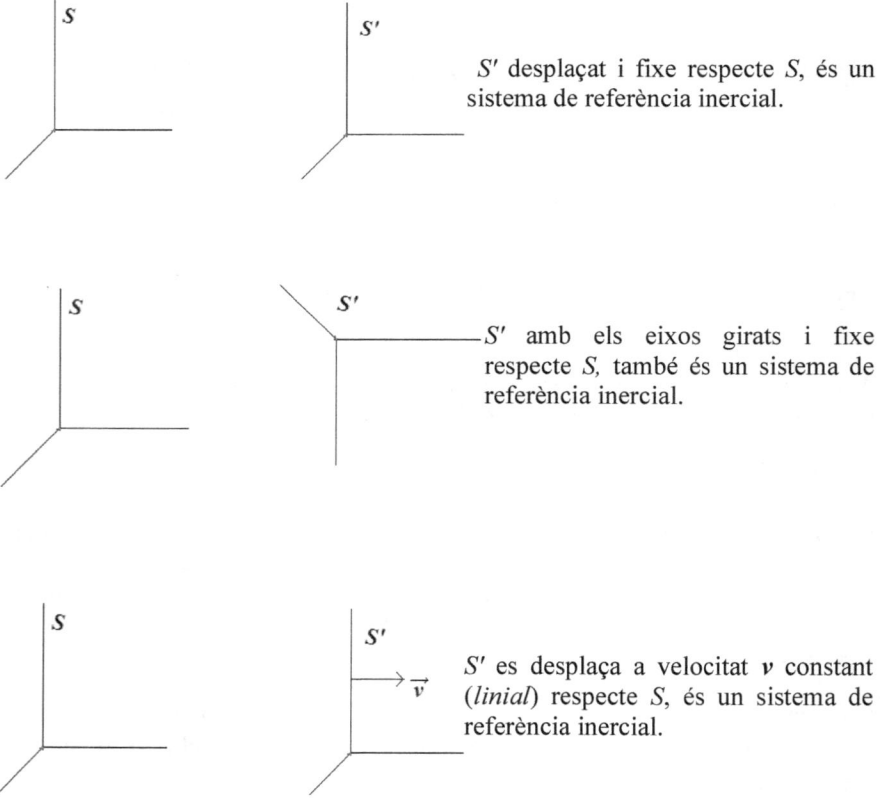

S' desplaçat i fixe respecte S, és un sistema de referència inercial.

S' amb els eixos girats i fixe respecte S, també és un sistema de referència inercial.

S' es desplaça a velocitat v constant (*linial*) respecte S, és un sistema de referència inercial.

Mecànica Clàssica

Si ara observem alguns contraexemples, ens trobarem amb el què ja havíem definit al tema **9**, els *sistemes de referència no inercials*. Posem dos casos per refrescar la memòria:

S' està accelerat respecte el sistema S, aleshores, S és un sistema de referència inercial, però S' **NO** ho és.

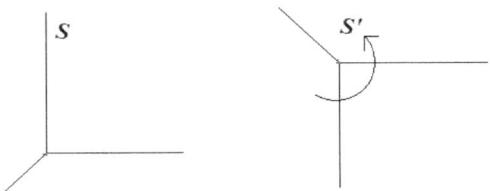

S' gira (*o està en rotació*) respecte a S, per tant, S és un sistema de referència inercial, però S' **NO** ho és.

Si ho recordem bé aquest últim exemple és el que vam treballar quan vam definir l'acceleració de *Coriolis* o el pèndol de *Foucault*.

Per acabar, anem a fer una idea intuïtiva del concepte de les transformacions de *Galileu*.

És el típic cas de si tu vas amb cotxe a 80 km/h i s'apropa a tu un cotxe a una velocitat de 120 km/h, la velocitat en què us aproximeu respectivament serà de 200 km/h.

Mecànica Clàssica

14.1.3. Espai i temps absoluts de *Newton*

En la mecànica de *Newton*, es tenen les tres lleis fonamentals de la *Mecànica Clàssica*, en les què queda implícit que l'espai i el temps són magnituds absolutes.

Isaac Newton dèia que l'espai era absolut per la seva pròpia natura, en el sentit de que era permanent i que, a més a més, existia independentment de la matèria.

Pel què fa al temps, el defineix com un escalar en què la seva mesura és idèntica per a tots els observadors.

El filòsof *Kant* va dessignar que el temps venia definit pels esdeveniments, de tal manera que els classificàvem amb esdeveniments passats, presents i futurs.

Aleshores, fixat un esdeveniment concret, tots els observadors, es moguin com es moguin (*sistemes de referència*) dividiran aquests esdeveniments en els tres conjunts de present, futur o passat. Per tant, tant jo com els lectors podem afirmar que el primer viatge a la lluna el col·loquem en un esdeveniment del passat i, per tant, dessignem el temps d'aquest primer viatge com a passat i el temps serà absolut, ja què a qualsevol persona que preguntem ens donarà una mateixa visió temporal dels fets.

A més a més, hem de recordar que tota la *Mecànica Clàssica* està formada "espaialment" per l'espai *euclidià*, que ens determina la posició en un instant donat.

14.1.4. Aplicacions del principi de *Galileu*: Transformacions de *Galileu* inverses.

Si agafem les transformacions de *Galileu* i invertim trivialment aquestes equacions de x', y', z'; arribem a:

$$\boxed{x = x' + u_x t} \quad \boxed{y = y' + u_y t} \quad \boxed{z = z' + u_z t} \quad \boxed{t' = t}$$

$$\boxed{\frac{dx}{dt'} \equiv v_x = v'_x + u_x \equiv \frac{dx}{dt} + u_x} \quad \boxed{\frac{dy}{dt'} \equiv v_y = v'_y + u_y} \quad \boxed{\frac{dz}{dt'} \equiv v_z = v'_z + u_z}$$

Observem doncs, que si ens canviem de sistema de referència i observem a les

Mecànica Clàssica

altres, les transformacions de *Galileu* seran les mateixes però canviades. Això s'anomena **coherència interna**.

14.2. La velocitat de la llum (*c*)

La velocitat de la llum s'ha mesurat durant tota la història per diferents físics com *Galileu, Römer (1676), Fizeau (1849), Focault (1850)...* intentant una mesura directa o bé indirectament com *Bradley (1725)* amb l'aberració estel·lar o en la teoria electromagnètica.

Al camp de l'electromagnetisme, a partir de les equacions de *Maxwell* i dels gauges, es troba que la llum és una ona electromagnètica per les què, més tard, definíem els fotos com les *"partícules que formen la llum"* per quantitzar la radiació emesa per un cos negre i mesurant així, de manera exacta (a partir de l'equació d'ones) la velocitat de la llum al buit definida com $c=(\varepsilon_0\mu_0)^{-\frac{1}{2}}$; amb les relacions d'*Einstein-Planck* de l'energia, tal què $E=c\,p=h\upsilon$.

Si mesurem la velocitat en un medi transparent, hem de definir l'índex de refracció *n* i la velocitat de la llum ens vindrà determinada per $u=\dfrac{c}{n}$.

Si el medi està en moviment amb velocitat v_m, la velocitat *u* anirà en funció de la velocitat del medi $u(v_m)=\dfrac{c}{n}\pm\left(1-\dfrac{1}{n^2}\right)v_m$, amb $\left(1-\dfrac{1}{n^2}\right)\leq 1$ com a **coeficient d'arrossegament de Fresnel**[18]

La teoria electromagnètica estava agafant la forma adequada, però amb la teoria clàssica de la relativitat sorgeix una contradicció en la composició de les transformacions de *Galileu*.

En aquestes transformacions, s'ha de complir $c'=c\pm u$, amb la *u* com la velocitat relativa del sistema *S* al *S'* basat amb el principi de relativitat de *Galileu*. A les equacions de *Maxwell*, la velocitat de la llum és sempre *c*; però els càlculs de *c* i *c'* no eren correctes del tot, ja què el sistema de referència en què ens trobem *sí que importa!!*

Aleshores, per solucionar aquest problema, tenim dues alternatives:

---

[18] Molts d'aquests conceptes, els podem trobar a l'apartat d'ones electromagnètiques del volum teòric de *"Electromagnetisme: Teoria clàssica"* i en el volum de *"Òptica: Teoria clàssica de la llum"*

Mecànica Clàssica

i) La velocitat de la llum c es composa igual que per totes les altres velocitats: **La Mecànica Clàssica amb el Principi de relativitat de Galileu es compleix.**

➡ **CONTRADICCIÓ**: *Les equacions de Maxwell només són vàlides a un sistema de referència inercial.*

Aleshores, la idea de l'éter es descarta com a medi de la llum, però els resultats eren idèntics considerant c propagant-se en l'éter que en el buit; per tant, el principi de la relativitat de *Galileu* no es compleix per la teoria electromagnètica.

ii) c és constant per a tot sistema de referència inercial. El principi de relativitat de *Galileu* entra en crisi i es comencen a realitzar experiments per trobar una nova teoria relativista acord amb les lleis i observacions físiques.

D'aquests experiments en destacarem l'experiment de *Michelson-Morley*.

14.2.1. Experiment de *Michelson-Morley*

Al 1810, *François Arago*, va realitzar experiments òptics per donar resultats positius per magnituds en primer ordre de v/c per demostrar el moviment relatiu de l'éter. Malgrat no demostrar-ho, va ser precursor d'aquests experiments.

A l'any 1881, *Albert Michelson* va començar amb experiments en el camp de l'òptica, però no va ser fins al 1887 quan el físic *Edward Morley* va contribuir amb els treballs de *Michelson* i van demostrar la invariància de c per tot sistema de referència, és a dir ***c* és una magnitud absoluta**.

Anem a descriure aquest experiment per sobre[19].

Disposem d'una font lluminosa que incideix en un mirall semi-transparent en que els feixos de llum surten per "rebotar" en els miralls (fenomen de reflexió) per incidir en un punt i ser detectats per un detector. Si ho representem

---
19 Aquesta experiència es treballarà amb més detall a l'apartat d'interferències al volum teòric de *"Òptica: Teoria clàssica de la llum"*.

Mecànica Clàssica

esquemàticament:

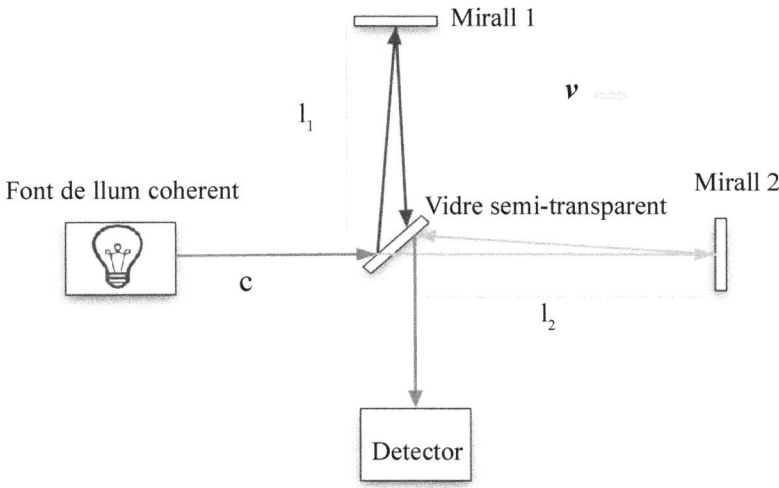

$l_1 = l_2$; $\vec{v}$ la velocitat de la Terra.

Si calculem els temps que triguen:

- $t_1 = \dfrac{l_1}{c+v} + \dfrac{l_1}{c-v} = \dfrac{2 l_1 c}{c^2 - v^2} = t_1 \simeq \dfrac{2 l_1}{c} \left(1 + \dfrac{v^2}{c^2}\right) + ...$

- $t_2 = \dfrac{2 l_2}{\sqrt{c^2 - v^2}} = t_2 \simeq \dfrac{2 l_1}{c} \left(1 + \dfrac{v^2}{2 c^2}\right) + ...$

Segons les velocitats, la suma vectorial ens vindria determinada per:

$$\left(v_{\frac{llum}{Terra}}\right)^2 + v_{Terra}^2 = c^2$$

Com $l_1 = l_2$, podem definir $l \equiv l_1 = l_2$, aleshores, $\Delta \equiv t_1 - t_2 = \dfrac{2l}{c} \dfrac{v^2}{2 c^2} =$

$$\boxed{\Delta = \dfrac{v^2 l}{c^3}} \; .$$

Mecànica Clàssica

Si ara girem el sistema $\frac{\pi}{2}$, obtenim un Δ' , tal què $\boxed{\Delta'=-\frac{v^2 l}{c^3}}$.

Per tant: $\boxed{\Delta-\Delta'=\frac{2v^2 l}{c^3}}$ el què ens indica que no hi han franges de desplaçament, per tant $\delta=0$, per tant *c* **és absoluta!!**

Aleshores, cal un canvi a fons, una prespectiva diferent, del concepte de la relativitat.

Mecànica Clàssica

Mecànica Clàssica

Mecànica Clàssica

Tema 15.- Relativitat especial. Postulats d'*Einstein*

Al 1905, *Albert Einstein* va presentar un article sobre l'electrodinàmica dels cossos en moviment i presentava que no existeix el moviment absolut, ja que no es podia detectar amb cap experiment i, per tant, l'éter no existia.

Aleshores, *Einstein* va ampliar el principi de relativitat de *Galileu* de la *Mecànica* a tota la *Física* amb dos postulats dels què es pot deduir tota la relativitat especial:

> **I.** Les lleis de la física són les mateixes per a tot sistema de referència inercial.

> **II.** La velocitat de la llum en el buit és constant i pren un valor de $\boxed{c=2.9973 \cdot 10^8 m/s}$ per a tot sistema de referència inercial.

Per tant, tenim una incompatibilitat aparent que desapareix si admetem que el *temps depèn del sistema de referència inercial igual que la massa*. Aleshores, abandonarem la idea del temps absolut i haurem de treballar amb les transformacions de *Lorentz* deixant de banda les de *Galileu*.

- Del postulat **I**, treiem que tots els sistema de referència inercials són equivalents per formular-hi les lleis de la física i, aquestes, no canvien les fórmules (són **covariants de *Lorentz***).
  A més a més, un sistema de referència inercial no pot ser afavorit respecte l'altre mitjançant cap experiència.

- Del postulat **II** treiem que la propagació de la llum al buit té un valor de la velocitat constant c per a qualsevol sistema de referència inercial que escollim. Si c és constant, es compleixen les propietats de l'espai i del temps.

Mecànica Clàssica

15.1. Configuració estàndard. Transformacions de *Lorentz*

Siguin dos sistemes de referència inercials en configuració estàndard, aleshores:

i)   *Els orígens de temps dels sistemes de referència són* $\boxed{t=t'=0}$.

ii)   *Quan* $t=t'=0$, *els orígens* θ *i* θ' *coincideixen i també els tres eixos cartesians:* $(x,y,z)=(x',y',z')$.

iii)   *El moviment relatiu és en el sentit dels eixos x, x' ; tal què una partícula en repòs a S' es mou a velocitat* $\vec{v}=(v,0,0)$ *amb v constant i positiva.*

Mostrem un exemple numèric en què la composició de velocitats clàssica és incompatible amb la relativitat especial:

```
S ─────E───────D────────    S' ──────────────────────────
  (-1,0,0)  (0,0,0)  (1,0,0)              x        x'   u
            γ                                         ──►
```

El pols emet a un instant fixat, amb t=0 a $\dfrac{x}{c}=t=\dfrac{1\,\text{m}}{3\cdot 10\dfrac{\text{m}}{\text{ns}}}=\dfrac{10}{3}\,\text{ns}$

Aleshores, el sistema S' viatja a una velocitat: $u=\dfrac{1}{3}c=\dfrac{1}{10}\dfrac{\text{m}}{\text{ns}}$. Per les transformacions de *Galileu:*

$$x'=x-ut=1-\dfrac{1}{10}\dfrac{10}{3}=\dfrac{2}{3}\,\text{m}$$

Aleshores, segons S', el detector està a les coordenades espaials $(x',y',z')=$
$=(x-ut,0,0)=\left(\dfrac{2}{3},0,0\right)$.

Aleshores, a S' la velocitat del pols serà $c'=\dfrac{\frac{2}{3}}{\frac{10}{3}}=\dfrac{2}{3}c$. Per tant, per les

transformacions de *Galileu,* $v'=v-u$ $\rightarrow$ $c'=c-u=c-\dfrac{1}{3}c=$ $\boxed{c'=\dfrac{2}{3}c}$.

Mecànica Clàssica

Però això és incorrecte!!! El que falla són les transformades de *Galileu* i la composició de velocitats i ens calen unes noves transformades pel nou (i correcte) model de relativitat: Les **transformacions de *Lorentz***

15.2.1. Les transformacions de *Lorentz*

En configuració estàndard, les transformacions de *Lorentz* ens transformen una trajectòria recta a velocitat constant d'iguals característiques d'un sistema de referència fixe respecte al què es mou a velocitat constant.

Anem a trobar les expressions per aquestes transformades.

Sigui una partícula lliure amb un moviment linial uniforme respecte el sistema de referència inercial, aleshores hem de trobar que des de qualsevol sistema de referència inercial la partícula descriu un moviment linial uniforme.

Per tant, les transformacions de *Lorentz* han de ser **LINIALS**:

$$x' = a_1 x + b_1 y + c_1 t$$

$$y' = a_2 x + b_2 y + c_2 t$$

$$z' = a_3 x + b_3 y + c_3 t$$

Aleshores:

1. Els eixos x i x' sempre estan en coincidència, aleshores: y' = 0, per tant, y = 0. Aleshores:

$$\left.\begin{array}{l} y' = b_2 y \\ y = b_2 y' \end{array}\right\} \quad b_2^2 = 1 \quad \begin{array}{l} b_2 = 1 \\ b_2 = -1 \end{array}$$

   Aleshores, tenim $\boxed{y' = y}$

2. El temps t' no pot dependre de *y*. Dos rellotges localitzats a $y = y_0$ i $y = -y_0$ mesurarien temps diferents. $b_3 = 0$.

Mecànica Clàssica

3. Si tenim un origen θ', aquest s'allunya a velocitat v de l'observador S, aleshores: $x'=0$ quan $x=vt$, per tant: $x'=0=a_1vt+c_1t$ i $c_1=-a_1v$.

Aleshores definim les equacions següents, denominant-les com (*):

$$x'=a_1(x-vt)$$

$$y'=y \quad (*)$$

$$t'=a_3x+c_3t$$

S mesura a t = 0 un flaix de llum a partir de: $x^2+y^2=c^2t^2$

Per S', com el raig s'ha emès des de l'origen θ' i fent servir (*):

$$(x')^2+(y')^2=c^2(t')^2=a_1^2(x-vt)^2+y^2=c^2(a_3x+c_3t)^2$$

Si ara construïm un sistema d'equacions:

$$\left.\begin{array}{l} 1=a_1^2-c^2a_3^2 \\ 0=a_1^2v+c^2a_3c_3 \\ c^2=c^2c_3^2-a_1^2v^2 \end{array}\right\} \text{resolem:} \quad a_1=c_3=-\frac{c^2}{v}a_3=\frac{1}{\sqrt{1-\frac{v^2}{c^2}}}$$

Aleshores, aquest factor $\dfrac{1}{\sqrt{1-\dfrac{v^2}{c^2}}} \equiv \gamma$ no depèn de les coordenades, però sí de les velocitats, tant de v com de c.

Finalment, si tenim un sistema tal i com hem descrit, que es desplaça en la direcció de les x en un moviment linial i uniforme, les

Mecànica Clàssica

transformacions relativistes d'un sistema respecte un altre, ens vindran donades per les ***Transformades de Lorentz***, definides com:

$$x' = \frac{x - vt}{\sqrt{1 - \frac{v^2}{c^2}}} \quad ; \quad y = y' \quad ; \quad z' = z \quad ; \quad t' = \frac{t - \left(\frac{v}{c^2}\right)x}{\sqrt{1 - \frac{v^2}{c^2}}}$$

Transformacions de Lorentz

Conseqüent ment:

$$x = \frac{x' + vt}{\sqrt{1 - \frac{v^2}{c^2}}} \quad ; \quad y' = y \quad ; \quad z = z' \quad ; \quad t = \frac{t' - \left(\frac{v}{c^2}\right)x'}{\sqrt{1 - \frac{v^2}{c^2}}}$$

Transformacions de Lorentz inverses

A més a més, observem que aquestes transformacions serveixen per velocitats molt elevades, properes a les de la llum i que el factor $\gamma \geq 1$ sempre.

Cal remarcar que per valors de velocitats elevats, estem al rang relativista, però si considerem velocitats relativament petites (dins el límit clàssic $v <<< c$), les transformacions de *Lorentz* se'ns converteixen i coincideixen amb les transformacions de *Galileu*. Això ens indica que la teoria a baixes velocitats i en altes es pot descriure amb una sola teoria i que la mecànica clàssica o newtoniana, és una bona aproximació de la teoria relativista per a velocitats petites respecte a la de la llum.

Abans d'estudiar les transformacions de *Lorentz* i les conseqüències que presenten davant el model clàssic de la física, definirem uns paràmetres que ja havíem introduït al tema de les forces centrals i que ens acomodaran la notació matemàtica de les equacions del moviment:

$$\frac{1}{\sqrt{1 - \frac{v^2}{c^2}}} \equiv \gamma \quad ; \quad \beta \equiv \frac{v}{c} \text{ amb } \beta^2 < 1 \quad \rightarrow \quad \boxed{\gamma \equiv \frac{1}{\sqrt{1 - \beta^2}}}$$

Mecànica Clàssica

15.2. Contracció de longituds

Siguin dos sistemes de referència S i S', tal què S (t, x) resta quiet i S' (t', x') està en moviment. Si tenim dos punts fixos en S la distància entre els quals la definim com a **longitud pròpia** tal què $x_2-x_1=l_0$, per tot temps mesuro el mateix interval de temps i l'interval x_1 i x_2. Per altra banda, l'observador en moviment del sistema S', mesura els dos extrems simultàniament en un instant t' i obté x'_1 i x'_2, tal i com observem a la figura següent:

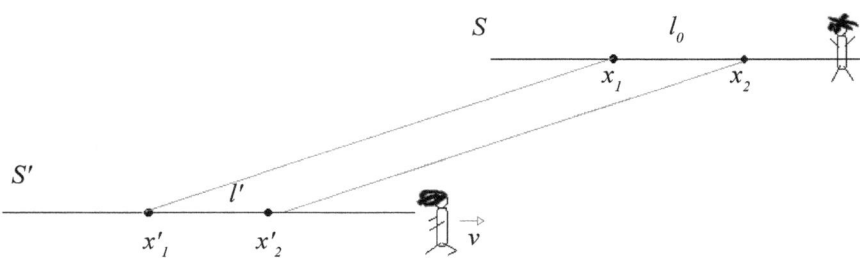

Aleshores, si utilitzem les transformades de *Lorentz* per avaluar la relació entre l' i l_0, obtenim:

$$x_1=\gamma\left(x'_1+\beta c t'\right)$$

$$x_2=\gamma\left(x'_2+\beta c t'\right)$$

Si ajuntem ambdues expressions, $x_2-x_1=\gamma\left(x'_2-x'_1\right)$ que relacionant-la amb les definicions de la longitud pròpia i l'observada obtenim la relació:

$$l_0=\gamma l' \quad ; \quad \boxed{l'=\frac{l_0}{\gamma}=l_0\sqrt{1-\frac{v^2}{c^2}}}$$

Aleshores, podem observar que la longitud l' que mesura l'observador S' del regle de longitud l_0 segons l'observador S és menor que $l_0\left(\gamma\geq 1\right)$. Per tant, S' veu el regle contret si el compara amb la mesura que S diu que té.

Abans de que *Einstein* publiqués l'article demostrant aquesta contracció, investigadors com *Lorentz* o *FitzGerald* van intentar explicar el resultat nul de

Mecànica Clàssica

l'experiment de *Michelson-Morley* suposant que les distàncies en la direcció del moviment es contreien segons l'equació trobada per l'. Aquesta contracció és la que ara anomenem com **contracció de Lorentz-FitzGerald**.

Un aspecte important a destacar, és la <u>invariància de les longituds perpendiculars al moviment</u>.

Si ara presentem una situació diferent, en que l'observador es trobi a S i mesuri els dos extrems simultàniament en un instant t de dos punts fixos a S' tal què compleixen per a tot instant t' $\quad x'_2 - x'_1 = l'_0$:

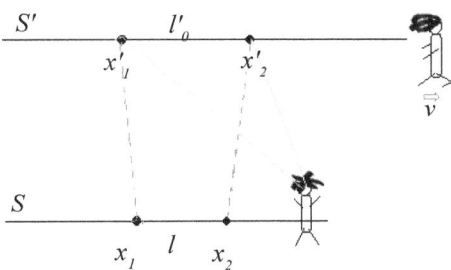

Aleshores, el que tenim és:

$$x'_1 = \gamma(x_1 v t)$$

$$x'_2 = \gamma(x_2 - v t)$$

i per tant: $\quad x_2 - x_1 = \dfrac{(x'_2 - x'_1)}{\gamma}$

$$\boxed{l = \dfrac{l'_0}{\gamma} = l'_0 \sqrt{1 - \dfrac{v^2}{c^2}}}$$

La longitud l que mesura l'observador S del regle de la longitud l'_0 segons S' és menor que l'_0.

Finalment, podem concloure que, les lleis de la Física es mantenen. Observem des del sistema de referència que observem, a velocitats relativament properes a la de la llum, les **_longituds es contrauen_**.

Mecànica Clàssica

15.3. Dilatació del temps

Un altre aspecte important a la teoria de la relativitat va estar el concepte del temps com a magnitud no invariant.

De la mateixa manera que a l'apartat anterior, tenim dos sistemes de referència S i S' i en un punt fixe x de S passen dos successos en temps $t_1^{(0)}$ i $t_2^{(0)}$, tal i com observem a continuació:

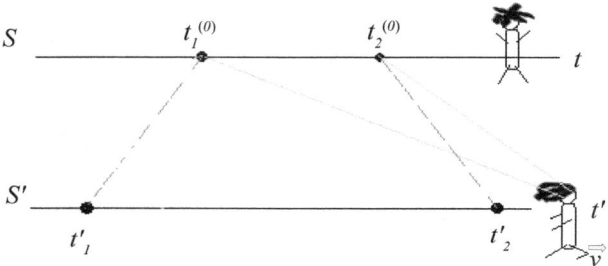

Aleshores, amb les transformacions de *Lorentz* obtenim:

$$ct'_1 = \gamma\left(ct_1^{(0)} - \beta x\right)$$
$$ct'_2 = \gamma\left(ct_2^{(0)} - \beta x\right)$$

$$\rightarrow \boxed{t'_2 - t'_1 = \gamma\left(t_2^{(0)} - t_1^{(0)}\right)}$$

Per tant, l'observador S' veu dilatar-se el temps respecte S.

Si ara considerem una situació diferent, en què dos successos passen en temps $t_1'^{(0)}$ i $t_2'^{(0)}$ a un punt x' en el sistema S', aleshores, el sistema de referència que actua com observador és el sistema S. Fent servir *Lorentz*:

$$ct_1 = \gamma\left(ct'^{(0)}_1 + \beta x'\right)$$
$$ct_2 = \gamma\left(ct'^{(0)}_2 + \beta x'\right)$$

$$\rightarrow \boxed{t_2 - t_1 = \gamma\left(t'^{(0)}_2 - t'^{(0)}_1\right)}$$

L'observador S veu dilatar-se el temps respecte S'.

371

Mecànica Clàssica

Aleshores, en aquest darrer cas, podem considerar una nau que viatja a velocitats relativament properes a la de la llum com un sistema S' i que el sistema S és el sistema fixe que podem considerar un habitant de la Terra. Aleshores, el temps propi que mesura el viatjer de la nau és $t'^{(0)}_2 - t'^{(0)}_1$ i el temps mesurat a la Terra d'aquest nau és $\dfrac{t_2 - t_1}{\gamma}$.

Per tant, fent servir la relació $t'^{(0)}_2 - t'^{(0)}_1 = \dfrac{t_2 - t_1}{\gamma}$; l'observador de la nau diu que ha passat 1 segon i el de la terra, amb un factor $\gamma = 1000$ diu que han passat 1000 segons!!!

Finalment, podem dir que les lleis de la Física també es mantenen sigui quin sigui el sistema de referència, doncs ens situem en el sistema que ens situem, el *temps es dilata*.

Anem a veure alguns exemples de dilatació temporal més típics.

1. *Viatge sideral*

Els viatges siderals són viatges a distàncies molt llunyanes (de l'ordre d'anys llum).

Donada una distància d el temps que triga S' mesurat per S és $t = \dfrac{d}{v} > \dfrac{d}{c} = t$. Aleshores, el temps del propi viatger és $t'_0 = \dfrac{t}{\gamma} = \dfrac{d}{v\gamma}$ i d'aquesta última obtenim: $t'_0 = \dfrac{d}{v}\sqrt{1-\beta^2} \rightarrow \quad v = \dfrac{dc}{\sqrt{d^2+c^2+t'^2_0}}$.

Si presentem un exemple numèric, podem fer el temps propi del viatger tan petit com vulguem, aproximant la velocitat a la velocitat de la llum.

Si tenim que la distància és de $d = 4$ anys-llum $= 3.78 \cdot 10^{13}$ km , aleshores podem considerar els valors de $t'_0 = 1$ any $\rightarrow v \simeq 0.97 c$, o bé, per un altre valor $t'_0 = 3$ dies $\rightarrow v \simeq 0.999789 c$. Per altra banda, la persona situada a la Terra, observarà que el temps que ha passat t és de 4 anys.

Mecànica Clàssica

2. Temps de vida de partícules inestables

Si definim t com el temps mesurat des de la Terra i $t'=\tau$ com el temps propi de la partícula (o temps de vida mitja). Aleshores, segons en quin sistema de referència ens trobem, mesurarem un temps de vida o un altre segons la relació de $t=\gamma\tau$ i una relació de distàncies abans de desintegrar-se de $d=vt=v\gamma\tau$.

Considerem un muó (μ^+, μ^-) amb un temps de vida mitja sobre el muó de $\tau=2\cdot 10^{-6} s$.

Si aquest muó es mou amb velocitat v respecte el laboratori, podem determinar la vida que es mesurem per aquest muó (a) i la distància abans de desintegrar-se (b). A més a més, ho farem comparant amb la mecànica clàssica per veure la diferència en els resultats.

(a) *Segons la **Mecànica Clàssica*** $\tau=2\cdot 10^{-6} s$ i $d=v\tau$.

*Segons la **Relativitat Especial*** $t=\gamma\tau$; $d=v\gamma\tau$

(b) *Segons la **Mecànica Clàssica*** si $v=\dfrac{c}{2} \rightarrow d=300\,m$; o bé, si tenim una velocitat $v=\dfrac{9c}{10} \rightarrow d=540\,m$.

*Segons la **Relativitat Especial***, si $v=\dfrac{c}{2} \rightarrow \gamma=\dfrac{1}{\sqrt{1-\beta^2}}=\dfrac{2}{\sqrt{3}}$ per tant $d=346\,m$ i per $v=\dfrac{9c}{10} \rightarrow d=1240\,m$

Aleshores, observem que a velocitats més properes a les de la llum, més ens allunyem del valor real i ja no és vàlida l'aproximació clàssica.

Mecànica Clàssica

15.4. Problema de sincronització de rellotges i concepte de simultaneïtat

"Els rellotges sincronitzats a un sistema de referència no ho estan en cap altre sistema de referència que es mogui respecte a aquest." Sincronització

Per solucionar el problema de la sincronització considerem dos rellotges separats a l'espai. Una primera solució errònia és situar-los junts, però així no solucionem la sincronització.

Una segona idea és el concepte de el rellotge situat en A mira el rellotge de B:

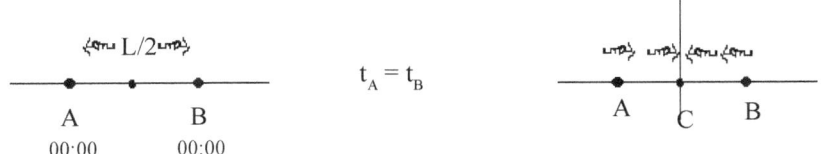

Per tant, per sincronitzar-los, hem d'emetre un pols de llum a meitat del camí o bé rebre'ls i així tenim el mateix temps en tots dos rellotges:

Aleshores:

"Dos successos simultanis (i succeeixen en llocs diferents) en un sistema de referència no ho són en un altre sistema de referència que es mou a velocitat v."

Per tant, ja estem introduint el concepte de simultaneïtat:

"Dos successos són simultanis en un sistema de referència si les senyals lluminoses procedents dels successos arriben al mateix temps a un observador situat a la meitat del camí." Simultaneïtat

Mecànica Clàssica

Suposem la figura següent en què A i B acorden fer explotar bombes a t_0. Si C reb la llum al mateix temps i donat que els dos punts estan equidistants, tenim explosions simultanea.

Per demostrar el concepte de simultaneïtat farem servir l'exemple del tren amb el què *Einstein* ho va demostrar.

<u>Demostració</u>: Dos successos simultanis a S no ho són a S' que es mou a velocitat v. Considerem un tren amb velocitat v i que en els seus extrems impacten dos llamps:

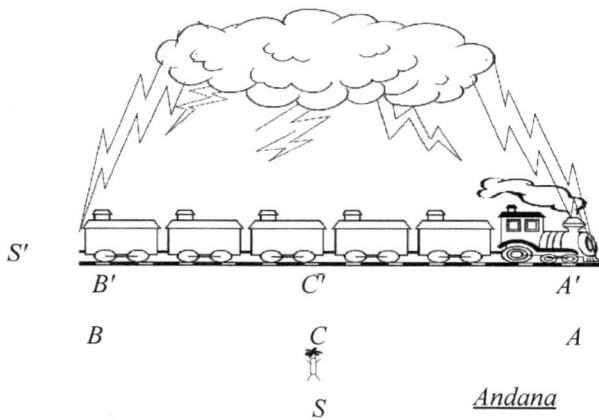

Per S, els llamps cauen simultaneament, per tant, C veu la llum dels llampecs que li arriben simultaneament. Aleshores, per S' la llum del raig que cau al davant del tren arriba a C' abans que la llum que cau al darrera.

Sigui l_0 la distància entre les cremades $(\bar{AB})$ o bé, la longitud del tren l que mesura l'observador S.

Com ja hem vist les contraccions espaials i les dilatacions temporals, anem a presentar el raonament sense esquemes gràfics.

Mecànica Clàssica

L'observador S' veu la distància entre les cremades més petita $\quad l' = \dfrac{l_0}{\gamma}\quad$.

S' diu que el seu tren mesura $\quad l'_0\quad$. Quan S mesura el tren, diu que val l, tal què tenim $\quad l = \dfrac{l'_0}{\gamma}\quad$.

L'interval de temps en S' entre la caiguda dels dos llamps és el temps que triga l'andana en recòrrer la distància ΔL. Aleshores:

$$\Delta L = l'_0 - l' = l\gamma - \dfrac{l}{\gamma} = l\gamma\left(1 - \dfrac{1}{\gamma^2}\right) = // 1 - \dfrac{1}{\gamma^2} = \dfrac{v^2}{c^2} // = \dfrac{v^2}{c^2}\gamma l = \beta^2 \gamma l$$

Definim sempre l' com la distància entre A i B.

Avaluem els rajos vistos des de S':

t'_1 cau el raig al davant del tren quan A i A' coincideixen.

t'_2 Cau el raig darrera del tren quan B i B' coincideixen.

Aleshores:

$$t'_2 - t'_1 = \dfrac{\Delta L}{v} = \dfrac{\gamma l v}{c^2}$$

Interval de temps entre la caiguda dels llamps vist des de S'

Aleshores, si avaluem la diferència de temps pròpis:

$$\Delta t_s = t_2^{(0)} - t_1^{(0)} = \dfrac{t'_2 - t'_1}{\gamma} = \dfrac{l v}{c^2}$$

ens informa de la <u>manca de sincronisme</u> dels rellotges a S segons S'.

El rellotge en el punt A avança $\dfrac{l v}{c^2}$ respecte el rellotge a B segons els observadors a S'. Per tant, si A i B encenen un llum al mateix temps respecte a S' per C' no són simultanis per aquesta manca de sincronisme.

Mecànica Clàssica

Si A encén un llum a $00:00 + \dfrac{lv}{c^2}$ i B encén el llum a 00:00 C' els veu simultanis.

Per tant, podem concloure que, si dos rellotges sincronitzen en un sistema en el què estan en repòs, estaran fora de sincronisme en un sistema de referència que existeixi una velocitat diferent de zero, és a dir, en moviment.
Aleshores, els rellotges que van primers en la direcció del moviment, van endarrerits en el temps segons S' i els últims van adelantats.

Per tant, la simultaneïtat no és absoluta, sinó que és relativa!

15.4.1. Paradoxes

La comparació de les prediccions relativistes amb les clàssiques ens presenten sorpreses i contradiccions tal i com hem vist amb el temps de vida de partícules inestables. Quan fem la comparació de les prediccions relativistes amb els fets experimentals, observem que són exitoses i no obtenim paradoxes.

Aleshores, les comparacions de les prediccions relativistes fetes per camins diferents solen portar, aparentment, a paradoxes. La coherència interna de la Física les prohibeix i fent una anàlisi acurada les eliminarem.

15.4.1.1. Invariància de l'interval d'espai-temps

Aquest primer punt, és com un corol·lari pels apartats anteriors. L'interval d'espai-temps $\left(s_{12}^2\right)$ entre dos esdeveniments $\left(E_1 \text{ i } E_2\right)$ és invariant sota transformacions de *Lorentz*, és a dir:

$$s_{12}^2 \equiv c^2(t_2-t_1)^2-(x_2-x_1)^2-(y_2-y_1)^2-(z_2-z_1)^2 = c^2(t'_2-t'_1)^2-(x'_2-x'_1)^2-(y'_2-y'_1)^2-(z'_2-z'_1)^2$$

en què és fàcilment demostrable i generalitza el cas anterior de propagació esfèrica d'un flaix de llum (el cas de les bombes o el tren).

A més a més, podem fer una classificació tal què:

- Si l'invariant $s_{12}^2 > 0$ es diu que l'interval és de "gènere temps"

- Si l'invariant $s_{12}^2 < 0$ es diu que l'interval és de "gènere espai"

- Si l'invariant $s_{12}^2 = 0$ es diu que l'interval és de "gènere llum"

Mecànica Clàssica

15.4.1.2. *c* com a límit cinemàtic de velocitats

A primera vista sembla paradoxal que composant dues velocitats paral·leles prou grans no es superi la velocitat de la llum *c*. Imaginem, per exemple, que dins d'un tren (sistema S', velocitat $v_1 = B_1 c = B c$ relativa a S) hi ha unes vies per les que circula un segon tren amb velocitats $v'_2 = \beta'_2 c = B c$ (relativa a S') en el mateix sentit que el primer tren i que fem coincidir amb el semieix O_x positiu (prescindint del subíndex x omnipresent a cada terme). La velocitat del segon tren observada des de S serà $\beta_2 = \dfrac{2B}{(1+B^2)} \leq 1$ encara que B tendeixi a 1 pel límit inferior; per $B = 0.99$, $\beta_2 \simeq 0.99995$.

Podríem ser més subtils i rebaixar el valor de B augmentant indefinidament el nombre de trens "n" dins de trens, en què:

$$\beta_n = \frac{(1+B)^n - (1-B)^n}{(1+B)^n + (1-B)^n}$$

que tendeix a 1 per a $n \to \infty$ i $B < 1$. Podem observar la comparació amb les velocitats clàssiques a la següent representació.

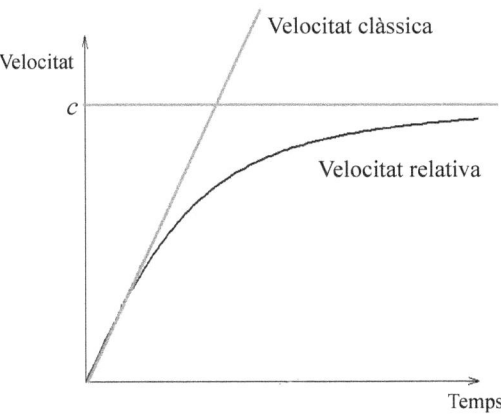

Mecànica Clàssica

15.4.1.3. Paradoxa dels bessons

La paradoxa dels bessons és una de les paradoxes més reconeguda i famosa de la teoria de la relativitat d'*Einstein*. Homer i Ulises són germans bessons idèntics, però un dia, Ulises decideix anar a un planeta situat més enllà del sistema solar. Per fer-ho accelera ràpidament fins a assolir una velocitat $\vec{v}$ i viatja amb velocitat de creuer v fins a arribar al planeta P quedant-se allà en repòs.

A l'hora de tornar, torna accelerar ràpidament fins a assolir una velocitat $\vec{v}$, però ara en direcció a la Terra, pel què serà una velocitat $-\vec{v}$ i viatja a velocitat de creuer $|\vec{v}|$ i s'atura en arribar a la Terra.

Per altra banda, Homer resta a la Terra esperant que el seu germà torni del viatge sideral. A la següent representació mostrem un esquema de la situació abans no comencem a realitzar els càlculs.

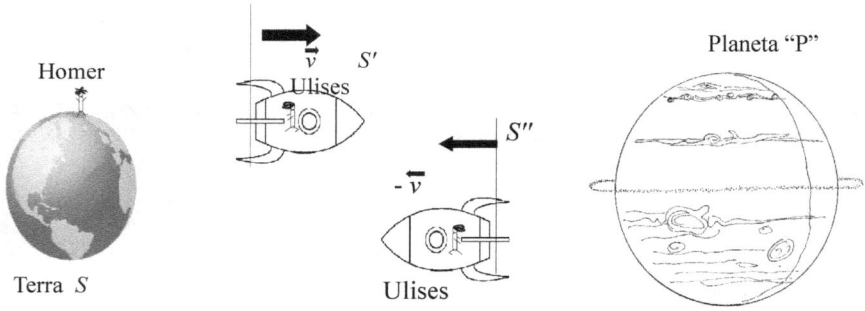

El planeta P es troba a una distància $l_0 = 8$ anys-llum i $v = 0.8c$, aleshores tenim $\sqrt{1-\beta^2} = \dfrac{3}{5}$.

Avaluem els diferents punts de vista dels sistemes:

- <u>Punt de vista d'Homer</u>.

Per Homer, Ulises viatja a P en un temps de $\Delta t = \dfrac{l_0}{v} = 10$ anys i al tornar, trigarà un temps $\Delta t = \dfrac{l_0}{v} = 10$ anys, per tant, el viatge durarà un total de 20 anys.

379

- Punt de vista d'Ulises.

Per Ulises, el seu viatge d'anada, té una durada de temps corresponent a:

$$\Delta t' = \left(\frac{l_0}{v}\right)\frac{1}{\gamma} = \sqrt{1-\beta^2}\left(\frac{l_0}{v}\right) = \frac{3}{5} \cdot 10 \text{ anys} = 6 \text{ anys}$$

i 6 anys més de tornada ja que es mou a la mateixa velocitat, finalment, per Ulises el viatge té una durada de 12 anys.

La distància de la Terra al planeta P pel sistema de referència S' és de $\frac{l_0}{\gamma}=4.8$ anys-llum i d'aquí, amb la cinemàtica podem determinar que Ulises mesura una durada de 6 anys pel seu viatge.

Si Ulises està en repòs a la seva nau, aleshores per ell, el seu germà bessó Homer que es troba a la Terra, es mou a velocitat $-v$. Com mesura 6 anys pel seu viatge en el temps propi d'Homer serà $\frac{6}{\gamma}=\sqrt{1-\beta^2}\cdot 6 = \frac{3}{5}\cdot 6 = 3.6 \text{ anys}$ d'anada i 3.6 anys de tornada, per tant 7.2 anys.

Aleshores, perquè Homer ha envellit 20 anys i Ulises preveu que només haurà envellit 7.2 anys??!!

La resposta es troba en què Ulises es troba en un sistema de referència no inercial quan accelera[20] i tenim falta de sincronia dels rellotges. Suposem un rellotge en el planeta P sincronitzat amb la Terra i, per tant, amb Homer. Aleshores, els dos rellotges no estan sincronitzats a S' en la quantitat $\frac{l_0 v}{c^2} = 6.4 \text{ anys}$.

Ulises viatja a S' a la vora de P i diu que el rellotge de P avança 6.4 anys respecte el sistema S *(Terra)*. Quan Ulises s'atura a P, està en sincronia amb S i per tant, els rellotges de P i el d'Homer estan sincronitzats i és en el temps en que Ulises frena que el rellotge de la Terra avança 6.4 anys; ergo, Homer envelleix 3.6 + 6.4 = 10 anys.

Ulises al sistema S'' torna a casa, per tant, el rellotge de la Terra avança, és a dir, 6.4 + 3.6 de viatge = 10 anys.

---

20 Sistemes de referència accelerats corresponent a la Teoria de la Relativitat General.

Mecànica Clàssica

En conclusió, el rellotge a la Terra retarda respecte de P a $\frac{l_0 v}{c^2} = 6.4$ anys observat des de S', pel què el rellotge a la Terra avança respecte P en 6.4 anys observat des de S''.

15.4.1.4. Altres paradoxes

Altres paradoxes que podem trobar són:

- ***Paradoxa del tren-tunel o de Sant Jordi i el drac***

    Si considerem dos sistemes de referència S *(a t = 0)* i S' *(a t' = 0)* tenim un cas semblant al gat d'*Schrödinger* en què depenent del sistema de referència que ens trobem observarem com Sant Jordi li clava l'espasa o no.

    La longitud pròpia de l'espasa és l_0 i la distància pròpia entre reixa i drac és més gran L_0. Tot i això, si v verifica $l_0 = L_0 \sqrt{1 - \frac{v^2}{c^2}}$, el drac serà punxat superficialment a les $t' = 0$. Aquest sistema és el nostre S'.

    Si ara ens situem al sistema S, observem que la distància entre la reixa i el drac ens ve determinada per $L_0 = \frac{l_0}{\sqrt{1 - \frac{v^2}{c^2}}}$. Si donem el valor de tal què $l_0 = 1$ m, la longitud de l'espasa és de $1\,\text{m}\,\sqrt{1-\beta^2}$.

    Podem determinar també el temps que ens marca el rellotge de la punta.

    Per fer-ho, definim la longitud de l'espasa com $x = \sqrt{1-\beta^2}$, en el sistema S i aleshores tenim: $t' = \frac{t - \frac{v x}{c^2}}{1 - \frac{v^2}{c^2}} = \frac{v}{c^2} \cdot 1\,\text{m} = t'$.

Si ho representem:

També podem comprovar que si fem el qüocient entre l'espai que ha d'avançar la punta de l'espasa i el temps que té per fer-ho, hauríem d'obtenir v:

$$\frac{\frac{1}{\sqrt{1-\frac{v^2}{c^2}}}-1\sqrt{1-\frac{v^2}{c^2}}}{\frac{v}{c^2}\frac{1}{\sqrt{1-\frac{v^2}{c^2}}}}=\frac{1-1+\frac{v^2}{c^2}}{\frac{v}{c^2}}=v$$

Per tant, tot quadra. Un tractament alternatiu és suposar que el drac porta un rellotge just al punt on el punxarem i que, en rebre el cop, s'aturarà indicant l'hora de l' "assassinat", t. Aleshores, trobar quan val t raonant des dels dos punts de vista és fàcil i s'obté $\quad t = v\dfrac{L_0}{c^2}\quad$.

- Un altre exemple que no comentarem és el de la paradoxa del forat, però la podreu trobar en algun llibre dedicat a la relativitat especial.

Mecànica Clàssica

15.4.2. Proves experimentals

En la secció de Forces centrals, ja havíem comentat que la teoria de la relativitat servia per explicar la precessió en l'òrbita de Mercuri i s'havia provat experimentalment observant un eclipse solar.

A continuació presentarem altres proves experimentals que reforcen la Teoria de la Relativitat Especial i que hem comentat al **Tema 14**.

15.4.2.1. Aberració estel·lar, *Bradley* 1725

Denominem aberració estel·lar de *Bradley* a la diferència entre la posició observada d'una estrella i la seva posició real, a causa de la combinació de la velocitat de l'observador i la velocitat de la llum.

Aleshores, la velocitat de la llum d'una estrella respecte el sistema de referència centrat al Sol, S és $\vec{v}=-c(\cos\theta, \sin\theta)$.
La velocitat de la llum d'una estrella respecte el sistema de referència centrat a la Terra, S' és $\vec{v}'=-c(\cos\theta', \sin\theta')$ que per *Lorentz* podem observar que compleix $v'^2=c^2$ a partir de la composició:

$$\vec{v}' = -\frac{c}{1+\left(\dfrac{v_T}{c}\right)\cos\theta}\left(\cos\theta+\frac{v_T}{c}, \sin\theta\sqrt{1-\frac{v_T^2}{c^2}}\right)$$

amb $v_T \simeq 30\,\text{km/s}$ com la velocitat orbital de la Terra.

Definint l'angle d'aberració com $\alpha \equiv \theta-\theta'$, igualant les segones components de $\vec{v}'$ i quedant-nos amb els termes dominants, obtenint $\alpha \simeq \left(\dfrac{v_T}{c}\right)\sin\theta$.

Al 1725 *Bradley* mesurant l'angle d'aberració, va trobar en bona aproximació el valor de la velocitat de la llum amb la mecànica clàssica, però no hi ha cap problema, ja que amb les aproximacions fetes la darrera fórmula es pot deduir tant amb les transforacions de *Galileu* com amb les de *Lorentz*, per tant, no discrimina ni falsa cap de les dues cinemàtiques.

Mecànica Clàssica

15.4.2.2. Experiment de *Fizeau* i coeficient d'arrossegament de *Fresnel*

En aquest experiment avaluem la llum propagant-se en un medi transparent (d'índex de refracció n) paral·lelament a la velocitat horitzontal v_m, del medi respecte a S. La velocitat de la llum en un medi en repòs S' serà $u'_x = u' = \dfrac{c}{n}$ i la velocitat horitzontal a S segons *Lorentz* és:

$$u(v_m) = \left(\frac{c}{n}\right)\frac{\left(1+\dfrac{n v_m}{c}\right)}{\left(1+\dfrac{v_m}{(n c)}\right)} \simeq \frac{c}{n} + \left(1 - \frac{1}{n^2}\right)v_m + \ldots$$

en que la primera expressió és exacta i la segona és una aproximació que ens serveix per comparar amb el coeficient de *Fresnel* vist al **Tema 14**. Amb això observem que les transformacions de *Galileu* no ens serveixen, ja què v_m hauria de ser 1 i, aleshores, estem d'acord amb les transformacions de *Lorentz*.

15.4.2.3. "Pluja de muons"

Al 1941, *Rossi* i *Hall* fan la primera comprovació de la dilatació del temps amb partícules. Al 1963 *Frisch* i *Smith* ho refan amb muons a velocitat $v \simeq 0.994\, c$ i observen que viuen unes $\gamma \simeq 9$ vegades més del que esperaríem clàssicament. Un exemple numèric l'hem pogut veure a l'apartat anterior de dilatació del temps.

15.4.2.4. Experiment de *Hafele i Keating,* 1972

Podem veure molts exemples de l'experiment de *Hafele i Keating*, el més famós el de la volta al món en 80 hores.

De fet, el sistema *GPS* és una aplicació de l'experiment i s'observa que necessita correccions relativistes a causa del radi de les òrbites $R=26600$ km i una velocitat de $v \simeq 3.9\,\text{km/s}$. Les correccions que hem de presentar són a causa del retardament de $7.2\,\mu s$ diaris respecte els rellotges de la Terra, juntament amb altres efectes de Relativitat General.

Mecànica Clàssica

15.5. Transformació de velocitats

Al inici del tema, hem presentat les transformacions de *Lorentz* però per les posicions del sistema. Per acabar aquest tema, farem una presentació per a les transformades de *Lorentz* per les velocitats, ja que aquestes formen part de la cinemàtica del sistema i ens enllaça directament amb la dinàmica a partir de moments linials i energies cinètiques.

També presentarem el concepte de l'efecte *Doppler* i l'efecte *Doppler* relativista, comentat a l'apartat **8.1. Conceptes bàsics** en el tema de **Ones**.

Si suposem una partícula amb velocitat $\vec{v}(v_x, v_y, v_z)$ en el sistema S i sigui la velocitat del sistema S' respecte S $\vec{u}(u, 0, 0)$.

Aleshores, ens interessa determinar la velocitat $\vec{v}'(v'_x, v'_y, v'_z)$ respecte S'.

Per fer-ho, utilitzem la definició universal per la velocitat, com una variació de l'espai respecte el temps i utilitzem les transformades de *Lorentz* de x, y, z:

$$v'_x = \frac{dx'}{dt'} = \frac{c\gamma(u)(dx - \beta c\, dt)}{\gamma(u)(c\, dt - \beta\, dx)} = // \, dx = v_x\, dt \, // = \frac{c(v_x - \beta c)\, dt}{(c - \beta v_x)\, dt} = \frac{v_x - \beta c}{1 - \beta \frac{v_x}{c}} =$$

$$\boxed{v'_x = \frac{v_x - u}{1 - \frac{u v_x}{c^2}}}$$

Per la component y:

$$v'_y = \frac{dy'}{dt'} = \frac{c\, dy}{\gamma(c\, dt - \beta\, dx)} = //\, dx = v_x\, dt;\ dy = v_y\, dt // = \frac{c v_y \sqrt{1 - \frac{u^2}{c^2}}\, dt}{(c - \frac{u}{c} v_x)\, dt} = \frac{v_y \sqrt{1 - \frac{u^2}{c^2}}}{1 - \frac{u v_x}{c}} =$$

$$\boxed{v'_y = \frac{v_y \gamma^{-1}}{1 - \frac{u v_x}{c^2}}}$$

i per la component z, el procés és idèntic que amb y però amb les velocitats

Mecànica Clàssica

corresponents:

$$v'_z = \frac{v_z \gamma^{-1}}{1 - \frac{u v_x}{c^2}}$$

A més a més, també podem treballar amb les Transformacions de *Lorentz* inverses per a la velocitat, tenint:

$$v_x = \frac{v'_x + u}{1 + \frac{u v'_x}{c^2}} \quad ; \quad v_y = \frac{v'_y \gamma^{-1}}{1 + \frac{u v'_x}{c^2}} \quad ; \quad v_z = \frac{v'_z \gamma^{-1}}{1 + \frac{u v'_x}{c^2}}$$

15.5.1. Efecte *Doppler* clàssic i Efecte *Doppler* relativista

Definim *Efecte Doppler clàssic* (del **so**) com que la variació de la freqüència υ depèn de qui està en moviment si la font o el receptor. Aleshores, existeix un medi respecte el qual té lloc el moviment.

Estem molt familiaritzats amb aquest efecte si escoltem una ambulància aproximar-se amb les sirenes enceses i després allunyant-se, el so que emet és diferent si s'aproxima, s'allunya o està parada davant nostre ja que el que varia és la freqüència.

És el mateix cas a quan s'aproxima un tren a una estació i pita sorollosament fins a passar o el pas d'un fórmula 1 en una carrera.

Les equacions que ens descriuen aquesta situació ens vindran determinades per:

$$\upsilon = \left(\frac{v_s \pm v_r}{v_s \pm v_e} \right) \upsilon_0$$

en què υ és la freqüència que observem o freqüència del receptor, υ_0 és la freqüència pròpia de l'emisor, v_s és la velocitat del so que ens serà modificada segons el medi en què es propagui, v_e la velocitat de l'emissor i v_r la velocitat del receptor.

Mecànica Clàssica

A continuació, presentem un esquema de les longituds d'ona quan el sistema de referència (emisor) es mou a una velocitat i com les veu el receptor i una altra tal i com les observaria (escolta) el sistema de referència mòvil ja que ell no es mou respecte ell mateix:

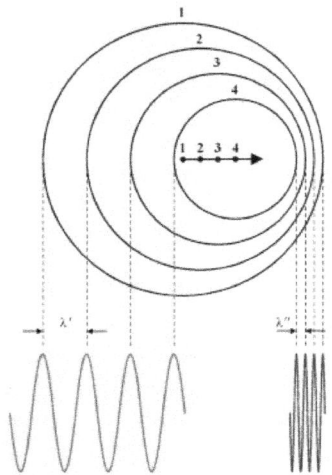
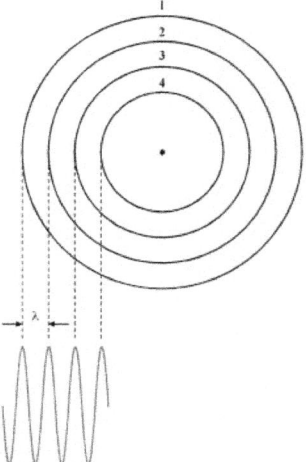

El receptor observa com les ones que emet l'emissor s'escurcen o s'eixamplen segons s'aproxima o allunya respectivament.

L'emissor respecte ell mateix no perceb una variació en les longituds d'ona del so, doncs està quiet respecte aquest o, podríem dir, que viatja amb les ones del so.

Per altra banda, si considerem la llum o altres ones electromagnètiques envers del so, hem de tractar amb l'*Efecte Doppler relativista* però aquí no existeix una distinció entre el moviment de la font o del receptor pel cas en què es propaguin pel buit i per tant, l'equació anterior de relació de freqüències no és vàlida.

Anem a avaluar dos casos.

Mecànica Clàssica

- Primer de tot considerem una font S que es mou cap al receptor R a velocitat v tal i com indiquem a la representació següent

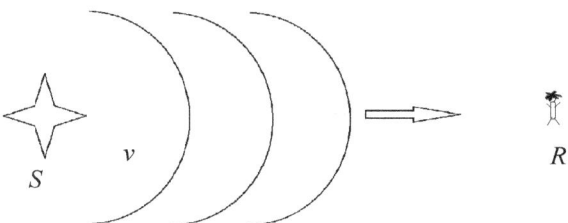

Considerem que la font emet N ones. Aleshores, la primera ona recorrerà una distància $c\Delta t_R$ i la font una distància $v\Delta t_R$, per tant, l'observador R observarà una longitud d'ona:

$$\lambda' = \frac{c\Delta t_R - v\Delta t_R}{N}$$

i per tant, la freqüència observada serà:

$$\upsilon' = \upsilon_R = \frac{c}{\lambda'} = \frac{c}{c-v}\frac{N}{\Delta t_R} = \frac{1}{1-\frac{v}{c}}\frac{N}{\Delta t_R}$$

Si ara definim $\upsilon_S = \upsilon_0$ com la freqüència de la font, aquesta emetrà N ones en el temps mesurat per la font, és a dir $N = \upsilon_0 \Delta t_S$.

Aleshores, els dos intervals de temps ens venen relacionats per $\Delta t_S = \frac{\Delta t_R}{\gamma}$ i finalment la freqüència observada es pot escriure com:

$$\boxed{\upsilon' = \frac{\sqrt{1-\beta^2}}{1-\beta}\upsilon_0}$$

Mecànica Clàssica

- Suposem ara que situem S i el receptor R en el mateix sistema, és a dir, el receptor es mou amb una velocitat en la direcció de l'esterella.

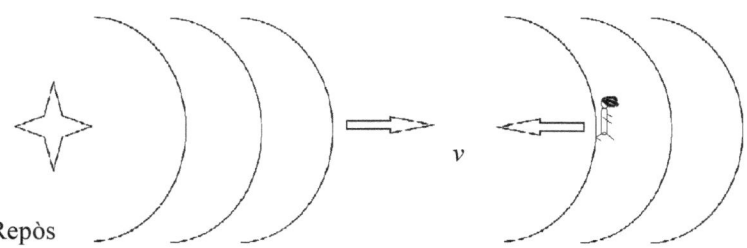

Repòs

Aleshores, en el temps Δt_S correspon al receptor i $N = \dfrac{c\Delta t_s + v\Delta t_s}{\lambda} =$
$= \dfrac{(c+v)\Delta t_S}{\dfrac{c}{v_0}} = N = \left(1+\dfrac{v}{c}\right)v_0\Delta t_S \Leftrightarrow N = (1+\beta)v_0\Delta t_S$.

Observem que Δt_R ara correspondrà al temps propi del receptor entre trobar la primera fins la N-èssima ona.

Aleshores, la freqüència observada per l'observador serà:

$$v' = \dfrac{N}{\Delta t_R} = \left(1+\dfrac{v}{c}\right)\dfrac{\Delta t_S}{\Delta t_R}v_0 =// \text{ aplicant } \Delta t_R = \dfrac{\Delta t_S}{\gamma} //= \dfrac{\sqrt{1-\beta^2}}{1-\beta}v_0$$

Si ara considerem el cas de que ens allunyem de l'estrella a una velocitat v, per composició és fàcil demostrar que:

$$\boxed{v' = \dfrac{\sqrt{1-\beta^2}}{1+\beta}v_0}$$

Una de les aplicacions més importants de l'efecte *Doppler* relativista és el **desplaçament cap el vermell** i el **desplaçament cap al blau (o violat)**. Aquest fenomen s'observa en la llum emesa per les galàxies molt llunyanes per exemple. Com aquestes s'allunyen de nosaltres, la llum que emeten està desplaçada cap a longituds d'ona més llargues (el vermell) o si s'aproximen, cap a longituds d'ona més curtes (blaves). Mesurant aquest desplaçament es pot determinar la velocitat de la galàxia relativa a l'observador.

Abans de veure alguns exemples i explicar físicament el desplaçament al vermell, presentarem els valors de les longituds d'ona afectades per l'efecte *Doppler*. Per fer-ho, definim θ com l'angle de desviació que ens presenta la velocitat de la font emissora respecte la direcció horitzontal del receptor.

Observem doncs, que en els casos anteriors ho hem presentat per un valor de l'angle $\theta = \pi$; però si volem generalitzar els resultats, obtenim dos tipus d'Efecte *Doppler*:

- **Transversal**: Aquest tipus d'efecte *Doppler* és l'anomenat purament relativista (no clàssic) i es produeix quan $\theta = \dfrac{\pi}{2} \rightarrow \lambda_r = \dfrac{\lambda_e}{\sqrt{1-\beta^2}}$

- **Longitudinal**: Aquest el podem subclassificar en l'últim dels dos tipus que hem vist anteriorment:
  - $\theta = 0$ *aproximació* $\lambda_r = \sqrt{\dfrac{1-\beta}{1+\beta}} \lambda_e$
  - $\theta = \pi$ *separació/recessió* $\lambda_r = \sqrt{\dfrac{1+\beta}{1-\beta}} \lambda_e$

Amb les fórmules presentades pel tipus longitudinals, es podria completar l'anàlisi de la paradoxa dels bessons enviant senyals amb freqüència per l'emissor de $\upsilon_e = 1 \, \text{senyal/any}$

A continuació, presentarem alguns exemples experimentals de l'efecte *Doppler*

15.5.1.1. Llei de *Hubble* i recessió de les galàxies

Gràcies a l'efecte *Doppler* relativista observem la recessió intergalàctica, en què la caracteritzarem pel paràmetre positiu :

$$z \equiv \dfrac{(\lambda_{receptor} - \lambda_{emissor})}{\lambda_{emissor}} = \left(\dfrac{\lambda_r}{\lambda_e}\right) - 1 = \sqrt{\dfrac{1+\beta}{1-\beta}} - 1$$

Mecànica Clàssica

Així doncs, la longitud d'ona d'una ratlla característica del potassi[21] $\lambda_e = 395$ nm al laboratori, s'observa amb $\lambda_r = 447$ nm i $z = 0.13$ o bé, podríem tenir $\lambda_e = 475$ nm i $z = 0.20$ segons que ens arribi de Boötes o Hydra. Si fem l'aproximació aplicable en aquest cas de $\beta \ll 1$, $z \simeq \beta$ i deduïm que Boötes i Hydra s'allunyen de nosaltres a velocitat $v \simeq 0.13\,c$ i $v \simeq 0.20\,c$ respectivament.

Si representem les velocitats de recessió v de cada galàxia (en l'eix vertical) i la distància que ens separa d'ella d (en l'eix horitzontal), observarem que les dades s'agrupen al llarg de la recta $v \simeq H_0 d$ amb $H_0 \simeq 23 \frac{\text{km}}{\text{s}} 10^{-6}$ anys-llum com la **constant de Hubble** i és la coneguda com la **llei de Hubble**. En primera aproximació, l'Univers es troba en expansió des d'un Big Bang que es va produir ara fa uns $13.7 \cdot 10^9$ anys i les galàxies que es mouen més ràpides han arribat més lluny que les lentes. Per exemple, l'objecte 8C1435+635 que s'allunya a una velocitat de $v \simeq 0.93\,c$, estaria als confins de l'univers, a uns $13 \cdot 10^9$ anys-llum.

A continuació podem observar una representació:

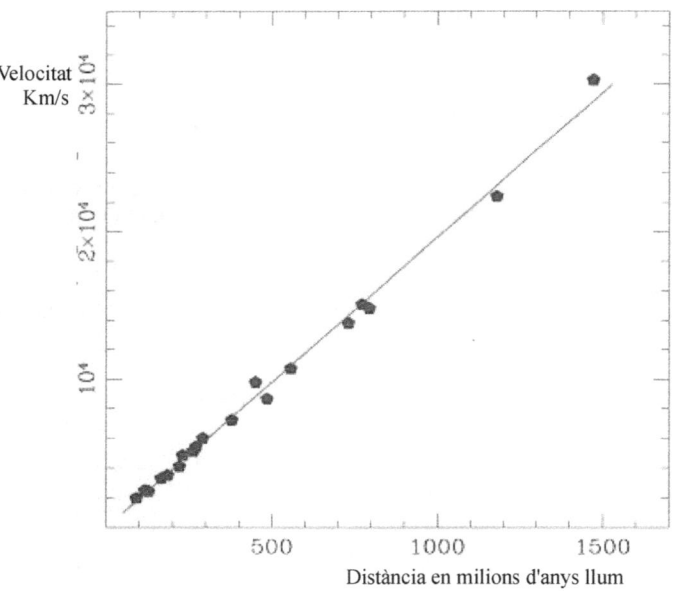

---

21 Ho observarem amb més detall al volum **"Introducció a l'astrofísica"**

15.5.1.2. Experiment d'*Ives* i *Stilwell*, 1938

Aquest experiment el comentarem molt per sobre. L'experiment d*Ives-Stilwell* va posar a prova la contribució de dilatació del temps relativista en el desplaçament de la llum per efecte *Doppler*. El resultat estava d'acord amb l'efecte *Doppler* transversal i va ser la primera confirmació directa quantitativa del factor de dilatació del temps.

Teòricament, podem expandir l'efecte *Doppler* longitudinal en sèrie:

$$\lambda_r(\theta=\pi)=\lambda_e\sqrt{\frac{1+\beta}{1-\beta}}\simeq\lambda_e\left(1+\beta+\frac{1}{2}\beta^2+...\right)$$

$$\lambda_r(\theta=0)=\lambda_e\sqrt{\frac{1-\beta}{1+\beta}}\simeq\lambda_e\left(1-\beta+\frac{1}{2}\beta^2-...\right)$$

Si ara en un laboratori apliquem aquestes fórmules a la llum emesa per un feix d'àtoms d'hidrògen, si estan en repòs, la longitud d'ona d'emissió de la llum és ben coneguda. En el feix tenen una velocitat de $v=\beta c$ i emeten llum en el mateix sentit de la velocitat si mesurem en $\lambda_r(0)$ o en sentit contrari si $\lambda_r(\pi)$.

Si ara agafem les definicions de les diferències de les longituds d'ona que podem mesurar acuradament:

$$\Delta\lambda_1\equiv\lambda_r(\theta=\pi)-\lambda_e\simeq\lambda_e-\lambda_r(\theta=0)\simeq\beta\lambda_e$$
$$\Delta\lambda_2\equiv\frac{1}{2}(\lambda_r(\theta=\pi)-\lambda_r(\theta=0))-\lambda_e\simeq\frac{1}{2}\lambda_e\beta^2$$

Aquestes diferències però, ens permeten eliminar el factor β que és difícil de mesurar i comprovar experimentalment que:

$$\boxed{\Delta\lambda_2\simeq\frac{1}{2\lambda_e}(\Delta\lambda_1)^2}$$

Mecànica Clàssica

Mecànica Clàssica

Tema 16.- Dinàmica relativista

Un cop treballada la cinemàtica relativista, és hora d'endinsar-nos a la dinàmica que hi ha dins aquests sistemes. Per fer-ho ens cal recordar que a la mecànica clàssica teníem quatre magnituds físiques importants i tres lleis de conservació associades a elles:

- *Massa o quantitat de matèria* que ens comporta una inèrcia (resistència a variar la velocitat) i un pes (atracció gravitatòria entre dues masses).

    A més a més, la massa de tot sistema aïllat es conserva (Llei de conservació de *Lavoisier*).

- *Energia o capacitat de fer treball* que es presenta en diferents versions tal com energia cinètica, potencial i d'altres tipus sense comportar ni inèrcia ni pes. A més a més, l'energia total d'un sistema aïllat es conserva i l'energia mecànica (= cinètica + potencial) total d'un sistema aïllat i conservatiu també. Per altra banda, hem de recordar que l'energia cinètica total en col·lisions, es conserva només en xocs elàstics.

- *Moment linial o quantitat de moviment* es conserva en tot sistema aïllat

- *Força* definida per parelles d'acció-reacció i per les més que conegudes lleis de *Newton*. Al ser parelles d'acció-reacció i sistemes aïllats, ja ens condiciona a les lleis de conservació del moment i l'energia.

Per altra banda, la dinàmica relativista ens presenta canvis envers a la dinàmica clàssica, reduïnt una de les lleis de conservació:

- *Energia relativista o concepte "massa-energia"* que ens unifica i estableix l'equivalència dels conceptes de la massa i de l'energia, tan ben diferenciats a la teoria clàssica. Aleshores, podem definir massa com:

    "La massa d'un cos és una mesura directa de l'energia que conté, tal què $m = \dfrac{E_0}{c^2}$ "

    En sistemes aïllats es conserva només l'energia relativista total.

Mecànica Clàssica

- El *moment linial relavista* ens implica una altra llei de conservació i el veurem en més detall més endavant.

- El concepte de *Força* ens ve definit de la mateixa manera que a la mecànica clàssica, però hem de tenir en compte que ara el moment linial és el nou moment linial relativista. Malgrat tingui un nou valor i punt de vista, a la relativitat les forces les utilitzarem ben poquet.

16.1. Postulat dinàmic. Energia i moment relativista

Després d'enunciar els dos primers postulats a l'inici del tema anterior, presentarem a continuació el tercer i últim dels postulats: *El postulat dinàmic.*

> **III.** En tot sistema aïllat s'hi conserva el moment relativista total $\sum_i \vec{p}_i = \sum_f \vec{p}_f$ i l'energia relativista total $\sum_i \vec{E}_i = \sum_f \vec{E}_f$.

Aleshores, hem de definir els conceptes d'energia i moment relativista.

Abans de començar purament amb definicions, presentem el concepte per a què una llei es conservi en física. Per a què ho faci, ha de complir les relacions anteriors però, a més a més, han de ser coherents en tots els seus límits i sistemes de referència. Així doncs, tenim:

$$F^{\mu u \alpha} G_{\mu u} = X^{\alpha} \quad \text{Transformacions de } Lorentz \rightarrow F'^{\mu u \alpha} G'_{\mu u} = X'^{\alpha}$$

Si ens fixem amb l'acceleració, observarem que quan S' es mou respecte S tenim la relació següent:

$$a x = \frac{a' x}{\gamma^3 \left(1 + \frac{u v}{c^2}\right)}$$

en què l'acceleració es va fent petita en velocitats elevades.

395

Mecànica Clàssica

Anem a avaluar ara la quantitat de moviment o moment linial relativista.

En un xoc entre dues masses, $\sum_i \vec{F}_i = \vec{0}$. Aleshores, segons la mecànica clàssica, la quantitat de moviment $\sum_i m_i \vec{v}_i$ es conserva.

Si ho avaluem des del punt de vista relativista, la quantitat de moviment clàssica no es conserva i, per tant, hem de trobar una quantitat de moviment adeqüada per a la conservació, ja que aquesta no està ben definida.

Per demostrar que la quantitat de moviment relativista es conserva, considerem un observador S amb pilota A i un observador S' amb pilota B. Definint la massa en repòs com m_0, tenim respecte S:

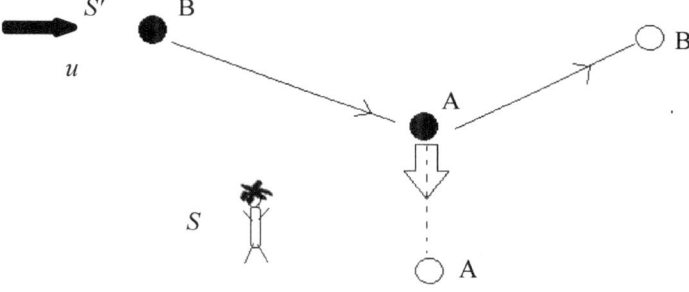

O respecte S':

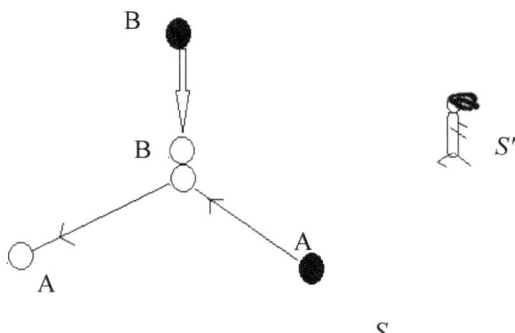

Mecànica Clàssica

Si llancem les pilotes amb $\vec{v}_0$ respecte S o bé si les llancem a $-\vec{v}_0$ respecte S', clàssicament tindríem $m\vec{v}_0 - m\vec{v}_0 = 0$

Aleshores, la bola A tindrà una velocitat $\vec{v}_0$ respecte S tal què $v_0 = v_y$ i la bola B tindrà una velocitat respecte S' de $v_0 = -v'_y$. Aleshores, observem que les components horitzontals són zero en ambdós casos i v'_{Bx} respecte S' i obtenim la relació $v_y = -\dfrac{v_0}{\gamma}$. Aleshores, si fem la composició clàssica per a la conservació del moment linial, obtenim que $m_0 \vec{v}_0 - m_0 \gamma^{-1} \neq 0$ i, per tant, no es conserva el moment linial total. Per tant observem que el moment linial relativista estudiat mitjançant una notació clàssica no es conserva i ens cal generalitzar-lo.

Finalment, definirem el moment linial relativista $\vec{p}$ d'una partícula de manera que tingui les propietats següents:

i) **En les col·lisions, el moment linial $\vec{p}$ es conserva.**

ii) **Quan les velocitats són petites** $v \ll c$; $\dfrac{v}{c} \to 0$, **tindrem que** $\vec{p} \to m\vec{v}$ **recuperant així el rang clàssic.**

I el moment linial o quantitat de moviment relativista, ens vindrà definit per:

$$\boxed{\vec{p} = \dfrac{m_0 \vec{v}}{\sqrt{1-\beta^2}}}$$

Quantitat de moviment relativista

A més a més, si definim **m** a la massa que observa S que té una partícula que es mou a velocitat v respecte S, obtenim la relació:

$$\boxed{m = \dfrac{m_0}{\sqrt{1-\beta^2}} = \gamma_{(v)} m_0}$$

Massa relativista

i:

$$\boxed{\vec{p} = m\vec{v}}$$

Quantitat de moviment relativista

Mecànica Clàssica

Treballem ara amb l'energia relativista. A la mecànica clàssica, observàvem que el treball realitzat per la força resultant que actua sobre una partícula, és igual a la variació de l'energia cinètica de la mateixa. Aleshores, tal i com havíem fet a la part clàssica, l'energia cinètica la podem definir com el treball realitzat per una força resultant per accelerar una partícula del repòs a una certa velocitat.

Aplicant les definicions del moment linial de l'estudi previ:

$$T=\int_{v_0=0}^{v_f=u}\sum_i F_i\, ds = \int_0^u \frac{d}{dt}\vec{p}\, ds = \int_0^u \frac{d}{dt} m\vec{v} = \int_0^u \frac{d}{dt}(\gamma m_0 v) = \int_0^u v\, d(\gamma m_0 v) = //$$

Si ara fem el càlcul següent apart:

$$d(\gamma m_0 v) = \frac{d}{dv}(\gamma m_0 v)\, dv = \left(\gamma m_0 - \frac{1}{2}\frac{m_0 v}{(1-\beta^2)^{\frac{3}{2}}}\left(\frac{-2v}{c}\right)\right) dv = \frac{m_0 v}{(1-\beta^2)^{\frac{3}{2}}}\left(1-\frac{v^2}{c^2}+\frac{v^2}{c^2}\right) = //$$

$$= T = \int_0^u \frac{v m_0}{(1-\beta^2)^{\frac{3}{2}}}\, dv = m_0 c^2\left(\frac{1}{\sqrt{1-\beta^2}}-1\right) = \quad \boxed{T = m_0 c^2 \gamma - m_0 c^2}$$

en què el primer sumant és l'energia després d'adquirir velocitat i el segon terme és l'anomenat **energia en repòs** tal què $E_0 = m_0 c^2$ i no depèn de la velocitat de la partícula.

Si ara treballem dins el rang clàssic per veure si l'energia relativista és compatible amb el rang de baixes temperatures, cosa que hauria de ser, tenim:

$$\frac{v}{c} \ll 1 \rightarrow \gamma = (1-\beta)^{-\frac{1}{2}} \simeq 1 + \frac{1}{2}\frac{v^2}{c^2} + \ldots$$ en què hem aproximat per *Taylor*. Si ho apliquem al resultat de *T*:

$$T \simeq m_0 c^2\left(1+\frac{1}{2}\frac{v^2}{c^2}+\ldots\right) - m_0 c^2 = \frac{1}{2} m_0 v^2$$

i per tant, és correcte i compatible amb la teoria clàssica.

Si volem avaluar l'energia total d'una partícula, hem de considerar l'energia

Mecànica Clàssica

cinètica total i l'energia en repòs de la partícula:

$$E = T + E_0 = m_0 c^2 \gamma - m_0 c^2 + m_0 c^2 = m_0 \gamma c^2 = // \; m = m_0 \gamma \; // =$$

$$\boxed{E = m c^2}$$

Energia total d'una partícula

Si ara ens capfiquem en calcular l'energia i el moment linial al quadrat, observarem la potència de les expressions, doncs les podrem relacionar ambdues en una de sola:

$$E^2 = \frac{m_0^2 c^4}{\left(1 - \dfrac{v^2}{c^2}\right)} \quad ; \quad p^2 = \frac{m_0^2 v^2}{\left(1 - \dfrac{v^2}{c^2}\right)} = \left(\frac{E}{c^2}\right) \vec{v}$$

per altra banda tenim l'expressió $\quad E^2 = \dfrac{m_0^2 v^2 c^2}{\left(1 - \dfrac{v^2}{c^2}\right)} + m_0^2 c^4 = \quad$ que al introduir el

valor de p:

$$\boxed{E^2 = \vec{p}^{\,2} c^2 + m_0^2 c^4}$$

Un cas curiós a esmentar és el cas de l'energia d'un fotó, ja què aquestes partícules assignades a la quantificació de la llum venen caracteritzades per no tenir massa en repòs $\left(m_0 = 0\right)$ i per tant, tenen una energia[22]:

$$E^2 = \vec{p}^{\,2} c^2$$

---

22 L'energia d'un fotó també està quantitzada i prén un valor de $E = h\nu$. Tant l'estudi dels fotons com a partícules quantitzades *"Mecànica Quàntica"*, com en valors de densitat d'energia per les radiacions electromagnètiques *"Termodinàmica i Mecànica estadística"* com a conceptes d'Òptica o Fotònica *"Òptica: Teoria clàssica de la llum"*; els veurem en els seus respectius volums esmentats.

Mecànica Clàssica

16.1.1. Transformacions de *Lorentz* per a energies i moments

Com ja hem estat fent en els casos anteriors, per a les diferents magnituds, transformacions de *Lorentz*, farem les mateixes suposicions. Si dos sistemes de referència S i S' en configuració estàndard i velocitats relatives $\pm v$ tindrem les transformades de *Lorentz* següents:

$$p'_x = \frac{p_x - v\frac{E}{c^2}}{\sqrt{1-\frac{v^2}{c^2}}} \quad ; \quad p'_y = p_y \quad ; \quad p'_z = p_z \quad ; \quad E' = \frac{E - v p_x}{\sqrt{1-\frac{v^2}{c^2}}}$$

Transformacions de Lorentz per a moments i energies

Aquestes són per $S \to S'$.

Si volem estudiar-les en l'altre sentit (inverses) $S' \to S$; obtenim les relacions següents:

$$p_x = \frac{p'_x + v E'\frac{}{c^2}}{\sqrt{1-\frac{v^2}{c^2}}} \quad ; \quad p_y = p'_y \quad ; \quad p_z = p'_z \quad ; \quad E = \frac{E' - v p'_x}{\sqrt{1-\frac{v^2}{c^2}}}$$

Transformacions de Lorentz inverses per a moments i energies

A més a més, podem observar l'analogia entre aquestes equacions i les dels esdeveniments x, y, z, ct es substitueixen per $p_x, p_y, p_z, \frac{E}{c}$; creant-se així una coherència entre unes i altres.

Mecànica Clàssica

16.2. Coherència interna de la mecànica relativista

Un dels aspectes més importants a la física i a la relativitat, és la coherència interna de la mecànica, tant cinemàtica com dinàmica, relativista.

Per avaluar aquesta coherència interna ho farem en quatre apartats:

- Les transformades de *Lorentz* directes i inverses han de ser connexes.

Tenim dues maneres de passar per les transformacions de *Lorentz* i podem fer-ho de directes a inverses o a l'inrevés.

La primera és simples mates, que ens demostren que els dos sistemes d'equacions són equivalents.
Però més fàcil és la segona. Aquesta es basa en aplicar el principi de Relativitat i comprovant que en permutar $p_{x,y,z}$, E per $p'_{x,y,z}$, E' i canviar el signe de v, es passa d'unes a altres.

- Coherència entre les definicions de moment linial i energia relativistes i les transformacions de *Lorentz* per aquestes.

Des de S' observem una massa m que es troba en repòs $\vec{v}'=0$, és a dir $\vec{p}'=0$ i $E'=mc^2$ directament en les definicions. Aleshores, la pregunta a fer és:

Quins moments linials i energies s'observaran des de S consideran configuració estàndard i velocitat v entre S' i S?

Tenim dues maneres de fer-ho també:

Tant si es fa atenent a les definicions pròpies de la quantitat de moviment i de l'energia, com si fem ús de les transformacions pertinents i les dades $\vec{p}'=0$ i $E'=mc^2$, trobarem:

$$\vec{p}=\frac{m}{\sqrt{1-\beta^2}}(v,0,0) \quad ; \quad E=\frac{mc^2}{\sqrt{1-\beta^2}}$$

- Covariància del postulat dinàmic enunciat des de S i S'.

Mecànica Clàssica

Des de S: $\quad \sum_i \vec{p}_i = \sum_f \vec{p}_f \quad$ i $\quad \sum_i E_i = \sum_f E_f$

Des de S': $\quad \sum_i \vec{p}\,'_i = \sum_f \vec{p}\,'_f \quad$ i $\quad \sum_i E\,'_i = \sum_f E\,'_f$

A més a més, per *Pitàgoras*, tenim que el triangle rectangle de catets mc^2 i $c\vec{p}$ ens creen la composició de l'energia E.

La covariància que comprovarem en els exemples de col·lisions elàstiques de més endavant, ens centrarem en un cas particular interessant: xoc elàstic protó-protó.

- Les transformacions de *Lorentz* per l'energia i els moments, es poden deduir de manera general a partir de les definicions de moment linial i energia relativista i de les transformacions de *Lorentz* per a velocitats.

El càlcul d'aquestes transformacions és molt ferragós i ens el saltem. No obstant això, indiquem les etapes a seguir:

1. Uns observen una massa m des de S, on hi té una velocitat $\vec{u}$ i altres des de S', on hi té una velocitat $\vec{u}\,'$.

2. Les transformacions de *Lorentz* per a velocitats permeten relacionar aquestes mesures fàcilment:

$$u'_x = \frac{(u_x - v)}{\sqrt{1-\beta^2}} \quad ; \quad u'_y = \frac{u_y \sqrt{1-\beta^2}}{\left(1 - \frac{v u_x}{c^2}\right)}$$

i després d'uns càlculs, tenim: $\quad 1 - \frac{v u_x}{c^2} = \frac{\sqrt{1-\frac{u^2}{c^2}} \sqrt{1-\beta^2}}{\sqrt{1-\frac{u'^2}{c^2}}}$

3. Escriurem les tres components de $\vec{p}\,'$ i E' en termes de m i $\vec{u}\,'$ segons les definicions:

$$p'_{x,y,z} = \frac{m u'_{x,y,z}}{\sqrt{1 - \frac{u'^2}{c^2}}} \quad ; \quad E' = \frac{mc^2}{\sqrt{1 - \frac{u'^2}{c^2}}}$$

4. Si canviem les components de $\vec{u}\,'$ per les de $\vec{u}$ utilitzant les transformacions de velocitats del pas 2.

Mecànica Clàssica

5. Substituïm les components $u_{x,y,z}$ per les de $p_{x,y,z}$ i E utilitzant les definicions

$$p_{x,y,z} = \frac{m u_{x,y,z}}{\sqrt{1-\frac{u^2}{c^2}}} \quad ; \quad E = \frac{mc^2}{\sqrt{1-\frac{u^2}{c^2}}}$$

i arreglant-ho arribem a les transformades de *Lorentz* pel moment linial i per l'energia.

16.3. Massa invariant. Classificació dicotòmica dels sistemes físics

Es pot demostrar fàcilment que la massa m és un invariant de *Lorentz* (pren idèntic valor sigui quin sigui el seu sistema de referència si S o S'), per tant:

$$m^2 c^4 = E^2 - c^2 \vec{p}^2 = E'^2 - c^2 \vec{p}'^2$$

Aquesta invariància la fa particularment rellevant i ens permet classificar els sistemes físics en dues categories, és a dir, podem realitzar una classificació dicotòmica dels sistemes físics tal què:

1. Els que tenen $m = 0$ perquè el seu moment i energia relativistes verifiquen la condició $E = c|\vec{p}| = cp$. Els fotons, constituents de la llum, tal i com ja havíem comentat amb anterioritat, pertanyen a aquesta categoria sigui quina sigui la seva longitud d'ona i, al buit, tenen velocitat invariant c. Els gluons també tenen massa nul·la però no poden trobar-se lliures. Aquestes partícules són conegudes com les inaturables.

2. Les altres partícules elementals[23] i tots els sistemes compostos d'elles tenen $m>0$ i el mòdul de la seva velocitat no pot arribar a c, $0 \leq v < c$. Els neutrins també pertanyen a aquesta categoria encara que la massa sigui tan petita que la desconeixem. Aquestes si són aturables.

---

23 Malgrat en fem esment, tot el que estigui relacionat amb física de partícules ho veurem al volum de *"Física nuclear i de partícules"*.

Mecànica Clàssica

16.4. Energies d'enllaç o de lligam. Fusió i fissió nuclears

Des d'ara fins al final del volum, exceptuant la introducció de l'última secció del capítol, estudiarem proves experimentals de la dinàmica relativista i encarada a la física de partícules, a la física nuclear[24] i a la física d'acceleradors; doncs són de les aplicacions més importants en quant al marc relativista.

Així doncs començarem amb les energies d'enllaç i després amb la fusió i dissió nuclear.

16.4.1. Energies d'enllaç o de lligam

Definim l'*energia d'enllaç* com l'energia total promig que es desprendria per la formació d'un mol d'enllaços químics, a partir dels seus bocins constituents o , més senzillament, l'energia total promig que cal per trencar un mol d'enllaços donats.

Tenim dues energies interessants d'enllaç. Una és la nuclear i l'altra la atòmica.

Si observem primerament la **nuclear**, ens centrarem en un petit exemple per començar l'avaluació. Aquest és l'energia d'enllaç del deuteró, determinada per la diferència entre els resultats experimentals següents[25]:

$$m_p + m_n \simeq 1877.84 \frac{\text{MeV}}{c^2}$$

$$m_d \simeq 1875.61 \frac{\text{MeV}}{c^2}$$

és a dir, una energia d'enllaç de 2.23 MeV, que és l'energia que cal aportar per desfer-lo en els seus dos components p i n.

Per a nuclis més estables (ben lligats), típicament del potasi (K) o del Kriptón (K_r) l'energia de lligam és d'uns 8.3 MeV per nucleó (no cal distingir protons de neutrons ja que queden ben lligats igualment). Aquestes intenses energies de lligam són conseqüència de que, a petites distàncies, uns $\text{fm} \equiv 10^{-15}\text{m}$; la força nuclear forta és molt intensa.

---

[24] També ho tractarem amb més detall al volum de *"Física nuclear i de partícules"*.

[25] Aquests valors experimentals els presentarem al final d'aquest subapartat amb altres valors típics de $E_0 = m c^2$

Mecànica Clàssica

La força de repulsió electrostàtica entre els protons d'un nucli empetiteix l'energia de lligam i també pot ser mesurada en els anomenats "nuclis mirall". Per exemple, les masses dels nuclis dels àtoms de tritó (dos neutrons i un protó) ^3_1H i de l'helió (dos protons i un neutró) ^3_2H verifiquen:

$$m_h - m_t - (m_p - m_n) \simeq 1.78 \frac{MeV}{c^2}$$

que correspon a l'energia electrostàtica de dos protons (els de l'heli-3) a uns $r = 0.8$ fm de distància i una energia electroestàtica $E_{ee} = \frac{e^2}{(4\pi\varepsilon_0 r)}$.

Un segon exemple de nuclis mirall és $^{12}_6C + ^1_1H = ^{13}_7N$ i $^{12}_6C + ^1_0n = ^{13}_6C$. Les masses dels àtoms corresponents difereixen unes 0.0024 u que equivalen a uns 2.3 MeV d'energia.

L'energia electrostàtica addicional que correspon a tenir $Z=7$ càrregues protòniques (i 6 neutrons en el cas del nitrogen), enlloc de només $Z=6$ protons (i 7 neutrons en cas del carboni), en una esfera d'un radi $R \simeq 3.5$ fm , el mateix per ambdós nuclis de nitrogen i carboni ja que tots dos tenen 13 nucleons; és d'uns 3.2 MeV.

Si a aquesta energia li restem 0.78 MeV (que és la diferència entre l'energia en repòs del neutró extra del carboni i del conjunt protó+electró extres de l'àtom de nitrogen) ens acostem molt als 2.3 MeV mesurats a partir de l'equació anterior.

Gràcies a la descripció dels nuclis miralls, podem fer versions més realistes d'un condensador.

Si ara ens fixem en l'energia d'enllaç **atòmica**, considerem un protí, és a dir, un àtom ^1_1H d'un protó i un electró atrapats electrostàticament a uns 0.053 nm (de l'ordre del radi de *Bohr*), té una massa que és inferior en $13.6 \frac{eV}{c^2}$ a la suma de les masses separades del protó i de l'electró. Aleshores, aquesta energia d'enllaç és la que cal aportar per separar-lo que, en aquest cas, coincideix amb l'energia de ionització de l'hidrogen.

Mecànica Clàssica

A continuació, presentem alguns valors per l'energia en repòs E_0 d'algunes partícules:

Definint la unitat de massa atòmica "u" com la dotzena part de la massa d'un àtom $^{12}_{6}C$: $1u \simeq 1.6605387 \cdot 10^{-27} kg \simeq 931.494028 \dfrac{MeV}{c^2}$.

A la taula següent presentem els diferents valors segons la unitat de mesura.

Per electrons, protons i neutrons, tenim les mesures experimentals següents:

$m_e \simeq 9.1094 \cdot 10^{-31}$ kg	$\simeq 0.51100 \dfrac{MeV}{c^2}$	$\simeq 0.000549$ u
$m_p \simeq 1.6726 \cdot 10^{-27}$ kg	$\simeq 938.27203 \dfrac{MeV}{c^2}$	$\simeq 1.007276$ u
$m_n \simeq 1.6749 \cdot 10^{-27}$ kg	$\simeq 939.56536 \dfrac{MeV}{c^2}$	$\simeq 1.008665$ u

Per a uns quants nuclis d'hidrogen tals com el deuteró d, com el tritó t, com per l'hidrogen sense electrons H^+ i per uns quants d'heli com l'helió h $\left(^{3}_{2}H^{++}\right)$ o la partícula α tenim les mesures experimentals següents:

$m_d \simeq 1875.613 \dfrac{MeV}{c^2}$	$\simeq 2.013553$ u
$m_t \simeq 2808.922 \dfrac{MeV}{c^2}$	$\simeq 3.015501$ u
$m_h \simeq 2809.413 \dfrac{MeV}{c^2}$	$\simeq 3.016029$ u
$m_\alpha \simeq 3727.379 \dfrac{MeV}{c^2}$	$\simeq 4.001506$ u

Mecànica Clàssica

Per a uns quants àtoms neutres amb electrons, tenim les mesures experimentals:

$m\left(^{13}_{7}N\right) \simeq 12114.77\dfrac{\text{MeV}}{c^2}$	$\simeq 13.00574\,\text{u}$
$m\left(^{13}_{6}N\right) \simeq 12112.55\dfrac{\text{MeV}}{c^2}$	$\simeq 13.00336\,\text{u}$
$m\left(^{12}_{6}N\right) \simeq 11177.93\dfrac{\text{MeV}}{c^2}$	$\simeq 12.00000\,\text{u}$

16.4.2. Fusió i fissió nuclear

La fusió i la fissió nuclear són dos processos físics que es fan servir per descomposar o separar el nucli de partícules per crear nous elements. En els processos, les col·lisions o les interaccions subatòmiques alliberen energia. Anem a avaluar els dos processos.

La *fusió nuclear* ens ve determinada pel procés físic en què nuclis molt lleugers com els nuclis ^2H i ^3H es fusionen entre sí per formar un nucli de massa major. A més a més, en el procés, allibera una gran quantitat d'energia.

En el cas anterior del deuteró, quan un protó i un neutró es fusionen en un deuteró, alliberen 2.23 MeV d'energia. Si agafem l'exemple de l'energia solar, la massa de cada àtom de ^4He és de 4.00260 u i es forma a partir de la fusió de dos àtoms d'H i de dos neutrons (sumant així unes 4.03298 u).

En cada procés de fusió disminueix la massa en 0.03038 u (hi ha dos electrons addicionals en ambdós membres, pel què les seves masses es compensen) i s'alliberen, per tant, uns 28.3 MeV.

Globalment, el Sol irradia uns $4 \cdot 10^{26}\,\text{W}$ i la massa solar minva al ritme de 4.5 milions de tones per segon.

Mecànica Clàssica

La *fissió nuclear* és el procés físic en què un nucli d'un element molt pesat el separem en dos nucles més lleugers.

Les centrals nuclears treballen per fissió i produeixen una fracció important de l'energia que consumim. Un exemple típic de reacció nuclear de fissió és:

$$^{235}_{92}U + ^{1}_{0}n \rightarrow {}^{141}_{56}Ba + {}^{92}_{36}Kr + 3\,^{1}_{0}n$$

La pèrdua de massa és d'unes 0.21 u subministrant així uns 200 MeV per procés i els tres neutrons finals permeten la reacció en cadena. Un altre exemple de reacció nuclear de fissió és:

$$^{235}_{92}U + ^{1}_{0}n \rightarrow {}^{140}_{54}Xe + {}^{93}_{38}Sr + 3\,^{1}_{0}n$$

16.5. Desintegracions a dos cossos. Col·lisions relativistes

Les desintegracions a dos cossos és un tipus de desintegració i en aquest procés físic que presenten tant els nuclis com les partícules és necessari que la massa inicial M sigui superior a la suma de les dues finals, complint $M > m_1 + m_2$.

L'anàlisi d'aquestes desintegracions, sol fer-se al sistema de centre de masses ja que els moments linials sortints sumen zero, és a dir

$$0 = \vec{p}_1 + \vec{p}_2 \quad \rightarrow \quad p_1 = p_2$$
<u>Conservació moment linial</u>

També tenim, per conservació de l'energia al centre de masses:

$$M c^2 = E_1 + E_2 = \sqrt{m_1^2 c^4 + c^2 p_1^2} + \sqrt{m_2^2 c^4 + c^2 p_2^2}$$

Mecànica Clàssica

Si ara elevem al quadrat i fem servir la conservació de la quantitat de moviment:

$$p_1 = p_2 = \frac{c}{2M}\sqrt{(M^2-m_1^2-m_2^2)^2 - 4m_1^2 m_2^2}$$

i

$$E_{1,2} = \frac{c^2}{2M}(M^2 \pm m_1^2 \mp m_2^2)$$

Aquestes fórmules són aplicacbles a processos de radioactivitat α dels nuclis, tenint $^A_Z X \rightarrow {}^{A-4}_{Z-2}Y + {}^4_2 He$, per exemple, la reacció $^{235}_{92}U \rightarrow {}^{228}_{90}Th + \alpha$ amb masses 232.0372 u , 22.0287 u i 4.0026 u respectivament i alliberant uns 5.4 MeV d'energia.

També valen i són aplicables per a moltes desintegracions de partícules, per exemple $Z \rightarrow \mu^+\mu^-$; $K^+ \rightarrow \pi^+\pi^0$; $\Lambda \rightarrow p\pi^-$.

Si una de les partícules finals és un fotó, tenim $m_2 = 0$ i les fórmules anteriors se'ns simplifiquen considerablement:

$$E_\gamma = c\,p_\gamma = \frac{c^2}{2M}(M^2-m_1^2) \quad ; \quad E_1 = \frac{c^2}{2M}(M^2+m_1^2) \quad ; \quad p_1 = p_\gamma$$

Per tant, hem de concloure que aquestes darreres fórmules són aplicables a processos de radioactivitat γ dels nuclis i a desintegracions *"radiatives"* de partícules, com per exemple $\omega \rightarrow \pi^0 \gamma$.

16.5.1. Col·lisions relativistes

Un dels aspectes més importants pel què fa a la física de partícules en interacció i a la part experimental de la mecànica relativista són les col·lisions entre partícules.

Com a la mecànica clàssica, tenim col·lisions elàstiques i inelàstiques. Per estudiar-les experimentalment, ens cal avaluar-les sobre fotografies obtingudes en

Mecànica Clàssica

cambra de bombolles:

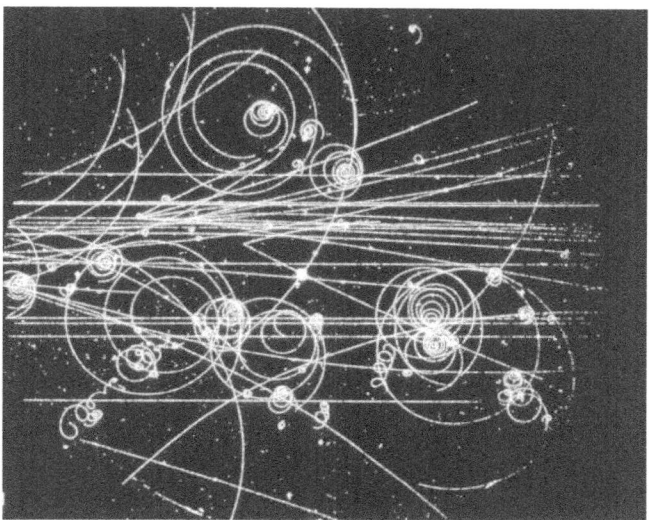

Aleshores, en aquesta fotografia es poden observar diverses col·lisions de les partícules (malgrat costi una mica). Així doncs, com hem dit abans, tindrem col·lisions elàstiques i inelàstiques. Anem-les a avaluar:

16.5.1.1 Col·lisions elàstiques

Aquestes col·lisions, com en la mecànica clàssica, serà les que tractarem amb més detall.

Imaginem que enviem una partícula de massa m amb una velocitat $v=0.8c$ contra una segona partícula idèntica, però aturada; procurant que després del xoc surtin simètricament equirepartint-se l'energia i formant així angles iguals respecte la direcció d'arribada de la bola incident.

Al sistema S, on una bola està aturada abans del xoc (energia mc^2 i moment linial nul), la partícula en moviment, tindrà una energia $\frac{5}{3}mc^2$ i un moment linial de $\frac{4}{3}mc$ que situarem en la direcció única de l'eix OX del sistema S.

Aquests valors han estat obtinguts a partir de les definicions dels apartats anteriors d'energia i moment relativista. Finalment, obtenim uns resultats totals de:

$$\sum_i E_i = mc^2 + \frac{5}{3}mc^2 = \frac{8}{3}mc^2 \ ; \ \sum_i p_{x,i} = 0 + \frac{4}{3}mc \ ; \ \sum_i p_{y,i} = 0$$

que el moment linial en la direcció OY es conservarà en el xoc.

Aleshores, cada partícula sortint tindrà una energia i un moment linial donats per:

$$E = \frac{4}{3}mc^2 \ ; \ p_x = \frac{2}{3}mc \ ; \ p_y = \pm\frac{mc}{\sqrt{3}} \ ; \ p_z = 0$$

Per tant, l'objectiu serà que sigui quin sigui el sistema de referència que avaluem arribem al mateix resultat, comprovant així la coherència interna de la dinàmica relativista.

Per fer-ho, tenim tres maneres diferents d'estudiar-ho:

1. <u>A partir del sistema de referència S.</u> *("sistema laboratori")*

   Per fer-ho així, ho farem sense sortir del sistema de referència inercial S i aprofitant la simetria del xoc.

   Per conservació d'energies tenim $\sum_i E_i = \frac{8}{3}mc^2 = \sum_f E_f = 2E$ i per tant, cada $E = \frac{4}{3}mc^2$.

   Per conservació de moments en la component x tenim: $\frac{4}{3}mc = 2p_x$ i, per simetria del xoc, cada $p_x = \frac{2}{3}mc$.

   Les altres components del xoc han de sumar globalment zero, sent iguals i oposades i han de satisfer les equacions del "triangle rectangle relativista", aleshores tenim que $p_y = \pm\frac{mc}{\sqrt{3}}$, $p_z = 0$, havent definit el pla O_{xy} com el que conté el xoc.

   Amb aquests resultats, tornem a obtenir els valors del primer cas.

Mecànica Clàssica

2. <u>Mirem-nos el mateix xoc al sistema inercial S'</u>, *anomenat també sistema centre de masses*.

Ho aconseguim perseguint la partícula amb velocitat $u = 0.5c$ i en configuració estàndard. Respecte S', les dues partícules van amb velocitats $\pm 0.5 c$ iguals i oposades, com es dedueix fàcilment de les formules de cinemàtica per a les transformacions.

Aleshores, disposem de dos camins diferents per arribar a les energies i moments inicials a S', trobant així el segon i tercer camí:

$\boxed{S'_1}$: Per definicions de moment i energia relativista aplicades a les partícules de massa m i velocitats $\pm 0.5 c$ ens porten a $E' = \frac{2}{\sqrt{3}} mc^2$ i moments $p'_x = \pm \frac{1}{\sqrt{3}} mc$; $p'_y = p'_z = 0$.

$\boxed{S'_2}$: Si ho treballem a partir de les transformacions de *Lorentz* per energies i moments, aplicades als valors inicials de vector moment linial i de l'energia a S, també ens porten a $E' = \frac{2}{\sqrt{3}} mc^2$; $p'_x = \pm \frac{1}{\sqrt{3}} mc$ i $p'_y = p'_z = 0$.

Com hem dit, el sistema S' és l'anomenat el sistema CM, en el què els moments linials són iguals i oposats i cadascuna de les components totals s'anul·la. Per conservació, també seran iguals i oposades les components dels moments sortints. Per això i per la simetria del problema, l'energia i el moment a S' de cada partícula sortint serà:

$$E' = \frac{2}{\sqrt{3}} mc^2 \; ; \; p'_x = 0 \; ; \; p'_y = \pm \frac{1}{\sqrt{3}} mc \; ; \; p'_z = 0$$

Observem que s'intercanvien els papers dels eixos x' i y', per altra banda, els angles de sortida a S seran diferents.

Si ara apliquem les transformacions inverses de moments i energies, retrovem els mateixos resultats que a l'inici d'avaluació treballant a S.

Mecànica Clàssica

Aleshores, tot lliga fent-ho pel camí que ho fem, demostrant que hi ha coherència interna en aquest cas, podent-la extrapolar i generalitzar per a qualsevol col·lisió elàstica relativista.

Podem fer una representació esquemàtica del que succeeix en aquestes col·lisions, segons el sistema en què ens trobem:

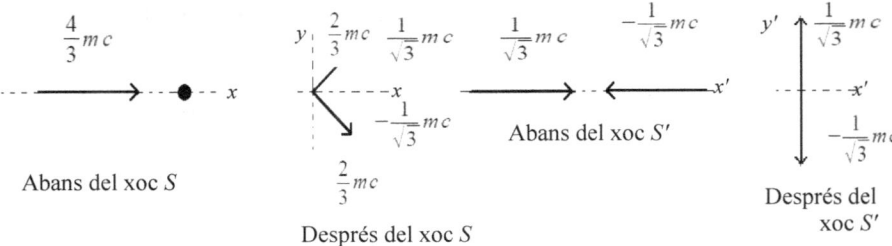

Abans del xoc S

Després del xoc S

Abans del xoc S'

Després del xoc S'

A més a més, es pot calcular que si el xoc és simètric, com en el nostre cas, les partícules finals tenen la mateixa energia, el mateix mòdul moment i, vistos des de S, formen el mateix angle $\pm\alpha$ amb l'eix x, amb un valor en el cas de dos protons (cas que estem avaluant) de $\pm\alpha = \pm 41°$.

16.5.1.2 Col·lisions inelàstiques

Anomenem col·lisió inelàstica quan una part de l'energia cinètica de la partícula incident es transforma en matèria mitjançant la creació d'una nova partícula. Si observem la cambra de bombolles, podem veure que la quantitat de moviment aparentment no es conserva. Però aquesta magnitud s'ha de conservar. Conseqüentment, l'única explicació és que alguna partícula neutra (no observable en aquestes fotografies) s'hagi endut la quantitat de moviment restant. Per poder determinar quina és aquesta partícula neutra que s'origina després de la col·lisió, no podrem exigir únicament la conservació de l'energia, necessitarem utilitzar altres principis de conservació, permetent-nos predir quines reaccions són permeses entre totes les possibles reaccions entre les dues partícules estudiades.

Mecànica Clàssica

Aquests dos principis que utilitzarem són:

- *El principi de conservació de la càrrega elèctrica*[26]
- *El principi de conservació del nombre bariònic*.

El primer principi ens presenta que la càrrega elèctrica inicial total ha de ser igual a la càrrega elèctrica total dels productes de la reacció.

El segon principi requereix que es conservi el nombre de barions.

Malgrat no presentem cap exemple, presentarem una classificació de les partícules elementals, ja que el model estàndard explica les partícules elementals i les seves interaccions amb les quatre forces fonamentals de la física (nuclear forta, nuclear dèbil, electromagnètica i gravitatòria). Aleshores, les podem classificar segons[27]:

- **Leptons**: Aquelles partícules que no estan subjectes a la força nuclear forta, són elementals i no tenen estructura interna.

- **Mesons**: Aquelles partícules sotmesses als quatre tipus d'interaccions i estan formades per parelles de quark-antiquark.

- **Barions**: Aquelles partícules sotmesses a les quatre interaccions físiques i composades per tres quarks.

A la pàgina següent, presentem una taula en que es troben unes quantes partícules elementals i que pertanyen a cadascuna d'aquestes 3 categories.

Si observem aquesta taula, podrem establir quines són les reaccions possibles en funció de l'energia disponible per a la creació de la tercera massa. Si fem col·lisionar dos protons, podríem tenir, per exemple:

$$p+p \rightarrow p+p+\pi^0 \text{ , o bé } p+p \rightarrow p+\pi^++n \text{ entre altres.}$$

---

[26] És semblant al principi de conservació de la massa vist al *Tema 11*. o també, fora d'aquest volum el podem veure amb detall al volum de *"Electromanetisme: Teoria clàssica"*

[27] Ho presentarem amb més detall al volum de *"Física nuclear i de partícules"*.

Mecànica Clàssica

Taula de característiques d'algunes partícules elementals

	Partícula	Símbol	MeV	Vida mitjana (s)	Càrrega elèctrica $e = 1.6 \cdot 10^{-19} C$
LEPTONS	Electró	e^-	0.511	estable	-1
	Neutrí	υ_e	0	estable	0
	Muó	μ^-	105.7	$2.2 \cdot 10^{-6}$	-1
	Neutrí	υ_μ	0	estable	0
	Tau	τ^-	1784	$< 2.3 \cdot 10^{-12}$	-1
	Neutrí	υ_τ	0	estable	0
MESONS	Pi	π^0	135.0	$0.83 \cdot 10^{-16}$	0
		π^+	139.6	$2.6 \cdot 10^{-8}$	+1
		π^-	139.6	$2.6 \cdot 10^{-8}$	-1
	Ka	K^+	493.7	$1.24 \cdot 10^{-8}$	+1
		K^-	493.67	$1.24 \cdot 10^{-8}$	-1
	Eta	η^0	548.8	$\sim 10^{-18}$	0
BARIONS	Protó	p^+	938.3	estable	+1
	Neutró	n	939.6	917	0
	Lambda	Λ	1115	$2.63 \cdot 10^{-10}$	0
	Sigma	Σ^+	1189	$0.80 \cdot 10^{-10}$	+1
	Delta	Δ^{++}	1232	$\sim 10^{-23}$	+2
	Xi	Ξ^-	1321	$1.64 \cdot 10^{-10}$	-1
	Omega	Ω^-	1672	$0.82 \cdot 10^{-10}$	-1

Mecànica Clàssica

16.6. Efecte *Compton*. Acceleradors de partícules

Einstein al 1905, va presentar l'efecte fotoelèctric[28] que és com anomenem al fenomen d'emissió d'electrons el càtode a l'ànode a causa de la incidència de la llum ultraviolada per un dels electrodes. Per quantificar la radiació electromagnètica emessa per un cos negre, fem servir els **fotons** com a contingut energètic d'energia $E = h\upsilon$ .Si fem incidir llum amb una freqüència υ sobre la superfície d'un metall, emetrà un electró d'energia cinètica:

$$E_{cin} = h\upsilon - q_e \Phi$$

en què $h\upsilon$ és l'energia del fotó incident i $q_e \Phi$ és el treball (energia) necessari per extreure l'electró del metall.

Φ és la **funció del treball** i aquesta és intrínseca de cada material. A més a més, cada metall es caracterítza per una freqüència crítica.

Abans del descobriment d'*Einstein* (*Planck al 1900*) i després *(Compton al 1923)*, ens identifiquen els fotons o raigs gamma (raigs-γ) com a constituents individuals de la llum i altres radiacions electromagnètiques. Els experiments poden ser interpretats només acceptant aquests constituents i que cadascun porta energia i moment linial E_γ i p_γ , donats per les **relacions d'Einstein-Planck per a fotons**:

$$E_\gamma = c\, p_\gamma = h\upsilon = \frac{hc}{\lambda}$$

en què $h \simeq 6.7 \cdot 10^{-34}$ J·s és la constant de *Planck* i la longitud d'ona i la freqüència venen definides pels paràmetres que fem servir sempre i són les corresponents a la radiació electromagnètica.

Aleshores, amb aquestes bases, com hem dit, *Compton* presenta amb l'efecte que porta el seu nom que es compleixen les relacions d'*Einstein-Planck*.

El seu experiment es basa en enviar llum de longitud d'ona coneguda contra electrons lliures pràcticament i observa que la llum sortint del "xoc" surt desviada

---

[28] Amb el que va guanyar el premi nobel de física l'any 1921. Aquest fenomen el veurem amb més detall al volum *"Òptica: Teoria clàssica de la llum"*.

Mecànica Clàssica

i es pot detectar a diferents angles θ. Les dades demostren que la longitud d'ona λ' de la llum desviada depen de l'angle segons:

$$\lambda' - \lambda = \frac{h}{m_e c}(1 - \cos\theta)$$

Efecte Compton

Si ara ho relacionem amb la teoria de la relativitat i amb les relacions d'*Einstein-Planck*, les lleis de conservació, de les dues components rellevants del moment linial i el de l'energia que porten, ens queden com:

$$\frac{h\upsilon}{c} - \frac{h\upsilon'}{c}\cos\theta = p_e \cos\phi \qquad -\frac{h\upsilon'}{c}\sin\theta = p_e \sin\phi$$

$$\boxed{h\upsilon - h\upsilon' + mc^2 = \gamma m c^2}$$

en què hem fet servir que $p_e^2 = m_e^2 c^2(\gamma^2 - 1)$ i ϕ són el quadrat del moment i l'angle de sortida respectivament de l'electró colpejat. Ens convé eliminar aquestes variables de l'electró sumant els quadrats de les dues primeres equacions trobant així:

$$\boxed{\frac{1}{c^2}\left(h^2\upsilon^2 + h^2\upsilon'^2 - 2h^2\upsilon\upsilon'\cos\theta\right) = m_e^2 c^2(\gamma^2 - 1)}$$

Si ara de les tres primeres expressions comparem aquesta darrera amb el quadrat de $h\upsilon - h\upsilon' + mc^2 = \gamma m c^2$ i operem, arribarem a l'expressió determinada per l'Efecte *Compton*.

Abans de parlar de la física darrera els acceleradors, parlarem una mica més dels fotons. Si suposem que disposem d'un feix de llum de longitud d'ona λ que es propafa al llarg del semieix $+x$ de S i que l'empaitem des de S' amb velocitat $v = \beta c$.

Sabem que continuarà propagant-se a una velocitat c respecte S', però si observem el que passa amb la longitud d'ona, els moments i l'energia dels fotons observats des de S', les transformacions directes de *Lorentz* per a moments i

Mecànica Clàssica

energies, ens ho donen immediatament:

$$p' = \frac{1-\beta}{\sqrt{1-\beta^2}} p = \sqrt{\frac{1-\beta}{1+\beta}}\, p \quad, \quad E' = \frac{1-\beta}{\sqrt{1-\beta^2}} E = \sqrt{\frac{1-\beta}{1+\beta}}\, E$$

Si ara observem les fórmules de l'efecte *Doppler* longitudinal, també obtenim aquest resultat. Només ens calen les relacions d'*Einstein-Planck* al sistema S' i S per comprovar-ho. Novament obtenim una comprovació de la coherència de la mecànica relativista.

16.6.1. Acceleradors: "creació" de partícules

Com bé sabem i hem explicat a la secció anterior, quan fem xocar dues partícules a grans velocitats, aportem energia suficient com per fer aparèixer partícules de massa ben considerable, és el que anomenem *"creació de partícules"*.

Aquestes col·lisions les podem avaluar de tres maneres diferents:

i) ***Xoc al sistema Centre de masses (CM).***

L'accelerador de partícules LEP1 (*Large Electron Positron*), al CERN (Ginebra) ha estat anys accelerant electrons i antielectrons per a produir bosons de gauge Z segons la reacció $e^+ e^- \to Z^0$. Cal que l'antielectró i l'electró inicials aportin uns 45.6 GeV d'energia cadascun donant un total de 91.2 GeV, tal i com correspon a l'energia en repòs o màssica del Z^0.

S'han produït així a la vora de 20 milions de *Z's* gràcies a l'energia aportada per cada xoc i s'han anat recollint infinitat de dades del bosó *Z*. Així doncs, l'energia en repòs dels electrons i els antielectrons són aproximadament de 0.511 MeV cadascún, pel què se l'hi afegeix una energia cinètica molt superior, fins a un total de (45.6 + 45.6) GeV, suficientment gran com per fer aparèixer un Z^0 neutre anihilant-se la parella inicial origina.

Aleshores, cal un factor de *Lorentz* de $\gamma \simeq 89\,200 \to \beta \simeq \pm(1 - 6 \cdot 10^{-11})$ pels electrons/antielectrons, tractant-se així del rècord mundial de velocitat.

Si dupliquem l'energia aportada per cada parella d'electró-antielectró,

Mecànica Clàssica

tindrem un factor $\beta \simeq \pm(1-1.5\cdot 10^{-11})$ aproximant-nos més acuradament al límit de *c*. Hem duplicat l'energia, però la velocitat ens ha augmentat ben poc; a aquestes velocitats els "acceleradors amb prou feines acceleren", augmenten la inèrcia dels electrons. A més a més recordem que $\gamma \gg \gg 1$, $\beta \equiv 1-\varepsilon \simeq 1-\dfrac{1}{(2\gamma^2)}$

ii) *Xoc al sistema laboratori*

Els primers antiprotons van ser produïts mitjançant el xoc protó-protó al "sistema laboratori": *un protó xocant amb un protó aturat*. Si l'energia aportada és suficientment gran (unes 7 vegades la seva energia en repòs), pot produir-se la següent reacció $p+p \rightarrow p+p+p+\bar{p}$ essent la parella que s'origina neutra de càrrega, per aquest motiu es pot "crear" partint de pura energia. Aleshores, tant l'energia inicial $(7+1)m_p c^2$, com el moment linial inicial $(4\sqrt{3}+0)m_p c^2$ se'ns reparteix en quatre parts iguals, per a cada partícula, al llarg de la direcció d'incidència. Aleshores, les dues lleis de conservació es compleixen.

iii) *Xocs fotó-fotó*

Els exemples d'aquestes col·lisions que observem que són col·lisions de llum-llum, són:

$$\gamma+\gamma \rightarrow e^{+}+e^{-} \quad ; \quad \gamma+\gamma \rightarrow \mu^{+}+\mu^{-} \quad ; \quad \gamma+\gamma \rightarrow \pi^{+}+\pi^{-}$$

ben estudiades entre altres. Si ens ho mirem clàssicament, tenim llum + llum, que és pura energia; produïnt matèria. Així comença tot, primera idea del *Big-Bang*.

Per acabar, resulta curiós de saber que les tècniques molt menys desenvolupades de començaments del segle XX ja varen permetre comprovar aspectes de la dinàmica relativista. El treball amb electrons per mesurar la massa, la inèrcia a velocitats diferents fins a un 0.95c de experimentadors com Bucherer, Kaufmann, Guye i Lavanchy.
Els seus resultats confirmen plenament la teoria de la relativitat mostrant un augment de la inèrcia de cada electró al augmentar la seva velocitat.

Mecànica Clàssica

16.7. Introducció a la Relativitat General

La generalització de la teoria de la relativitat als sistemes de referència no inercials arribaven al 1916 amb la Teoria General de la Relativitat, formulada per *Einstein*.

Des del punt de vista matemàtic és molt més complexa que la relativitat especial i és de difícil comprovació experimental. Per aquest motiu farem una breu introducció totalment qualitativa d'aquesta teoria[29].

Així doncs, presentem el fonament de la teoria general de la relativitat com:

"Un camp gravitatòri homogeni és completament equivalent a un sistema de referència uniformament accelerat.

Principi d'equivalència

Aquest principi sorgeix en la mecànica newtoniana a causa a la manifesta identitat entre massa inercial i massa gravitatòria. Aleshores, en un camp uniforme, tots els objectes cauen amb la mateixa acceleració g i la acceleració varia inversament proporcional a la massa (inercial). Si suposem una nau a l'espai i allunyat de tota matèria, trobant-se sotmès a una acceleració uniforme a.
Aleshores, no podem saber si es troba accelerat a l'espai o es troba en repòs, en presència d'un camp gravitatòri uniforme $\vec{g} = -\vec{a}$. Aleshores, si dins la nau es deixa anar algun objecte, caurà cap el terra amb l'acceeració $\vec{g} = -\vec{a}$.
Si una persona que es trobi dins la nau es pesa, observarà que té un pes de ma.

Einstein va assimilar que el principi d'equivalència s'aplica a totes les branques de la física. Conseqüentment d'aquest principi, podem observar la desviació d'un feix de llum en presència d'un camp gravitatòri, sent dels primers fenòmens que es comprobava experimentalment d'aquest principi. Aleshores, per aquest principi, si no hi ha un camp gravitatòri, un feix de llum seguirà en línia recta a velocitat c.

També ens diu que en una regió sense camp gravitatòri només es dóna en un comportament de caiguda lliure.

Aleshores, segons el principi d'equivalència, no ens és possible distingir un comportament en acceleració, d'un altre amb velocitat uniforme en un camp gravitatòri uniforme. Per tant, podem concloure que un feix de llum, de la mateixa manera que un objecte amb massa, s'accelerarà en un camp gravitatòri.

---

[29] Treballarem la Relativitat General amb més detall, juntament amb la Cosmologia al volum de ***"Relativitat General"***

Mecànica Clàssica

Aleshores, *Einstein* va predir que la desviació d'un feix de llum en un camp gravitatòri, podia ser visualitzat quan la llum d'una estrella llunyana passés a la vora del Sol; a causa de la seva brillantor, l'estrella no es pot observar normalment i observem una posició aparent de la mateixa. Al 1919 va ser afirmada en observar un eclipse total de sol.

La segona predicció és la ja comentada precessió del perhieli de Mercuri, comentat a les forces centrals i que veurem amb més detall al volum de ***"Problemes de Mecànica clàssica"***.

Una tercera és la variació dels intèrvals de temps i de les freqüències de la llum en un camp gravitatòri. Si considerem un camp de *Coulomb*, tal què $U=-\frac{k}{r}$, essent zero a l'infinit com origen de potencial; podem definir el potencial gravitatòri com $\phi=-\frac{k}{rm}=-\frac{GM}{r}$ amb G com la constant de gravitació universal.

Aleshores, segons la relativitat general,, els rellotges aniràn més lents en les regions de potencial gravitatòri més baix. Si Δt_1 és un intèrval de temps entre dos successos mesurats per un rellotge amb potencial gravitatòri ϕ_1 i Δt_2 és un intèrval de temps entre dos successos mesurats per un rellotge amb potencial gravitatòri ϕ_2, tindran una diferència relativa entre temps tal què:

$$\boxed{\frac{\Delta t_2-\Delta t_1}{\Delta t}=\frac{1}{c^2}(\phi_2-\phi_1)}$$

Aleshores, un rellotge situat en un potencial gravitatòri baix, funcionarà amb major lentitud que en un situat en un potencial alt.

Si considerem un àtom en vibració com un rellotge, la seva freqüència a la vora del Sol serà inferior que si es troba situat sobre la Terra, tenint un desplaçament cap a les freqüències baixes o cap a longituds d'ona llargues, rebent el nom de ***desplaçament gravitatòri cap al vermell***.

Un altre exemple de les prediccions d'aquesta teoria són els **forats negres**, predits per *J. Robert Oppenheimer* y *Hartland Snyder* al 1939. Aleshores, segons la teoria relativitat general, si la densitat d'un objecte és suficientment gran, una vegada dins el seu radi crític, l'atracció és tan gran que res no pot escapar a la seva acció, ni tan sols la llum pot escapar d'aquesta atracció.

Mecànica Clàssica

En aproximacions newtonianes, podem calcular amb cert error, la velocitat d'escapada per una partícula de massa m sotmesa per aquesta atracció. Si considerem un objecte de massa M i radi R, necessitem assolir una velocitat:

$$v_e = \sqrt{\frac{2GM}{Rm}}$$

Aleshoresm si ho igualem a la velocitat de la llum, podem obtenir el radi crític, anomenat *radi de Schwarzschild*:

$$R_S = \frac{2GM}{c^2}$$

Radi de Schwarzschild

Les característiques d'un forat negre són que ha de tenir una massa mínima teòrica igual a cinc vegades a la del Sol i un radi aproximat d'uns 15 km.

Detectar-los però, és molt difícil; doncs no emeten radiació i s'espera que el radi d'aquests sigui petit[30].

---

30 Els forats negres els treballarem amb més detall als volums de *"Relativitat General"* i al volum de *"Introducció a l'astrofísica"*.

Mecànica Clàssica

www.ingramcontent.com/pod-product-compliance
Lightning Source LLC
Chambersburg PA
CBHW060818170526
45158CB00001B/20